普通高等教育“十五”规划教材

计算机辅助工艺设计

——CAPP系统设计

第2版

张胜文　赵良才　编
吴锡英　　　　　审

机械工业出版社

本书以深入浅出的方式介绍了 CAPP 有关的基本概念及开发与应用技术，内容主要包括：现代制造系统、成组技术与 CAPP 的原理、CAPP 的支撑环境、工艺设计标准化、CAPP 系统的输入与输出、CAPP 中常用的决策推理和人工智能技术、CAPP 系统设计、基于 PDM 的 CAPP 系统设计简介、CAD/CAPP/CAM/PDM 集成系统、基于 Web 的 CAPP 系统设计、装配 CAPP 系统、CAPP 开发工具、几类智能型 CAPP 系统等内容。

本书以大量示例，从设计实用 CAPP 系统的角度出发介绍了 CAPP 的支撑环境及 CAPP 数据库、CAPP 中零件信息的描述与输入方法、工艺设计标准化的概念、内容与方法，并介绍了回转体类零件与箱体类零件 CAPP 系统的设计实例及设计步骤。本书根据 CAPP 技术的最新发展，简介了敏捷制造、精益生产、智能制造、网络化制造、并行工程等现代集成制造系统，以及近年来研究和开发的一些新型 CAPP 系统的基本思想与特点。

本书为了方便学习，每章都给出了复习思考题。书后还给出了 CAPP 系统设计练习的素材与要求，有利于培养学生设计、开发 CAPP 系统的能力。本书对推广应用 CAPP 技术、推进企业信息化和人才培养等具有重要的作用。因此，本书可作为本科及研究生教材，亦可作为所有 CAPP 开发与应用人员、在职机械工程师的参考书。

图书在版编目（CIP）数据

计算机辅助工艺设计：CAPP 系统设计/张胜文，赵良才编.
—2 版. —北京：机械工业出版社，2005.1（2024.9 重印）
普通高等教育“十五”规划教材
ISBN 978-7-111-03869-6

Ⅰ. 计…　Ⅱ. ①张…②赵…　Ⅲ. 机械制造工艺-计算机辅助设计-高等学校-教材　Ⅳ. TH162

中国版本图书馆 CIP 数据核字（2004）第 124060 号

机械工业出版社（北京市百万庄大街 22 号　邮政编码 100037）
责任编辑：冯春生　版式设计：张世琴　责任校对：魏俊云
封面设计：张　静　责任印制：郜　敏
北京富资园科技发展有限公司印刷
2024 年 9 月第 2 版 · 第 14 次印刷
184mm×260mm · 15 印张 · 354 千字
标准书号：ISBN 978-7-111-03869-6
定价：35.00 元

凡购本书，如有缺页、倒页、脱页，由本社发行部调换

电话服务
社 服 务 中 心：（010）88361066
销 售 一 部：（010）68326294
销 售 二 部：（010）88379649
读者购书热线：（010）88379203

网络服务
门 户 网：http：//www.cmpbook.com
教 材 网：http：//www.cmpedu.com

第 2 版前言

机械制造业正向多品种小批量生产方式转化。企业为适应市场瞬息多变的要求，面临着加速新产品开发的迫切任务，缩短产品设计和生产准备周期是极其关键的环节。计算机辅助工艺过程设计就是最有效的解决途径之一。CAPP 技术在国外起源于 20 世纪 60 年代末期，我国在 20 世纪 80 年代初期开始研究，但这些研究主要集中在孤岛式的 CAPP。由于制造技术的发展，先进制造技术的深入应用，企业应用计算机从单一系统向集成化系统发展，加上企业正面对知识经济时代的市场竞争，在这种背景下，CAPP 的发展趋势是：向集成化、智能化、柔性化、协同化、分布式方向发展。本教材自 1994 年第 1 版出版以来，被许多高校选作本科生和研究生教材，也被用于企业工程技术人员的培训教材，受到了工程教育界和工程技术界的认同，在人才培养方面起到了重要作用，已经历了多次重印，这也是对参与本教材编审工作者的最大鼓励。随着制造技术的飞速发展，本教材第 1 版中的部分内容已经陈旧，不能反映当前 CAPP 技术的最新发展。因此，本次修订将部分章节加以简化，结合 CAPP 的最新研究成果与发展趋势加入了许多新的内容。

本书第 2 版由江苏科技大学张胜文教授、赵良才教授编写。东南大学吴锡英教授进行了审阅，并提出了的许多有益的建议，在此特向他表示深深的谢意。

在本书的编写过程中，得到了江苏科技大学现代制造技术研究所老师与研究生们的热情帮助，在此向他们表示衷心的感谢。此外，对原书作者及本书参考文献的作者表示诚挚的感谢。

由于时间紧迫，加之水平有限，书中的错误和不当之处，恳请读者不吝赐教。

编 者

2005 年 1 月

第 1 版前言

机械制造行业中，随着产品的不断更新换代，有大量的工艺规程设计工作。传统的工艺规程都是由有经验的工艺人员手工设计的，不仅工作效率低，设计出的工艺多样化，而且工艺设计工作重复繁琐，质量参差不齐。这种状况使制造行业生产准备周期长，很难适应市场竞争机制。

为了缩短生产准备周期，提高工艺文件质量，并使广大工艺人员从繁琐和重复的劳动中解放出来，开发和推广应用计算机辅助工艺设计（CAPP）系统是根本的出路。应用 CAPP 系统，不仅可以大大提高工艺规程的生成速度和质量，而且 CAPP 系统操作人员对工艺设计的熟练程度的要求可以降低，即工艺经验较少的工艺人员也能借助于 CAPP 系统设计出高质量的工艺规程。

本书编写的目的就是为了推广、普及、应用和发展 CAPP 技术，促进技术进步。

本书系统阐述了与 CAPP 有关的基本概念、原理、开发条件、方法和步骤以及 CAPP 开发应用的现状和发展方向，对研究开发各种类型的 CAPP 系统所需涉及的相关知识也作了介绍和说明，并以典型示例来说明设计实用 CAPP 系统开发的方法和步骤。例如，工艺标准化和零件输入信息描述方法；开发 CAPP 系统的软硬件环境选择；数据管理；工艺知识的表达方法、决策逻辑和推理技术的选用；系统总控、工艺生成、工序尺寸计算、NC 程序生成、工序图绘制和工艺文件排版打印等各功能模块的详细设计以及 CAPP 系统的维护等，以便读者能从本书中学会和掌握 CAPP 系统开发和维护的要点。

本书还给出了复习思考题，简单 CAPP 系统设计练习以及两个 CAPP 教学示范系统，以着重培养初学者在 CAPP 系统操作、维护和设计方面的基本技能和能力。书中备有大量紧密与工厂实际结合的示例和练习。

本书可作为机械设计和机械制造专业的本科和大专学生的选修教材，也可作为 CAPP 系统开发和维护人员及机械制造业有关工程技术人员的技术参考书。

本书由赵良才主编，并编写第一、二、七章；第三章由张胜文、赵良才编写；第四章由戴建人编写；第五章由王波编写；第六章由赵良才、张胜文、潘宝俊、王波编写。全书由东南大学吴锡英教授和华东船舶工业学院华瑞敖教授审稿，他们提出许多有益的建议和修改意见，在此表示衷心感谢。

本书编写过程中还得到院内外许多同志的帮助，在此谨表示诚挚的感谢。由于编写者水平有限，书中难免还存在一些缺点和错误，殷切希望广大读者批评指正。

编　者

1993 年 3 月

目　录

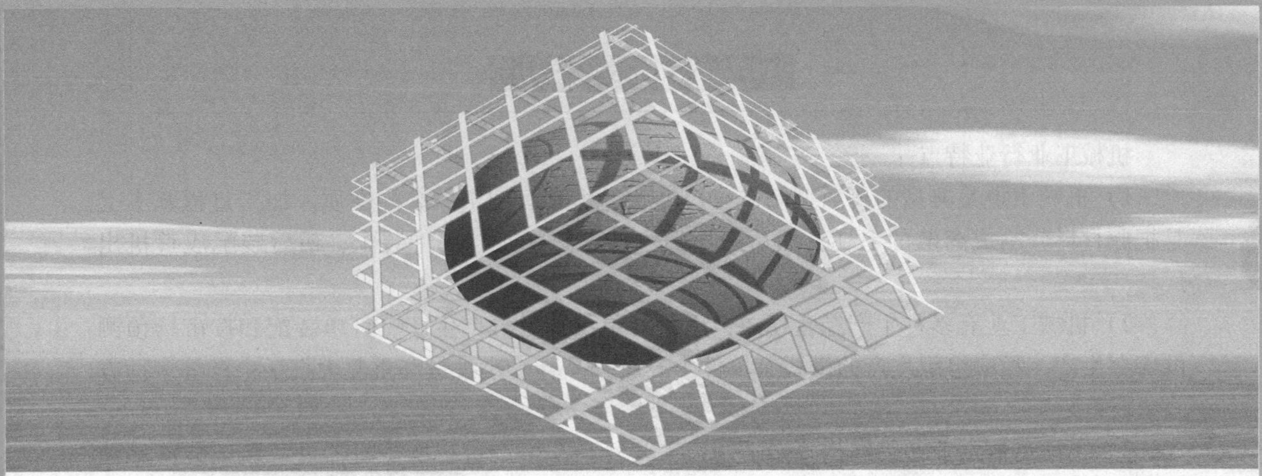

第一章 现代制造系统

第一节　机械制造系统的概念

一、机械工业与机械产品

用机器为主要手段，以金属为主要原材料进行加工的工业，称为机器制造工业。它主要是为国防和国民经济各部门提供生产技术装备，也为人民生活提供高档耐用消费品和日用必需品，机械产品还是国际贸易中进出口的重要商品。

机械工业大致分为三部分：

（1）机器制造　生产作为生产资料的机械产品。如农业机械中的拖拉机；工业机电设备中的轧钢机、炼油厂成套设备、发电机组、各种机床等；交通运输机械设备中的汽车、飞机、船舶、柴油机等；建筑设备中的推土机、搅拌机等；民用消费资料的机电产品，如各种家用电器、自行车、缝纫机等；还有各种仪器、仪表。

（2）金属制品制造　生产生产资料中的各种配件、备品、工具、容器等，也有生产消费资料中日用金属制品，如各类金属结构件、集装箱、水暖管道、铝制品、铁丝、标准件、不锈钢制品、五金工具等。

（3）机械产品的修理业　即对机电设备和金属制品的修理。如对船舶、汽车、飞机、农业机械以及各种家用设备等的修理。

机械工业的发展速度、规模和产品质量水平决定一个国家工业发展的水平，是国民经济各部门的技术基础。因此在一个工业发达的国家中，机械工业在整个工业中是超前发展的，据估计，工业化国家约70% ~80% 的物质财富来自制造业。近年来，我国也已将制造业列为经济发展的战略重点，机械工业的技术水平提高很快，大型化、成套化、节能化、精密化和机械电子一体化、智能化等已成为机械产品的发展趋势。

机械工业行业特点：

1）机械工业是典型的离散型制造业，生产过程具有加工、装配性质。加工过程基本上是把原材料分割成离散的毛坯，然后逐一经过冷、热加工，部件装配，最后装配成整机出厂。

2）机械工业有多种生产经营模式：用户订单设计、订单生产、订单装配和按市场预测的库存生产，相应组织生产的模式有单件生产、多品种、小批量和重复大批量生产等多种方式。

3）离散型制造业产品结构复杂，制造工艺复杂，生产过程所需机器设备和工装夹具种类繁多，而且各个时期生产的产品构成随市场需求变化，从而需要的设备资源也随之变化。由于产品中各部件制造周期长短不一和产品加工工艺路线的不确定性，造成管理对象动态多变，因此为了保证产品成套、按期交货，又要尽可能减少在制品积压，导致生产物资管理工作十分复杂，需要从每一产品的交货期倒推，周密安排各部件、零件、毛坯的投入/产出数量和时间。

4）由于机械制造业产品结构复杂、工艺过程复杂，因此工程设计任务很重，不仅新产品开发要重新设计，而且生产过程中也有大量的变型设计和工艺、工装设计任务，设计版本在不断更改。为了不断推出知识含量高且价格能被用户接受的新产品，机械制造企业必须具备强有力的新产品开发能力。因此，工程设计分系统是机械制造业 CIMS 中不可缺少的重要分系统。

5）为了适应产品结构的不断变化，机械制造业的底层加工设备应具有足够的柔性，不断以数控机床代替普通机床，以加工中心代替专用工种机床是发展的趋势。

6）由于机械产品设计与制造涉及多学科、多种技术，在当今全球化市场竞争的形势下，靠一家企业单打一的局面已缺乏竞争力。目前主机厂与零件制造厂（又称中场企业）的分离，组织跨地区的企业动态联盟已成为机械制造业产业结构调整的必然趋势。因此，机械制造企业 CIMS 还应具备对联盟企业资源的动态管理能力和质量控制能力[1]。

二、机械产品的生产过程

机械产品的生产过程如图 1-1 所示，一个生产企业的决策机构根据市场信息和工厂生产条件（包括外协）制定企业产品开发和生产计划，并组织制造和销售。这一产品的生产过程在不断循环，并通过循环使产品质量和水平也不断得到提高。在产品生产循环中，对一个企业来说，决策和计划部门是企业的核心；产品开发和销售部门是企业的支柱；制造部门是企业的基础，而用户和市场信息及企业数据库中的各种数据是决策最重要的依据。

三、机械制造系统

长期以来，人们对于机械制造领域所涉及的各种问题，往往都是孤立地对待，对于机械制造中所用的机床、工具和制造过程均分别地加以研究。因此，在很长的时期内，尽管在机械制造领域中许多研究和开发工作取得了较大的成就，然而，在大幅度地提高小批量生产的生产率方面，并未发生重大的突破。近些年来，人们才逐渐认识到只有把机械制造的各个组成部分看作一个有机的整体，以信息论、控制论和系统工程学为工具，用系统的观点分析和研究，才能对机械制造过程进行最有效的控制，并提高加工质量和加工效率。基于上述认识，提出了机械制造系统的概念。

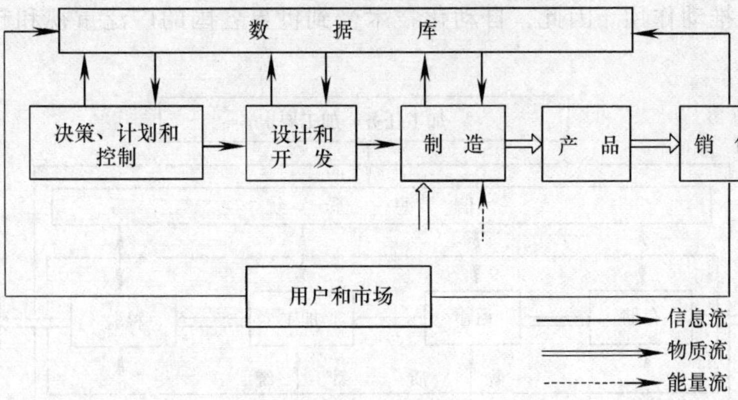

图 1-1　机械产品生产过程

关于制造系统的概念，目前尚无统一的定义，它随着制造业的发展和人们认识的不断变化而不断改变。据国际生产工程学会（CIRP）给出的定义：制造系统是制造业中形成的生产组织形式，在机电产业中，制造系统具有设计、生产、发运和销售的一体化功能。这里我们从制造系统的构成来看，用一句更通俗和直观的语言加以描述：制造系统是指制造过程及其涉及的硬件、软件和人员组成的一个将制造资源转变为产品（含半成品）的有机整体。

机械制造系统既然被看成是一个系统，就必然有输入和输出，如图 1-2 所示。系统的输入是材料或毛坯，输出则为加工后的零件、部件或产品等[2]。

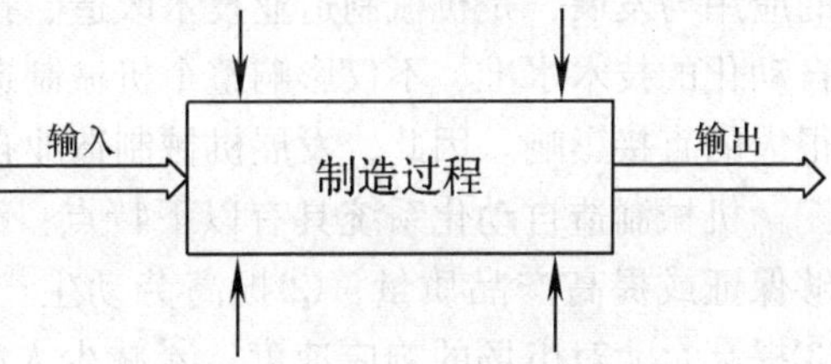

图 1-2　制造系统的基本概念

制造系统作为一个系统，它也是由几个相互作用和相互依赖的部分组成，并且是具有特定功能的有机整体。对于机械制造企业来说，系统可大可小。图 1-1 中的制造部门可用图 1-3 来表示为一个制造系统，它可以是具体企业中的分厂或车间，也可以是一条生产线或一个柔性制造系统。图 1-3 形象地描绘出机械制造系统各组成部分之间的相互联系。图中，原材料输入系统后，经过存储、运输、加工、检验等环节，最后作为系统的成品输出。由于这个流程属于物质的流动，故称之为物质流。由加工任务、加工要求以及据此确定的车间计划、调度、管理等都属于信息范畴，故其流程称为信息流。此外，制造系统中能量的消耗及其流程——能量流也是不容忽视的。因此，如何综合使用整个系统的物质流、信息流和能量流，以实现系统最佳化的问题，是提高系统效益的重要课题。

随着社会发展和技术的进步，特别是大规模集成电路和计算机技术的迅速发展，促进了计算机数控（CNC——Computer Numerical Control）、直接数控（DNC——Direct Numerical Control）和柔性制造（FMS——Flexible Manufacturing System）技术的发展，推动了机械制造系统的自动化。

自动化技术是 21 世纪以来发展极其迅速和影响极大的科学技术之一。现代自动化技术是一种完全新型的生产力，是直接创造社会财富的主要手段之一，对人类的生产活动和物质文明起着极大的推动作用。因此，自动化技术受到世界各国的广泛重视和越来越多的应用。

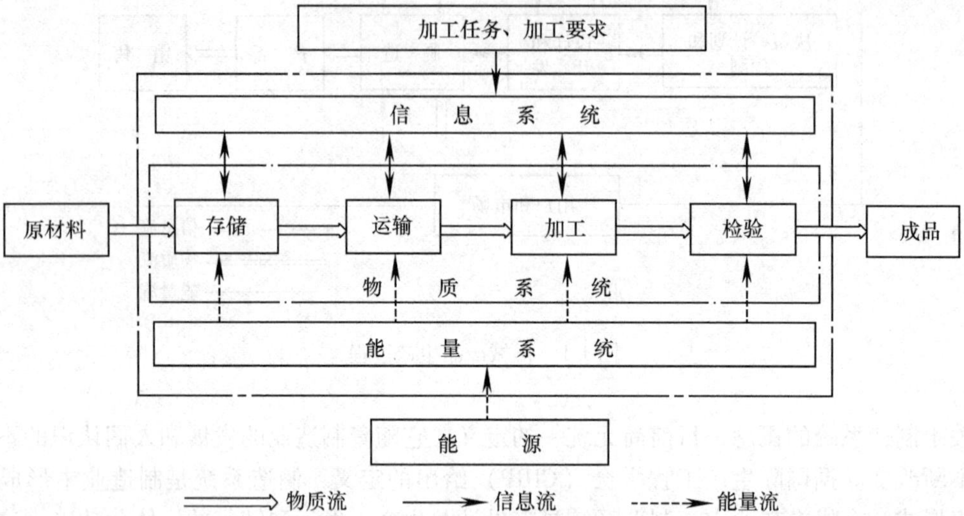

图 1-3 机械制造系统简图

机械自动化，主要指在机械制造业中应用自动化技术，实现加工对象的连续自动生产，实现优化、高效的自动生产过程，以加快生产物料的加工变换和流动速度。机械自动化技术的应用与发展，是机械制造业技术改造、技术进步的主要手段和技术发展的主要方向。机械自动化的技术水准，不仅影响整个机械制造业的发展，而且对国民经济各部门的技术进步有很大的直接影响。因此，发展机械制造业自动化技术，符合现代生产的发展规律。

机械制造自动化系统具有以下特点：①能够保证或提高产品质量；②提高劳动生产率；③提高企业对市场的响应速度；④减少人的劳动强度，改善劳动条件。

机械制造系统自动化可以分为少品种、大批量生产和多品种、小批量生产的自动化两大类。对于两类不同的自动化系统，采用不同的自动化手段和运行模式。

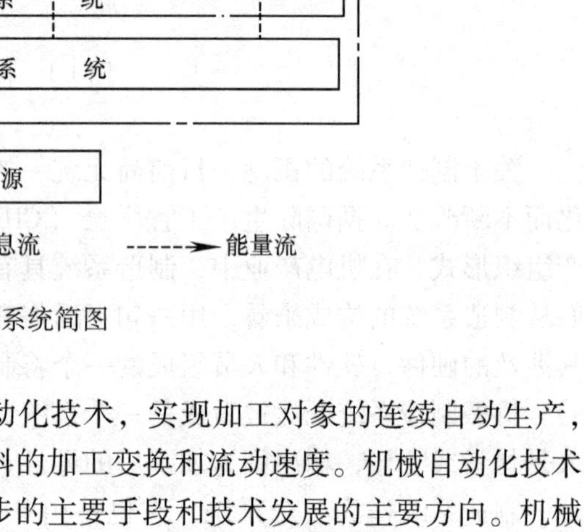

图 1-4 机械制造系统与零件种类变化和批量关系

现有的机械制造系统可以根据系统中加工方式和设备的不同，分为自动线（TL——Transfer Line）、专用自动机（SP——Special Purpose Automation）、柔性制造系统（FMS）、制造单元（MC——Manufacturing Cell）和通用机床（GM——General Machine）等五大类（见图 1-4）。按一般制造规律，随着被加工零件数量的增加，生产成本将下降。但是，用不同的系统和设备来制造零件时，究竟生产多少零件比较经济是不同的，对每种系统和设备都有一个经济批量范围，这是由制造零件的不变成本对可变成本的比例变化决定的（见图1-5）。

四、计算机辅助制造

通常，计算机辅助制造（CAM——Computer Aided Manufacturing）是指应用计算机辅助产品制造过程的统称。一般有狭义和广义两种含义。狭义CAM的概念指的是制造过程中某个环节应用计算机，即从产品设计到加工制造之间的一切生产准备活动，它包括计算机辅助工艺编制（CAPP——Computer Aided Process Planning）、数控（NC——Numerical Control）编程、工时定额的计算、生产计划的制订、资源需求计划的制订等。但是，近年来，狭义CAM的概念进一步缩小为NC编程的同义词，即主要指CANCP（Computer Aided Numerical Control Programming）。CAPP已被作为一个专门的子系统，而工时定额的计算、生产计划的制订、资源需求计划的制订则划分给MRPⅡ/ERP（Manufacturing Resources Planning /Enterprise Resource Planning）系统来完成。广义CAM的概念指的是计算机辅助完成从原材料到产品的全部制造过程，包括的内容则广泛得多，除了上述狭义CAM概念所包含的所有内容外，它还包括制造活动中与物流有关的所有过程（加工、装配、检验、存贮、输送）的监测、控制和管理。这种广义CAM系统中与物流有关部分的示意图如图1-6所示[3]。

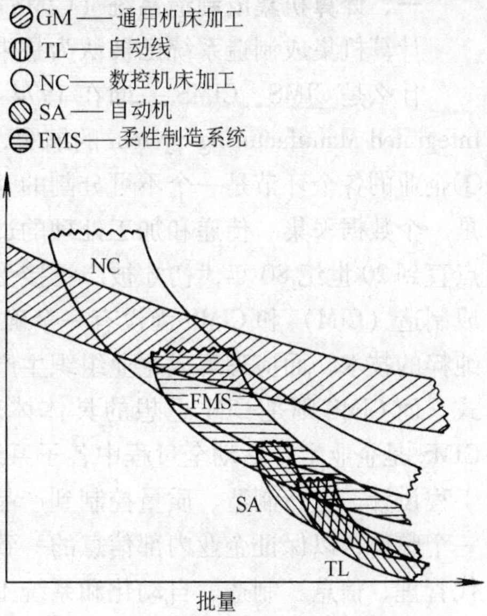

图1-5　机械制造系统与单件制造成本、批量的关系

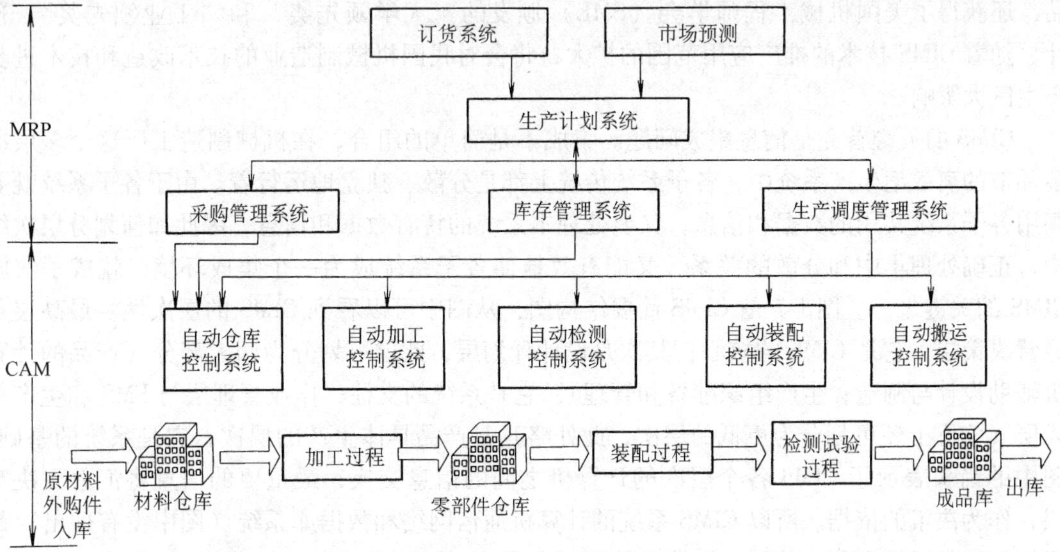

图1-6　CAM系统及包括的内容

第二节　计算机集成制造系统（CIMS）

一、计算机集成制造系统（CIMS）概念

计算机集成制造系统已被认为是未来机械制造工业的生产模式。

什么是CIMS？CIMS一词在1974年由美国Joseph Harrington博士提出，它是Computer Integrated Manufacturing System的缩写，可直译为计算机集成制造系统。它有两个基本观点：①企业的各个环节是一个不可分割的整体，彼此关联，需要统一考虑；②整个生产制造过程是一个数据采集、传递和加工处理的过程，最终的产品可以看作是信息的物质表现。这一观点直到20世纪80年代初才被广泛接受，并在实践中不断丰富和发展。但目前对于计算机集成制造（CIM）和CIMS尚没有一个确切的且被普遍接受的定义。多数学者认为，CIM不是纯粹的技术，而应理解成企业组织生产的一种哲理、思想和方法，理解成一种新型的生产模式，而CIMS则是CIM思想的具体体现。综合一些学者的观点可将CIMS的概念表述为：CIMS是企业生产活动全过程中各子系统的完美集成，即从市场预测、经营决策、计划控制、工程设计、生产制造、质量控制到产品销售等支持功能部门，合理地通过计算机网络联结成一个整体，以保证企业内部信息的一致性、共享性、可靠性、精确性和及时性，综合运用现代管理、信息、制造、自动化和系统工程等领域的技术，实现生产的自动化和柔性化，达到高效率、高质量、低成本和灵活生产的目的。虽然目前世界上还没有真正完善的CIMS，但普遍认为它是机械工业自动化发展的方向。CIMS也是目前世界各国高科技研究的一个重要课题，特别是美国、西欧各国、日本等发达的经济大国都投巨资进行研究。在这些发达国家中，计算机、CNC设备和FMS的普遍应用，为逐步实施CIMS创造了极为有利的环境。我国的高科技研究计划中，CIMS也是一个很重要的研究主题，经过十多年的研究、开发和应用，取得了重大的进展，建立了典型的应用工厂，开发了一批有实用价值的CIMS工具产品，还获得了美国机械工程师学会（SME）颁发的“大学领先奖”和“工业领先奖”。预计，随着CIMS技术的推广应用范围的扩大，将会对我国机械制造业的技术改造和技术进步产生巨大影响。

CIMS的关键首先是信息集成问题。集成不是简单的组合，在机械制造工厂这个多层次多环节的离散型生产系统中，各子系统传统上都是分散、独立地运行着。由于各子系统既要调用各子系统共用的数据和信息，又要处理本系统的特有数据和信息，因此如何划分层次结构，正确处理集中和分散的关系，又能有效地使各子系统成为一个集成环境，就成了实施CIMS的关键之一。图1-7是CIMS简要结构图，从图中可以看到CIMS的层次性。最高层是经营决策层，它是CIMS的核心；其次是设计计划层，此层可划分为两大部分（产品的计算机辅助设计与制造；生产组织准备和管理），它是系统的支柱；作业管理层与FMS和生产单元层（实际上还可划分为更低的层次，此处略）是产品具体生产的层次，它是系统的基础。图中的箭头表示了CIMS各个层次的计算机之间的信息交换，最重要的信息将汇总到决策层，作为决策的依据。所以CIMS系统的计算机通信网络和数据库系统（图中没有列出）是系统的神经系统和集成关键。计算机管理信息系统（MIS——Management Information System）将贯穿CIMS各个层次。

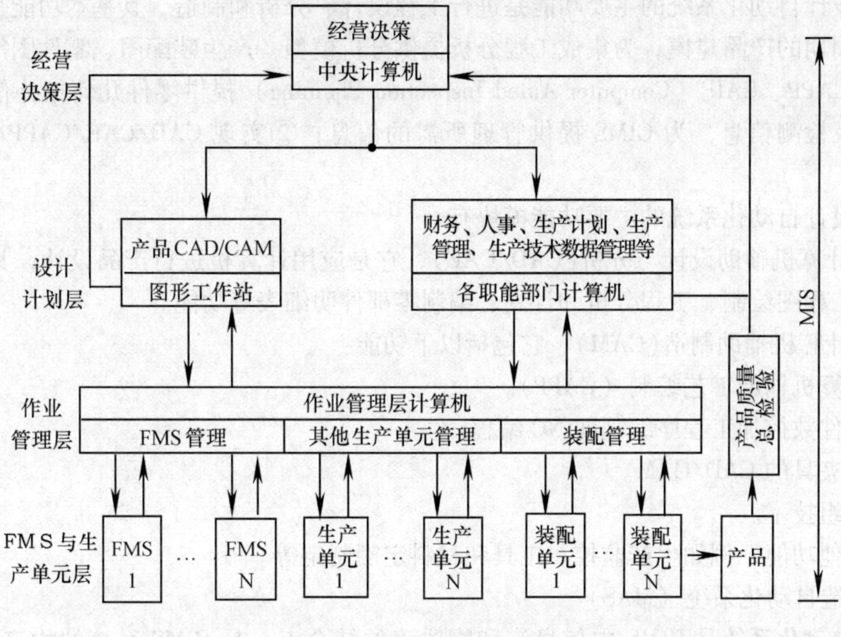

图 1-7　CIMS 简要结构框图

二、计算机集成制造系统的组成

对于像机械制造这类离散型的制造业来说，一般可以认为 CIMS 由四个应用分系统和两个支撑分系统组成（见图 1-8）。四个应用分系统是管理信息系统（MIS）、工程设计自动化系统（CAD/CAPP/CAM）、质量保障系统（QIS）以及制造自动化系统（MAS）组成。两个支撑系统则是计算机网络和数据库。下面分别就这几个主要部分作扼要叙述。

1. 管理信息系统

一个工业企业的管理信息，就是指整个生产经营过程中产、供、销、人、财、物的有关信息。通常，管理信息系统可分为经营管理、物料管理、生产管理、人力资源管理等几项内容。由图 1-7 中可以看出，管理信息系统从 CIMS 的最高层贯穿到最低层。管理信息系统包括最高层的经营决策子系统，第二层的财务、人事管理、经营管理、生产计划、物资供应、生产技术数据管理、数据采集、生产控制、质量管理与办公系统等，由于 MIS 系统中集成了企业绝大部分的信息和数据，所以它是工厂信息集成的最重要环节。

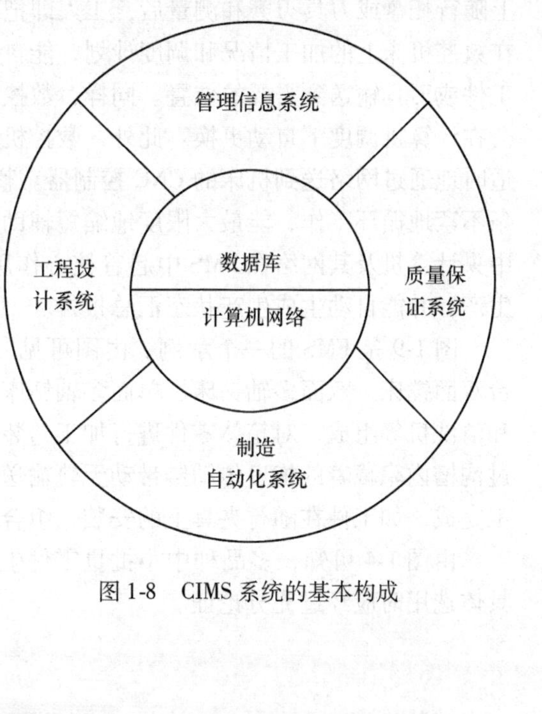

图 1-8　CIMS 系统的基本构成

2. 工程设计自动化系统

工程设计自动化系统的主要功能是进行工程设计、分析和制造，其基本功能是：①面向产品生命周期的产品建模，为集成工程分析提供分析模型，产生装配图、零件图等各种设计文档，为 CAPP、CAIP（Computer Aided Inspection Planning）提供零件几何拓扑信息、加工工艺信息及检测信息，为 CIMS 提供管理所需的信息；②实现 CAD/CAE/CAPP/CAM 的集成。

工程设计自动化系统的主要功能模块有：

（1）计算机辅助设计与分析(CAD/CAE)　它是应用计算机进行产品设计，其中包括产品造型、工程图绘制、工程分析和计划、编制零部件明细表等功能。

（2）计算机辅助制造(CAM)　它包括以下功能：

1）计算机辅助工艺编制（CAPP）。

2）零件数控加工程序编制即 NC 编程。

3）工夹具的 CAD/CAM。

4）成组技术。

5）其他功能，例如生产监控、工具和材料定额制定等。

3．制造自动化系统（MAS）

制造自动化系统是 CIMS 中信息流和物质流的结合点，是 CIMS 系统的物流执行系统。对于离散型的制造业，主要有群控（DNC）、柔性制造单元（FMC）、柔性制造系统（FMS）等，一般包括数控机床、加工中心、清洗机、测量机、运输小车、立体仓库、刀具预调仪、机器人以及计算机等设备。通常，柔性制造系统是制造自动化系统的典型代表，是现代机器制造业中新型的自动化生产线。它是由计算机控制，并能灵活加工多种工件的制造系统。

FMS 主要由数控加工设备（一般是加工中心）、物流系统（工件和刀具的运输与存储）以及信息采集和控制系统（中央计算机及其网络）组成。在目前运行的 FMS 中，除了工件装卸和刀具刃磨、测量仍由人工操作外，其他都在中央计算机控制下自动进行。当工件被装上随行托盘或刀具刃磨和测量后，工人即把有关数据输入计算机终端。中央计算机根据零件在数控机床上的加工情况和调度计划，能自动指挥物流系统中的运输小车或换刀机器人，将工件或刀具输送到需要的位置。同样，数控机床上已经加工好的零件或需要刃磨的刀具，也会在计算机调度下自动更换。此外，数控机床加工零件所需的 NC 程序，也会由中央计算机适时地通过网络送到机床的 CNC 控制器。整个 FMS 系统就是这样在中央计算机的控制下有条不紊地循环工作，能最大限度地缩短辅助时间，充分发挥数控机床的功能和提高生产率。中央计算机及其网络在 FMS 中起着核心作用，它能收集统计信息，按进度安排和调度零件生产，并能自动生成生产状态汇总报告。

图 1-9 是 FMS 的一个示例。由图可见，它由中央控制计算机系统、三台组合铣床、两台双面镗床、双面多轴钻床、单面多轴钻床、车削加工中心、装配机、测量机、装配机器人和清洗机等组成，对箱体零件进行加工与装配。物料输送系统由主通道和区间通道组成，通过沟槽内隐藏着的拖曳传动链带动无轨输送车运动。整个系统由计算机控制，部分工作由手工完成，如工件在随行夹具上的安装、组合夹具的拼装等。

由图 1-4 可知，多品种中小批量零件生产时采用 FMS 较合适。由于 FMS 投资大，所以具体选用时应经过充分论证。

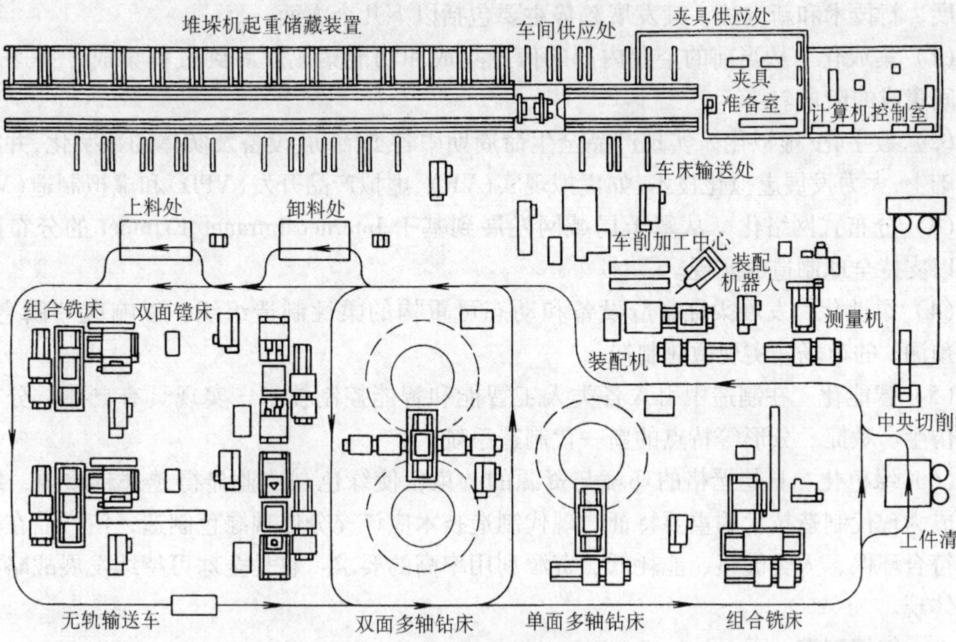

图 1-9　柔性制造系统示例

第三节　现代集成制造系统

制造工业经历了少品种小批量—→少品种大批量—→多品种小批量生产模式的变化后，人们对大批量生产方式的优缺点有了进一步的认识，在对传统生产模式进行反思和创新的基础上，提出了许多先进的生产模式，如计算机集成制造系统、并行工程（CE——Concurrent Engineering）、精益生产（LP——Lean Production）、敏捷制造（AM——Agile Manufacturing）、智能制造（IM——Intelligent Manufacturing）、网络化制造（Networked Manufacturing，e-manufacturing）等。20 世纪 70 年代至 80 年代主要发展计算机集成制造（CIMS）的柔性生产模式。初期的 CIMS 以较高的自动化程度为特征，主要强调信息集成，实施过程中面临着许多难题。CIMS 的第二阶段注意引进并行工程，强调信息、人、技术、管理的集成，预计 21 世纪的 CIMS 是智能化的制造系统，充分体现制造业向系统化、自动化、敏捷化、智能化综合方向发展。

现代集成制造系统技术将现代信息技术、现代管理技术与制造技术相结合，在全球化制造环境下，集成产品全生命周期各阶段与企业内外部相关的活动和资源，实现优化运行，使企业敏捷响应多变的市场，提高企业创新能力与综合竞争力。现代集成制造系统是一种基于 CIM 理念的数字化、信息化、智能化、绿色化、集成优化的制造系统，它是信息时代的一种新型生产制造模式，在深度和广度上拓展了早期 CIMS 的内涵，其包括的关键技术有：①CAD/CAPP/CAM/CAE/PDM/ERP 集成技术；②并行工程技术；③虚拟制造技术；④基于网络异地设计、制造的网络化制造技术；⑤敏捷供应链技术、电子商务技术；⑥快速成形技术、数控加工技术、机器人技术等。

现代集成制造系统技术涵盖了信息集成、过程集成、功能集成和企业集成，以及后续的新发展、新技术和新方法，其发展趋势主要包括以下几个方面：

(1) 集成化 从当前的企业内部的信息集成和功能集成发展到过程集成，并逐步实现企业间集成的阶段。

(2) 数字化/虚拟化 实现产品全生命周期中各类活动、设备及实体的数字化，并在数字化基础上，大力发展虚拟化技术，如虚拟现实（VR）、虚拟产品开发（VPD）和虚拟制造（VM）。

(3) 分布式网络化 从基于局域网发展到基于 Internet/Intranet/Extranet 的分布网络制造，以支持全球制造的实现。

(4) 柔性化 发展柔性制造设备和动态可重构的柔性制造组织，以响应“瞬息万变、无法预测”的市场，实现敏捷制造。

(5) 智能化 在制造中引入各类人工智能和智能控制技术，实现具有自律、分布、智能、仿生、敏捷、分形等特点的新一代制造系统。

(6) 绿色化 日趋严格的环境与资源的约束，使绿色制造业显得越来越重要，绿色制造将成为现代制造技术的重要特征。现代制造技术应该充分体现绿色制造，使产品在生命周期内符合环保、人类健康、能耗低、资源利用率高的要求。它是全球可持续发展战略在制造业的体现。

一、敏捷制造

20 世纪 80 年代以来，随着市场变化的迅速、竞争的日益加剧，各国政府、产业界及科技界对制造技术和发展策略进行了不断研究、开发与实践，特别是美国，随着其产品在世界市场中所占份额的不断下降，美国人已清楚地认识到：“制造业是一个国家国民经济的支柱。美国在世界事务上的威望不仅取决于强大的国防态势，而且取决于强大的制造能力。为了使美国保持领先地位，美国应实施各种策略，重振其制造能力”。在此背景下，美国极为重视制造技术，认识到其国防工业和民品工业相互分割的状态，增加了制造成本并降低了竞争能力。为了夺回美国在制造业的领导地位，必须打破传统企业组织结构和对资源的限制，对现有的制造模式进行彻底的革命。为了实现上述目的，里海大学负责的课题组经过分析研究，于 1991 年在《21 世纪制造企业发展战略报告》中提出了既能体现国防部和工业界的各自特殊利益，又能获得它们的共同利益的一种新的制造模式，即称为敏捷制造（AM）。它针对不可预测的持续变化的竞争环境，具有能对客户需求的产品和服务驱动市场作出迅速响应的生产模式。

敏捷制造利用人工智能和信息技术，通过多方面的协作，改变企业沿用的复杂的多层次递阶结构来改变传统的大批量生产。其实质是在先进的柔性制造技术的基础上，通过企业内部的多功能项目组组建虚拟公司，利用这种动态的组织结构，把全球范围内的各种资源集成起来，实现技术、管理和人的集成，从而能在整个产品生命周期中，最大限度地满足用户的需求，提高企业的竞争能力。

通过上述分析，敏捷制造的基本原理可表述为：采用标准化和专业化的计算机网络和信息集成基础结构，以分布结构连接各类企业，构造虚拟制造环境；以竞争合作为原则，在虚拟制造环境内动态选择成员，组成面向任务的虚拟公司进行快速生产；系统运行的最大目标是满足客户的要求。

AM 的特征是：①企业间联网集成。充分发挥各企业的长处，针对特定市场的目标要求共同合作完成任务。②具有高度的制造柔性。制造柔性是指制造企业对市场要求迅速转产和能实现产品多品种变批量的快速制造。③充分发挥人的作用。把企业员工的知识和创造性看作是企业的财富。不断提高企业职工素质和教育水平，优化人机功能分配。

虚拟制造（VM——Virtual Manufacturing）又称拟实制造。所谓虚拟制造，是利用计算机对产品从设计、制造到装配的全过程进行全面的仿真。它不仅可以仿真现有企业的全部生产活动，而且可以仿真未来企业的物流系统，因而可以对新产品设计、制造乃至生产设备引进，以及车间布局等各个方面进行模拟和仿真，以便在产品设计阶段，实时地、并行地模拟出产品未来制造全过程及其对产品设计的影响，预测产品性能、产品制造成本、产品的可制造性，从而更有效、更经济、更灵活地组织制造生产，使工厂和车间的设计与布局更合理、更有效，以达到产品的开发周期和成本的最小化、产品设计质量的最优化、生产效率的最高化。VM与AM联系密切，有些学者将VM看成是AM的核心，因为VM的特征是：当市场新的机遇出现时，把不同的公司、不同地点的工厂或车间重新组织，使之协调工作。这些公司都各有专长、各自拥有各自的核心技术，能以最快的速度、最优的组合赢得这一机遇。由此可知，虚拟制造是敏捷制造的一项关键技术，是实现敏捷制造的重要手段。因此研究开发虚拟制造技术（VMT）和虚拟制造系统（VMS）意义重大。

二、精益生产

精益生产（LP）是20世纪50年代日本丰田汽车公司为了求得汽车行业竞争的胜利，创造出的一种新的生产体制。二战后日本针对缺少资金和缺少资源的背景下，研究了大量生产和单件生产的优缺点，综合了单件生产与大批生产方式的优点，使工厂的工人、设备投资、厂房以及新产品的开发周期等一切投入都大为减少，而生产出的产品却更多更好。这种生产方式在20世纪60年代已经成熟，从而不仅使丰田，而且使整个日本的汽车工业以至整个日本经济达到当今的领先水平。

针对日本在汽车工业的飞速发展，1985年，美国麻省理工学院成立了专门机构，历时5年对美国、日本以及一些西欧国家的汽车工业进行了全面、深入的对比调查研究。其结果表明，造成日本汽车制造业在世界领先的根本原因是采用了由丰田汽车公司创造的新的生产方式，这种新型生产方式直到20世纪90年代才被称为“精益生产”，同时引起了许多发达国家和发展中国家的高度重视。

精益生产的基本思想是：在企业的各个环节上去除一切多余无用的东西，每个岗位的活动安排原则是必须增值，不能增值的岗位和活动一律撤销，即“消灭一切浪费”和“不断改善”，在组织的各个层面上雇用多面手，并且应用了通用性强而自动化程度又高的柔性制造设备来生产品种多变的产品。其主要支撑体系是准时生产（JIT——Just in Time）、全面质量管理（TQC）、成组技术（GT）、弹性作业人数和尊重人性。

精益生产的特征是：①重视客户需求，以最快的速度和适宜的价格，提供质量优良的适销新产品去占领市场，并向客户提供优质服务；②重视人的作用，强调一专多能，推行小组自治工作制，赋予每个工人一定的独立自主权，重视企业文化；③精简一切生产中不创造价值的工作，减少管理层次，精简组织结构，简化产品开发过程和生产过程，减少非生产费用，强调一体化质量保证；④精益求精、持续不断地改进生产，降低成本，追求零废品、零库存和产品品种多样化。

精益生产的生产方式采用了“以人为中心、以简化为手段、以尽善尽美为终极目标”的经营理念，有着很强的生命力，在世界各国引起了强烈的反响。现在美国的通用汽车公司、福特汽车公司、德国大众汽车公司、西门子公司等企业，都已开始采用精益生产方式，并收到了较好的效果。

三、智能制造

近年来，世界各国的制造、经营活动、开发研究等都在向多国化发展，因此，各国的企业都希望以统一的方式来交换信息和数据，以适应日益增加的国际间活动的需要。但是，目前发达国家的制造业还存在不少问题，如自动化仅限于某一过程，形成了自动化孤岛；全球制造业缺乏统一的标准等，这些已成为进行国际间信息交换及世界先进制造技术共享的巨大障碍。要排除这些障碍，必须开发出一个快速有效的信息交换工具，来连接这些自动化孤岛，创建并促进全球化的公共标准。为此，日本在 1990 年 1 月发起了“智能制造系统”这一国际性的合作研究计划，由日本通产省领导和协调这一计划的实施。自 20 世纪 80 年代美国提出智能制造概念以来，智能制造系统一直受到众多国家的重视和关注，都将其视为 21 世纪的制造技术和尖端科学，是先进制造技术的发展方向，一些发达国家都相继推出了具体的研究和发展计划。

智能制造技术是制造技术、自动化技术、系统工程与人工智能等学科互相渗透、互相交织而形成的一门综合技术。智能制造系统的目标就是要将人工智能融进制造过程的各个环节，通过模拟专家的智能活动，以及人和机器的合作共事，取代或延伸制造环境中的部分脑力劳动，从而在制造过程中，系统能自动监视其运行状态，在受到外界或内部激励时，能够自动调整参数，自动组织达到最优状态。智能制造是一种由智能机器和人类专家共同组成的人机一体化智能系统，它在制造过程中能进行智能活动，诸如分析、推理、判断、构思和决策等。具体地说，智能制造系统就是要通过集成知识工程、制造软件系统、机器人视觉与机器人控制等，来对制造技术的技能与专家知识进行模拟，使智能机器在没有人工干预的情况下进行生产。简单地说，智能制造系统就是要把人的智力活动变为制造机器的智能活动。智能制造系统的物理基础是智能机器，它包括具有各种程序的智能加工机床，工具和材料传送、准备装置，检测和试验装置，以及安装与装配装置等。

智能制造系统中的各个设备和各个环节，具有收集和理解环境信息和自身信息的能力，并能够通过分析判断而控制自身行为的能力。智能制造系统广泛地采用虚拟制造技术，通过采用机器学习技术，智能制造系统的智能机器能在实践中不断学习，不断修改和充实其知识库，增强其对环境的适应性，且系统具有自我诊断和排除故障、自我修复故障的能力。总之，智能制造技术的发展，必将把智能制造推向更高的阶段，即智能集成阶段。据专家预测，21 世纪制造工业将由双“I”（Integration & Intelligence）来标识。

四、网络化制造

信息技术和计算机网络技术的发展，特别是国际互联网和内联网的建立，在技术上能够做到将企业间的物资和智力资源有效结合起来，并使生产高增值、高科技和多品种产品成为可能，使世界经济经历着一场深刻的革命，即进入了网络经济时代。网络经济使得制造环境发生了根本性的变化，制造业面临全球性的市场、资源、技术和人员的竞争。开放的国际市场使得消费者更具有选择性，个性化、多样化的消费需求使得市场快速多变，不可捉摸，无法预测。各种新技术的涌现和应用更加剧了市场的快速变化，制造业进入了全球竞争与合作的新纪元。市场的动态多变性迫使制造企业改变策略，时间因素被提高到首要地位。21 世纪制造行业的竞争将是柔性和响应速度的竞争，以适应全球市场的动态变化。尽管传统的价格与质量仍然是重要的竞争因素，但已不再是决定因素。面对网络经济时代制造环境的变化，传统的组织结构相对固定、制造资源相对集中、以区域性经济环境为主导、以面向产品为特征的制造模式已与之不相适应，需要建立一种市场需求驱动的、具有快速响应机制的网络化制造模式，这将是当前乃至今后若干长的时期内制造业所面临的最紧迫的任务之一，是制造企业摆脱困境，赢得市场，掌握竞争主动权的关键。信息与通信技术的飞速发展为异地企业的合作提供了强大的技术支持，通过互联网可以实现世界范围内的制造和产品销售等活动，网络成为企业竞争的一种手段，基于网络的制造成为一种非常有前途的制造模式。

网络化制造以数字化、柔性化、敏捷化为基本特征。柔性化与敏捷化是快速响应客户化需求的前提，表现为结构上的快速重组、性能上的快速响应、过程中的并行性与分布式决策。这意味着系统必须具有动态易变性，能通过快速重组，快速响应市场需求的变化。由于制造资源与市场的全球分布性，因此，这种快速重组必须建立在全球性的分布式网络化基础上。

网络环境下，制造企业的组织形态、经营模式和管理机制需要有全方位的创新，使之适应网络化制造的要求。制造企业不再是孤立的个体，而是社会化大系统中的一个成员，并作为动态的制造环境中一个可使用的制造个体资源，以企业集成的形式，通过合作与竞争，参与动态的制造系统重组。

企业信息涉及有关产品设计、制造、服务等方面的数据，不仅数据量大、数据类型和结构复杂，而且数据间存在复杂的语义联系，数据载体也是多样的。网络制造研究的内容包括制造业内部的信息交流和共享，以及制造业的网络应用服务，具体主要包括：①制造信息共享。制造业中需要共享的信息，可分为两部分：产品制造信息和企业服务信息。其中产品制造信息包括产品信息和工艺信息。②网络服务。对制造业企业来说，网络应用服务内容集中在以下几个方面：上网发布企业信息；跟踪行业技术信息，为企业开发适合市场需求的新产品；进行网上信息的交流；开展网上的商务活动；数字化产品模型共享。

在信息技术的条件下，将分布于世界各地的产品、设备、人员、资金、市场等企业资源有效地集成起来，采用各种类型的合作形式，建立以网络技术为基础的、高素质员工系统为核心的敏捷制造企业运作模式，其关键技术有：

（1）分布式网络通信技术　Internet、Intranet、Web 等网络技术的发展使异地的网络信息传输、数据访问成为可能。特别是 Web 技术的实现，可以提供一种支持成本低、用户界面友好的网络访问介质，解决制造过程中用户访问困难的问题。

（2）网络数据存取、交换技术　网络按集成分布框架体系存储数据信息，根据数据的地域分布，分别存储各地的数据备份信息，有关产品开发、设计、制造的集成信息存储在公共数据中心里，由数据中心协调统一管理，通过数据中心对各职能小组的授权实现对数据的存取。

（3）产品数据管理技术　制造环境中包含许多超越事务管理的复杂数据模型，需要进行特定的数据管理，包含设计、加工、装配、质量控制、销售等各方面的数据。

(4) 协同工作技术　在一定的时间、一定的空间内，利用计算机网络，小组成员共享知识与信息，避免潜在的不相容性引起的矛盾。

(5) 工作流管理　其主要特征是实现人与计算机交互时结合过程中的自动化。

建立和实现基于计算机网络的分布式制造系统模式，是对传统制造模式的扬弃与创新。近些年来，在理论上已初具系统，在实践中也取得成效的先进制造生产模式主要有柔性生产、智能制造、精益生产和敏捷制造等。在总结这些成果的基础上，结合当前国内外制造业的基本形势，我国学者张曙教授提出了分布式网络化制造系统（DNMS——Distributed Networked Manufacturing System）的构想。分布式网络化制造系统是一种由多种、异构、分布式的制造资源，以一定互联方式，利用计算机网络组成的、开放式的、多平台的、相互协作的、能及时灵活地响应客户需求变化的制造系统，是一种面向群体协同工作并支持开放集成的系统。其基本目标是将现有的各种在地理位置上或逻辑上分布的异构制造系统/企业，通过其智能代理（Agent）连接到计算机网络中去，以提高各个制造系统/企业间的信息交流与合作能力，进而实现制造资源的共享，为寻求市场机遇，及时、快速地响应和适应市场需求变化，赢得竞争优势，求得生存与发展奠定了坚实的基础，从而也为真正实现制造企业的研究与开发、生产、营销、组织管理及服务的全球化开辟了道路[4]。

第四节　并行工程

一、并行工程的产生

长期以来，人们已习惯于以串行的工作方式从事产品的研制和开发，各个工作环节的作业在时序上没有重叠和反馈，即使有反馈，也是事后反馈，如图 1-10 所示。这样致使各个环节前后产生脱节，产品开发周期长，各个生产环节返工多，设计制造活动很难一次成功。

随着世界竞争的加剧，要求制造商对市场作出快速准确的反应，20 世纪 80 年代末期，以信息技术为基础的并行工程技术应运而生。并行工程作为一个系统化的思想是由美国国防先进研究计划局（DARPA）最先提出的。1988 年美国国防分析研究所（IDA）为解决武器系统开发周期太长、生产费用太高且使用效果不理想等问题，向美国国防部递交了一份著名的 R-388 研究报告，进一步明确提出了并行工程的思想。此后，美国的一些大学、软件公司、计算机公司等开始对支持并行工程的工具软件及集成框架进行开发。并行工程在国际上引起了各国的高度重视，并行工程的思想也被越来越多的企业及产品开发人员所接受，成为研究的热门课题。

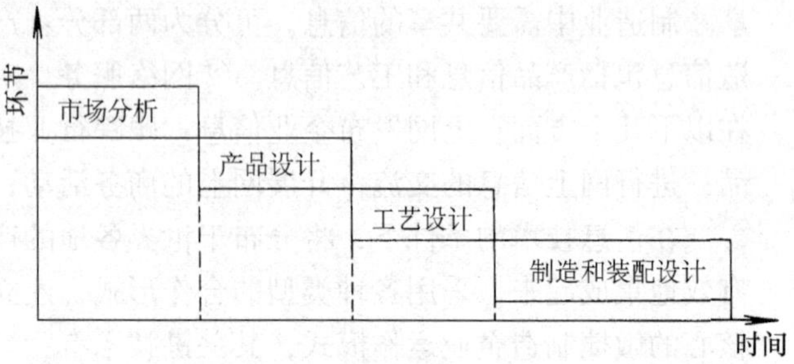

图 1-10　串行工程示意图

二、并行工程的定义

自并行工程的概念提出以来，有关并行工程的表述很多，其中最有代表性的是美国国防分析研究所给出的定义：“并行工程是一种对产品及其相关过程（包括制造过程和支持过程）进行并行的、一体化设计的工作模式。这种工作模式可使产品开发人员一开始就考虑到从产品概念设计到整个产品生命周期中的所有因素，包括质量、成本、进度和用户要求。”

并行工程实质就是集成地、并行地设计产品及其零部件和相关各种过程的一种系统方法。这种方法要求产品开发人员与其他人员一起共同工作。通过组成多学科的产品开发群组协同工作，利用各种计算机辅助工具等手段，使产品开发的各个阶段既有一定的时序又能并行，实现产品开发过程的集成，（见图 1-11）。对产品结构、工艺、装配、检验等环节交叉设计，并通过仿真评价，达到缩短周期、提高产品质量、降低成本，从而增强企业竞争能力。

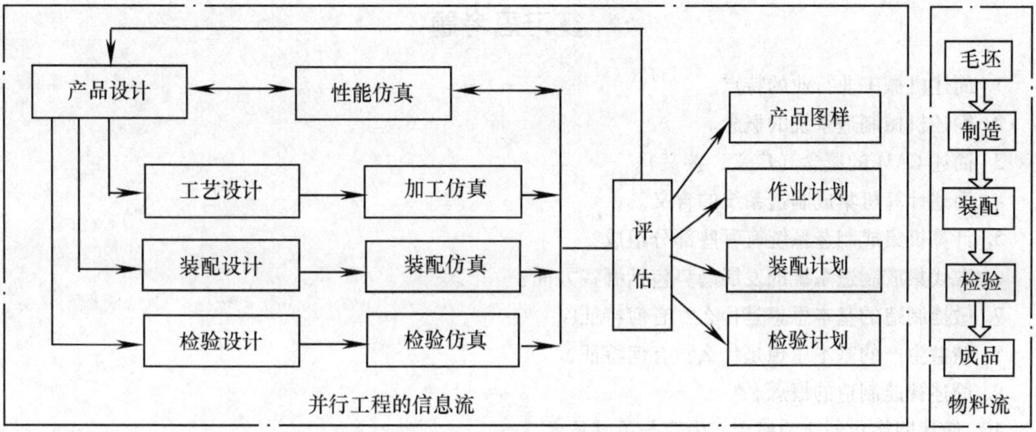

图 1-11　并行工程的内涵及其组成

从上述定义可以看出，并行工程具有如下特点[5]：

（1）强调团队工作（Team work）方式与团队精神　产品的设计、制造是一项涉及到多学科和多部门人员的极为复杂的工作。一个人的能力总是有限的，不可能同时精通产品从设计到售后服务各个方面的知识，也不可能掌握各个方面的最新情报。因此，为了设计出便于加工、便于装配、便于维修、便于回收、便于使用的产品，就必须将产品生命周期各个方面的专家，甚至包括潜在的用户集中起来，形成专门的工作小组，大家共同工作，随时对设计出的产品和零件从各个方面进行审查。

（2）强调设计过程的并行性　并行性有两方面的含义：其一是在设计过程中通过专家们协同工作，同时考虑产品寿命循环的各个方面；其二是在设计阶段就可同时进行工艺（包括加工工艺、装配工艺和检验工艺）过程设计，并对工艺设计的结果进行计算机仿真，直至用快速原型法产生出产品的样件。

（3）强调设计过程的系统性　设计、制造、管理等过程不再是一个个相互独立的单元，而要将它们纳入一个整体的系统来考虑，设计过程不仅出图样和其他设计资料，还要进行质量控制、成本核算，也要产生进度计划等。这种工作方式是对传统管理体制的一种挑战。

（4）强调设计过程的快速反馈　并行工程强调对设计结果及时进行审查，并及时反馈给设计人员。这样可以大大缩短设计时间，还可以保证将错误消灭在“萌芽”状态。

三、并行工程的应用

并行工程自提出以来，在一些企业得到了成功应用，如在航空、航天、机械、电子、汽车等工业中的应用越来越广泛，已成为现代制造技术的重要内容之一。美国波音飞机制造公司在集成制造的基础上，成功地将并行工程应用在波音777型喷气客机的研制中，采用庞大的计算机网络来支持并行设计和网络制造，仅用了3年左右的时间就试制成功，进行试飞，一次成功，即投入运营。惠普（HP）公司采用并行工程来改进产品质量，其实施要点包括管理部门的支持、对用户的关注、统计过程控制、系统的问题解决过程，以及全体人员参与五个方面，实施的结果是使公司全部产品的综合故障降低了83%，制造成本减少了42%，而产品开发周期缩短了35%。这样的实例有很多，也包括中国的企业，可参考有关的资料。

复习思考题

1. 简述机械工业行业的特点。
2. 简述机械制造系统的概念。
3. 简述CAM的概念（广义、狭义）。
4. 简述计算机集成制造系统的含义。
5. 计算机集成制造系统有哪些部分组成？
6. 现代集成制造系统的发展趋势包括哪些方面？
7. 敏捷制造的基本思想是什么？有何特征？
8. 精益生产的基本思想是什么？有何特征？
9. 简述智能制造的概念。
10. 简述网络化制造的概念、内容与关键技术。
11. 简述并行工程的概念、特点。

参考文献

1 机械行业特点，http://english. kingdee. com/news/zhuanti/manufacture2002/customize_jj_1. htm
2 杨岳主编. CAM技术与应用. 北京：机械工业出版社，1996
3 第四节计算机辅助制造（CAM），http://www. e-works. net. cn/xxhjj/jj3-4. htm
4 严隽琪. 数字化与网络化制造. 工业工程与管理，2000，(1)
5 第一节并行工程，http://www. 3rd56. com/jingtai/xinxihua/2/2-01. htm

第二章 成组技术与 CAPP 的原理

第一节 成组技术

一、概述

长期以来，人们是以一种传统的观点来看待机械制造技术，即无论是大批量生产或是单件小批量生产，工厂所采用的制造方法和制造手段必须与加工类型相适应，这样导致在设计和制造过程中出现许多不合理的现象。例如，在大批量生产中，由于相同的加工对象数量大，工作地的集中化和专业化，高效能、自动化专用加工设备以及机械化、自动化流水生产线大量使用，可大大提高劳动生产率，获得很高的技术经济效果。但是，对单件、中小批量生产的工厂，在“批量法则”的约束下，就不能采用大批量生产中的那些先进的工艺手段和设备布置形式，一般按机群式布置车间的加工设备并组织生产。由于零件的加工按各自的工艺流程交叉、往返于各生产班组之间，为满足不同零件的加工就要采用所谓万能性的生产设备，即通用设备，势必就造成了这一生产类型的生产周期长、效率低、成本高、管理困难等缺点。

此外，对于单件、小批量生产的每种零件都分别对待、单独处理，即对每种零部件，都必须为之设计绘图、制定工艺规程、准备工装、编制生产计划和作业计划、进行加工等，很少考虑它们之间的关系。当一种产品停产时，这种产品原来所用的一整套图样、工艺文件、专用工装即全部报废。这种做法，使得生产中各种工作复杂化，致使多品种、小批量生产无法摆脱长期以来的落后状态。

（一）机械类产品中零件的统计规律

生产中有关事物的相似性是客观存在的，这不仅为人们一般常识所认可，而且也为统计学所证实。用统计学的方法统计事物某些特征的出现频率，可以从总体上定量地说明事物客观存在着的相似性。

不同的机械类产品，尽管其用途和功能各不相同，然而每种产品中所包括的零件类型却存在着一定的规律。联邦德国亚琛（Aachen）工业大学于1960~1961年曾对机床、发动机、矿山机械、纺织机械和军械等26个不同性质的企业中选取了45000种零件，进行了分析、研究。结果表明，任何一种机械类产品的零件组成如下：

第一类（A类）：复杂件或特殊件　这类零件量少，约占总数的5%~15%，但结构复杂，价值高，如：机床床身、主轴箱、飞机和发动机中的大件等。

第二类（B类）：相似件　这类零件在产品中数量大，品种多，约占70%，其特点是相似程度高，多为中等复杂程度，例如：各种轴、套、法兰、齿轮等。

第三类（C类）：简单件或标准件　这类零件结构简单，再用性高，多为低值件，一般已组织大量生产，如：螺钉、螺母、垫圈等。

上述统计分析告诉我们，多品种、小批量生产中，尽管要生产的零件种类繁多、数量较小，但是每类产品中各类零件所占的比例则大体上是一定的。尤其重要的是，在占机械类产品中大多数的相似件之间，存在着大量的相似性。只有充分利用这些特征，采取适当的技术和组织措施，才有可能使多品种、小批量生产的水平大幅度提高。这正是成组技术（GT——Group Technology）的任务和目标，而各种零件出现的规律和它们之间的相似性，也就成了成组技术应用的前提和基础。

零件统计学不仅为GT的创立提供了可以信赖的科学根据，也为实施GT过程中充分利用事物的相似性提供了科学的方法。

（二）成组技术的实质

成组技术实际上是一个关于制造的哲学概念。它是将相似的零件进行识别和分组，并在零件设计和制造中充分地利用它们的相似性，将相似的零件列入一个零件组或零件族。例如，一个能生产10000种不同零件的工厂可以将其分类归纳成30或50个零件族，每一个零件族必须具有相似的结构和工艺特点。因此，一个零件族，它的每个成员的工艺过程应该是相似的，这样可以通过将生产设备分成加工组或加工单元来提高它们的生产效率。同样，在产品设计以及制造业的其他领域中，通过零件分组的方法也可以得到许多益处。

那么究竟什么是成组技术呢？长期以来定义很多，但没有一个统一的定义。广义的定义可为：将许多各不相同，但又具有相似信息的事物，按照一定的准则分类成组，使若干种事物能够采用同一的解决方法，以达到节省精力、时间和费用之目的。实际上，它并不是一个全新的概念，但真正在具体的工作中自觉应用这一概念，并使之科学化、系统化则是近四、五十年的事。

根据国内外各种文献资料的介绍，对此领域的定义也不够统一。现用通俗的语言，来反映成组技术的实质。定义如下：

<u>成组技术（GT）</u>是机械制造过程中一种先进的科学的生产和组织管理方法，它旨在识别和开发机械制造过程中各环节诸种信息间的相似性，采取适当的组织形式和先进技术，实现其工作的合理化、科学化，使多品种、中小批和单件生产的企业获得较好的经济和社会效益。

零件的相似性是指零件所具有的特征的相似性，它又可分为结构、材料和工艺等方面的

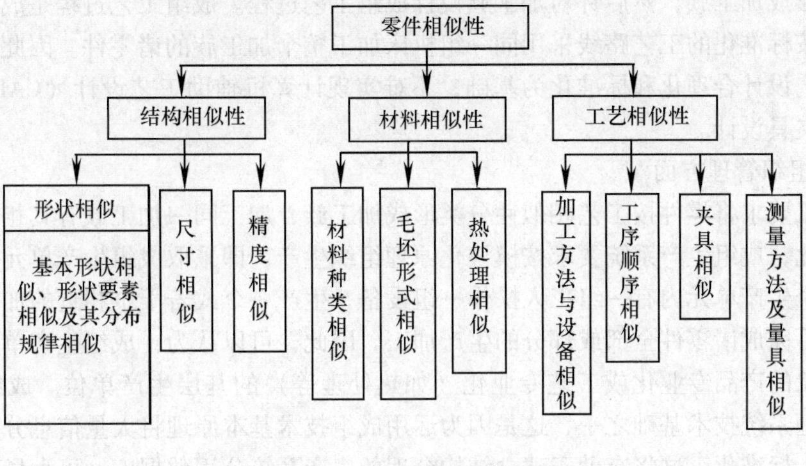

图 2-1　零件相似性的组成

相似性（见图 2-1）。

（三）成组技术的应用与发展

目前发展的成组技术是应用系统工程学的观点，把中、小批量生产中的设计制造和管理等方面作为一个生产系统整体，统一协调生产活动的各个方面，全面实施成组技术以提高综合经济效益。成组技术不仅用于零件加工、装配等制造工艺方面，而且还用于产品零件设计、工艺设计、工厂设计、市场预测、劳动量测定、生产管理和工资管理等各个领域，成为企业生产全过程的综合性技术。以下将从产品设计、制造及生产管理等方面简述成组技术的应用。

1. 产品设计方面

由于用成组技术指导设计，赋予各类零件以更大的相似性，这就为在制造管理方面实施成组技术奠定了良好的基础，使之取得更好的效果。此外，由于新产品具有继承性，使多年累积并经过考验的有关设计和制造的经验重复使用，这有利于保证产品质量的稳定。以成组技术为指导的设计合理化和标准化工作，将为实现计算机辅助设计（CAD）奠定良好的基础，可以使设计信息最大程度地重复使用，加快设计速度，缩短设计周期。据统计，当设计一种新产品时，往往有 3/4 以上的零件设计可参考借鉴或直接引用原有的产品图样，从而减少新设计的零件，这不仅可免除设计人员的重复性劳动，也可以减少工艺准备工作和降低制造费用。

2. 制造工艺方面

成组技术在制造工艺方面最先得到广泛应用。开始是用于成组工序，即把加工方法、安装方式和机床调整相近的零件归结为零件族，设计出适用于全组零件加工的成组工序。成组工序允许采用同一设备和工艺装置，以及相同或相近的机床调整方式来加工全组零件，这样，只要能按零件族安排生产调度计划，就可以大大减少由于零件品种更换所需要的机床调整时间。此外，由于零件族内诸零件的安装方式和尺寸相近，可设计出应用于成组工序的可调整夹具——成组夹具。只要进行少量的调整或更换某些零件，成组夹具就可适用于全组零件的工序安装。成组技术亦可应用于零件加工的全工艺过程。为此，应将零件按工艺过程相似性分类以形成加工族，然后针对加工族设计成组工艺过程。成组工艺过程是成组工序的集合，能保证按标准化的工艺路线采用同一组机床加工整个加工族的诸零件。因此，以成组技术指导的工艺设计合理化和标准化为基础，不难实现计算机辅助工艺设计（CAPP）及计算机辅助成组夹具设计。

3. 生产组织管理方面

成组加工要求将零件按工艺相似性分类形成加工族，加工同一加工族有其相应的一组机床设备。因此，成组生产系统要求按模块化原理组织生产，即采取成组生产单元的生产组织形式。在一个生产单元内有一组工人操作一组设备，生产一个或若干个相近的加工族，在此生产单元内可完成诸零件全部或部分的生产加工。因此，可以认为：成组生产单元是以加工族为生产对象的产品专业化或工艺专业化（如热处理等）的基层生产单位。成组技术是计算机辅助管理系统技术基础之一，这是因为运用成组技术基本原理将大量信息分类成组，并使之规格化、标准化，这将有助于建立结构合理的生产系统公用数据库，可大量压缩信息的储存量。此外，成组技术采用的分类编码技术，也是计算机辅助管理系统得以顺利实施的重要基础[1]。

成组技术从20世纪50年代提出至今已经历了50年左右的发展和应用。20世纪50年代中期，前苏联米特凡诺夫教授提出了较为完整的体系，1959年出版了《成组工艺科学原理》专著，书中总结了前苏联早期在成组工艺方面的实践经验和研究工作。但由于当时的历史条件，还有一定的局限性。20世纪50年代末60年代初，成组技术传入东欧和西欧各国。在东欧国家，成组技术发展很快，前捷克斯洛伐克机床与金属切削研究所（VUOSO）提出了一个简明实用的零件分类编码系统，仅有4位码，适合于零件特征统计和小型企业初期实施成组技术采用。在西欧，联邦德国亚琛工业大学奥匹兹（H. Opitz）教授进行了很多实验研究，研制了奥匹兹零件分类编码系统，并提出了计算机辅助零件分类成组的方法。20世纪60年代以后，日本十分重视零件分类编码系统对推广成组技术的作用，机械技术研究所和中小企业振兴事业团，在各企业配合下，自1968～1976年为适应技术的进步，逐次开发了五个零件分类编码系统（KC-1、2及KK-1、2、3），为日本各企业实施成组技术或制定本企业编码系统奠定了基础。由于柔性制造系统实质上就是自动化的成组生产单元，因此成组技术的推广应用及其与计算机、数控等技术的紧密结合，推进了柔性制造系统（FMS）的产生和广泛应用。柔性制造系统一般被认为是由计算机控制、管理的若干台数控机床（包括加工中心）和物料（工件、刀具等）输送及储存系统所组成的一个生产系统，用于制造中小批量的多种零件，能够显示其技术和经济上的经济性。20世纪80年代以来，随着各单元技术的发展，促进了计算机集成制造技术的发展，成为柔性制造系统的更高级形式，对于解决多品种、中小批生产自动化问题具有划时代的意义。到目前为止，无论世界上多么先进的集成制造系统，其所能加工的对象仍然是以相似性原理划分的零件族为基础。因此，成组技术作为一门综合性的生产技术科学，已成为计算机辅助设计、计算机辅助工艺设计、计算机辅助制造（CAM）和柔性制造系统等方面的重要技术基础。

我国早在20世纪60年代初，就在纺织机械、飞机、机床及工程机械等机械制造业中推广应用成组技术，并初见成效。十年文革期间，成组技术的研究与推广应用工作几乎处于停滞状态，加大了我国与世界水平的差距。改革开放后，成组技术再度受到国家有关部、局和工厂企业、研究所及高等院校的重视，大力开展了这一方面的科学研究、人才培训和推广应用等工作。原机械部设计研究院负责组织研制的全国机械零件分类编码系统 JLBM-1，对我国推广应用成组技术起到了积极的推进作用。以 1986 年 11 月召开的全国成组技术研究会第三届学术讨论会为例，有来自全国 21 个省、市、自治区的 274 名代表参加，从讨论会研讨内容可以看出，我国成组技术的开发与研究由初期概念化、定性化、手工化，正在向由理论化、定量化、计算机化转变。在理论研究方面，已由理论探索发展到与实际应用相结合，由学习研究国外的有关理论，发展到以解决我国实际问题为目的的应用。在实际应用方面，已由机械加工领域扩展到冲压加工等其他加工领域，由加工部门扩展到产品设计及生产管理部门。总之，我国成组技术正在蓬勃发展，虽然还存在着一些问题，有待于进一步充实和提高，但发展前景是乐观的。一些工厂实践经验表明，应用成组技术的经济效益是十分显著的。我国不少高等工科院校结合教学和科研工作，在成组技术基本理论及其应用方面，如零件分类编码系统、零件分类成组方法和计算机辅助编码、分类、工艺设计、零件设计、生产管理的软件系统等方面都开展了许多研究工作，并取得了许多研究成果。可以相信，随着推广应用的扩大和深入，以及科研工作的持续开展，成组技术对提高我国机械工业的制造技术和生产管理水平将日益发挥其重要的作用。

成组技术自诞生以来，经历了成组加工、成组工艺、成组技术、成组工程和大规模定制生产的阶段，在理论上具有基础，在实践上也有一定的经验。成组技术在产品设计和制造中体现出了较大的价值，相对当代其他各种先进制造技术表现出了显著的优越性，并与当代各种先进制造技术之间有着紧密的联系。成组技术与计算机技术及当代其他先进制造技术的结合，可以研究和创立具有现代意义的成组技术，其功能可能将超越任何一项其他先进制造技术。

二、零件分类编码技术

（一）概述

工程图能详细描述一个产品或零件的全部信息和数据，为制造者提供加工零件的全部工艺决策信息。但是，在早期采用计算机来对这些信息处理时，计算机无法识别，必须用计算机能识别和处理的代码来描述这些信息。

成组技术中采用的零件编码系统就是适用此目的的一个工具。应用编码来描述一个零件，可以在宏观上描述零件而不涉及零件的细节。

1. 零件分类编码系统的定义

零件的分类编码系统就是用数字、字母或符号对零件各有关特征进行描述和标识的一套特定的法则和规定。按照分类编码系统的规则用数字或字符描述和标识零件特征的代码就是零件分类编码，也叫 GT 码。

2. 零件分类编码系统的建立

在建立零件的分类编码系统时，必须考虑如下因素：①零件类型（回转体、棱形件、箱体、拉伸件及钣金件等）；②代码所表示的详细程度、码位之间的结构（链式、分级结构或混合式）；③代码使用的数制（二进制、八进制、十进制、十六进制、字母数字制等）；④代码的构成方式（代码一般是由一组数字组成，也可以由数字和英文字母混合组成）；⑤代码必须是非二义性的；⑥代码应该是简明的。

3. 零件分类编码系统的结构形式

零件分类编码系统按照不同的分类标准，可分为不同的类型，这里仅从码位之间的结构关系和编码系统的表达形式两方面来分。

（1）从码位之间的结构关系来分　零件分类编码系统的结构有三种形式：树式结构（分级结构）、链式结构（并列结构）以及混合式结构。

1）树式结构。码位之间是隶属关系，即除第一码位内的特征码外，其他各码位的确切含义都要根据前一码位来确定，如图 2-2a 所示。树式结构的分类编码系统所包含的特征信息量较多，能对零件特征进行较详细的描述，但结构复杂，编码和识别代码不太方便。

2）链式结构。也称为并列结构，每个码位内的各特征码具有独立的含义，与前后位无关，如图 2-2b 所示。链式结构所包含的特征信息量比树式结构少，结构简单，编码和识别也比较方便。OPITZ 系统的辅助码就属于链式结构形式。

3）混合式结构。系统中同时存在上述的两种结构。大多数分类编码系统都使用混合式结构，混合式结构如图 2-2c 所示。例如 OPITZ 系统、KK 系统等均使用的是混合式结构。

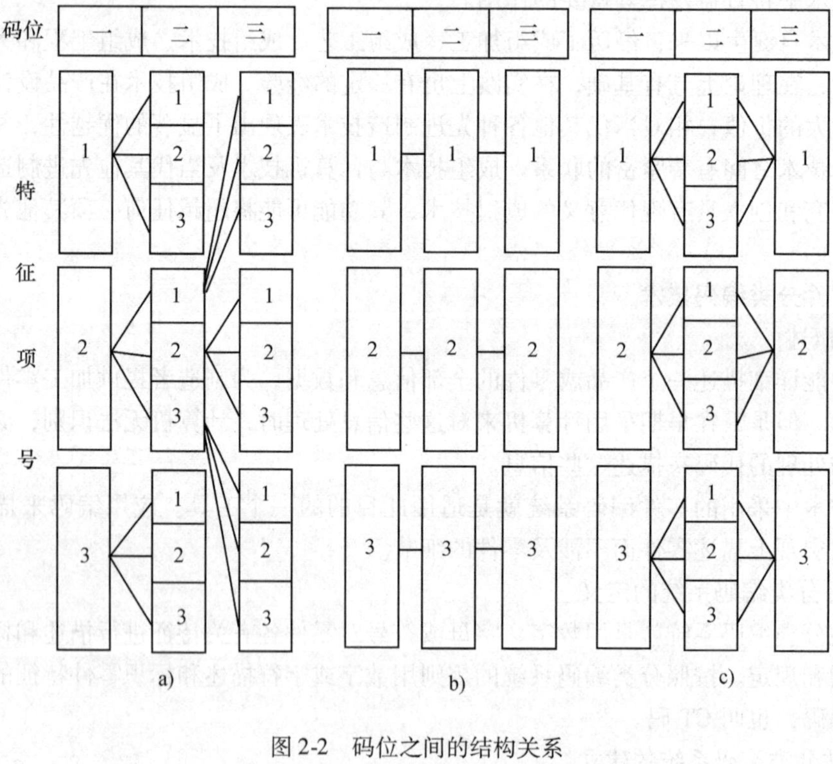

图 2-2　码位之间的结构关系

a）树式结构　b）链式结构　c）混合式结构

（2）从零件分类编码系统的表达形式来分　零件分类编码系统可分为表格式分类系统和决策树式分类系统。表格式分类系统是用表格形式来表达的分类系统，是目前应用最广泛的分类系统，参见 OPITZ、JLBM-1 系统。决策树式分类系统是一种新颖的表达形式，图 2-3

是决策树式分类系统结构示意图。由图可知，决策树式分类系统逻辑性强，它能有效避免分类标志“二义性”的问题，在决策树中，每个节点处的分类标志是确切的，经过各节点，只有“是”或“否”两种选择，非此即彼。

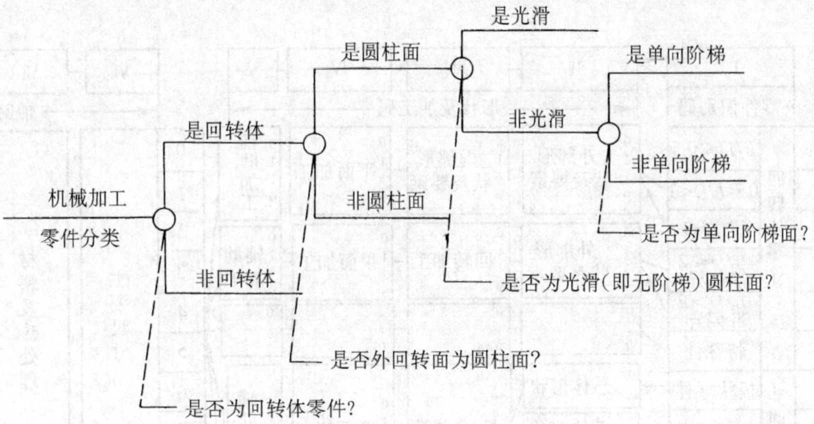

图 2-3 决策树式分类系统结构示意图

（二）零件分类编码系统实例简介

迄今为止，据估计，世界上已有几百种用于成组技术的机械零件分类编码系统，例如：OPITZ 系统由 9 位数字组成；日本的 KK-3 系统长度为 21 位；荷兰的 MICLASS 系统长度可达 30 位；前德意志民主共和国建立了由 72 位数字组成的分类编码系统，并且当作法律来执行。但是必须注意的是：无论采用何种零件分类编码系统，它们都不能详细地描述零件的全部信息。在现有的分类编码系统中，OPITZ 系统、日本的 KK-3 系统以及我国的 JLBM-1 系统应用较为广泛。

1. OPITZ 分类编码系统[2]

（1）OPITZ 系统的总体结构　OPITZ 系统是世界上最著名的系统之一，它是由联邦德国亚琛工业大学 OPITZ 教授负责开发的。该系统简单方便、实用，已被国内外很多单位或公司采用或参考，有些编码系统则是以 OPTIZ 系统为基础发展起来的。OPITZ 分类编码系统的结构如图 2-4 所示。

OPITZ 分类编码系统由 9 位数字组成，前 1 ~ 5 位数字用于描述零件的形状，6 ~ 9 位用于描述零件的尺寸、精度和材料。在这 9 位码之后，用户还可根据自己的需要设计扩充若干码位（一般不超过 4 位），用于表示零件的生产操作类型和顺序等。

（2）零件类型码　OPITZ 分类编码系统的第一位是类型码，用于描述零件的总体类型。对于回转类零件，第一位数的代码为 0、1、2、3、4、5，用于描述零件的长径比的范围，即用于将回转类零件按其长径比进行分类。图 2-4 中 L 表示零件的最大长度，D 表示零件的最大直径，则上述各代码的含义如下：

0：$L/D \leqslant 0.5$　　　（用于表示盘形件）

1：$0.5 < L/D < 3$　　　（用于表示短轴件）

2：$L/D \geq 3$　　　　（用于表示长轴件）

3：$L/D \leq 2$　　　　（用于表示短形带偏异回转体）

4：$L/D > 2$　　　　（用于表示长形带偏异回转体）

5：备用

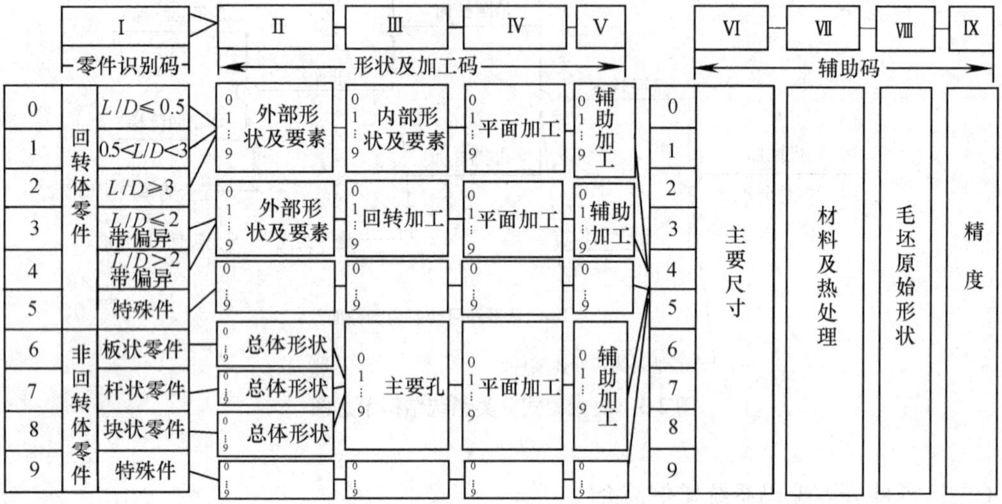

图 2-4　OPITZ 分类编码系统的结构

对于非回转体类零件，第一位的代码是 6、7、8、9，它们是按零件长、宽、高的不同比例加以区分的。

（3）形状码　OPITZ 编码系统第一位码只是对零件进行了粗略的分类，第二至第五码位用于对零件各主要形状特征作进一步的描述。回转体零件第二位的代码用于描述零件外部的主要形状，如零件外表面是否带有台阶，是一端有台阶还是两端都有台阶，是否带有圆锥表面台阶，表面上是否还有其他形状要素等。第三位数字表示零件的内表面形状，其内容与外表面的内容大致相似，即是否有台阶孔、台阶孔的方向，以及是否有圆锥孔等。第四位数字表示零件是否有平面和槽。第五位数字表示零件上是否有辅助孔和齿形等。至于非回转体零件的第二、三、四、五位数字，分别用来表示零件的外形、主要孔和其他回转表面、平面加工、辅助孔及齿形加工等特征。

（4）辅助码　OPITZ 编码系统的第六位至第九位数字是辅助码。第六位数字用来表示零件的基本尺寸，它的 10 个代码分别代表 10 个由小到大排列的尺寸分段。第七位数字表示零件的材料类别，分为铸铁、碳钢、合金钢、非铁合金……。第八位数字表示零件毛坯的形式，分为棒料、管材、铸锻件、焊接件等 10 类。最后一位数字表示零件上高精度加工要求（精度高于 IT7 和 $R_a < 0.8\mu m$）所在的形状部位。

（5）示例　下面举例说明如何用 OPITZ 分类编码系统对零件进行分类编码。图 2-5a 是一个回转体零件，图 2-5b 是一个非回转体零件，图中均只标注了零件的主要尺寸。图 2-6 是图 2-5 所示零件的 OPITZ 分类编码结果。

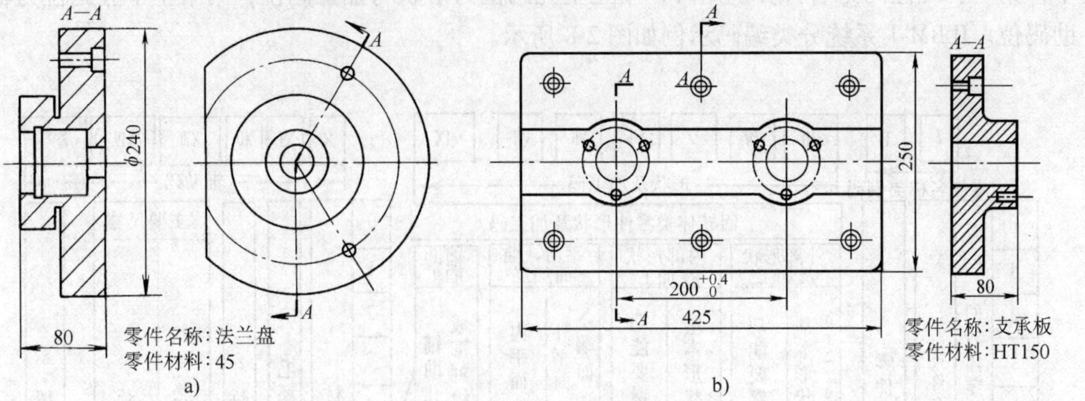

图 2-5　编码零件示例

a）回转体零件　b）非回转体零件

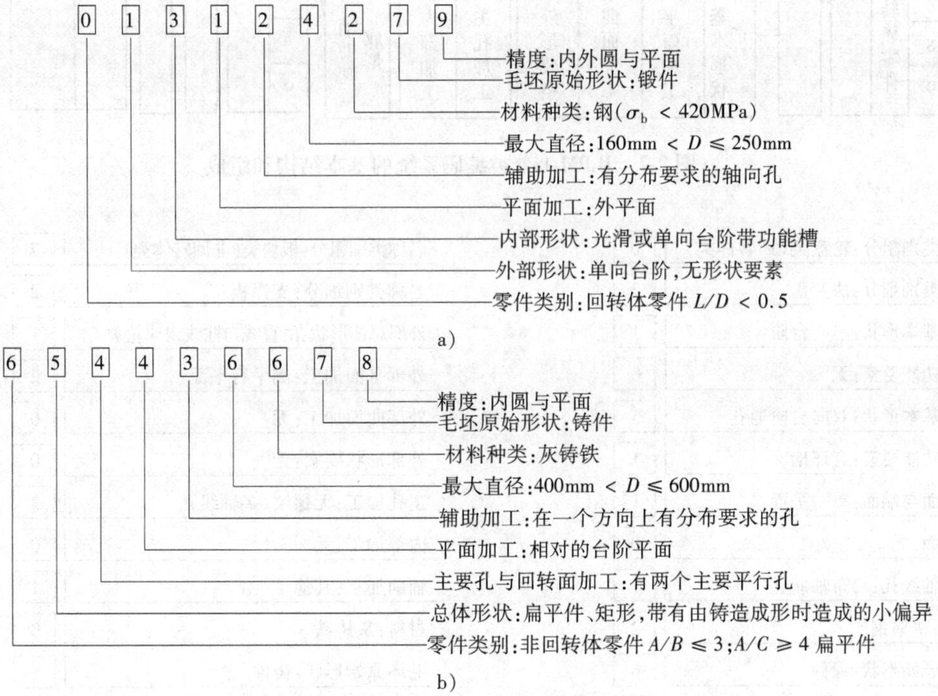

图 2-6　OPITZ 系统分类编码示例

a）回转体零件　b）非回转体零件

2. JLBM-1 分类编码系统

JLBM-1 是原机械部颁发的机械零件分类编码系统，它是在 OPITZ 和 JCBM（机床零件分类编码系统）系统的基础上，结合我国机械行业的具体情况发展起来的，适用于产品设计、工艺设计、加工制造和生产管理等方面。图 2-7 是 JLBM-1 分类编码系统的基本结构和组成。该系统具有 15 个码位，每一码位用 0 到 9 十个数码表示不同的特征项号。15 个码位中，第一、二位码为名称类别矩阵，第三至九码位为形状与加工码位，第十至十五码位为辅助码位。JLBM-1 系统分类编码示例如图 2-8 所示。

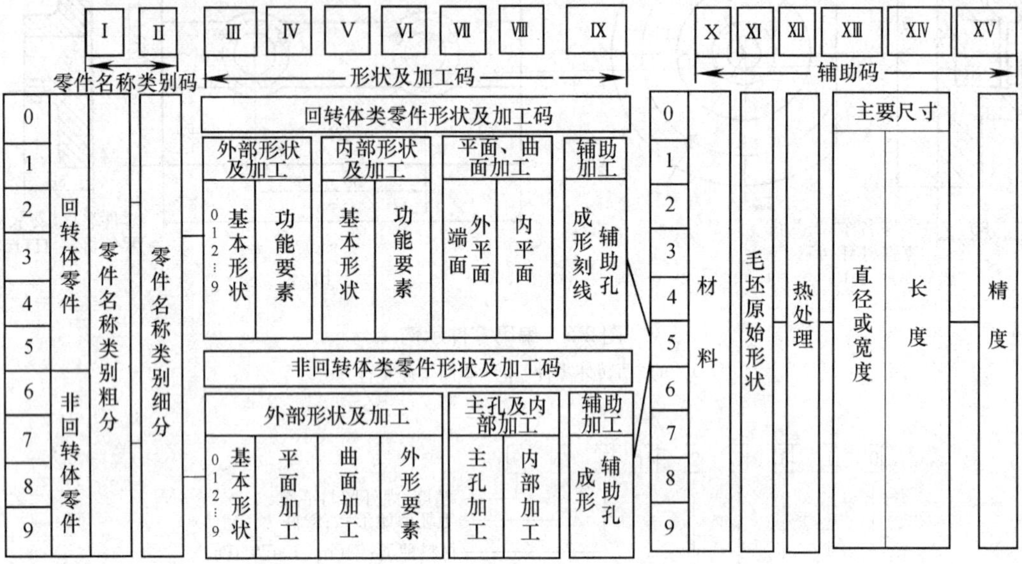

图 2-7　JLBM-1 分类编码系统的基本结构和组成

a)

名称类别粗分:轮盘类(回转体类)	0
名称类别细分:法兰盘	2
外部基本形状:单向台阶	1
外部功能要素:无	0
内部基本形状:双向台阶通孔	5
内部功能要素:有环槽	1
外平面与端面:单一平面	1
内平面:无	0
非同轴线孔:均布轴向孔	1
材料:普通钢	2
毛坯原始形状:锻件	6
热处理:无	0
主要尺寸(直径):$D>160\sim400$	5
主要尺寸(长度):$L>50\sim120$	1
精度:内外圆与平面	3

b)

名称类别粗分:板块类(非回转体类)	7
名称类别细分:支撑板	2
外部总体形状:由直线与曲线组成轮廓	1
外部平面加工:侧平行平面	2
外部曲面加工:无	0
外部形状要素:无	0
主孔加工:无螺纹、多轴线孔	3
内部加工:无	0
辅助加工:其他	1
材料:灰铸铁	0
毛坯原始形状:铸件	5
热处理:无	0
主要尺寸(宽度):$B>180\sim410$	7
主要尺寸(长度):$L>250\sim500$	5
精度:内孔与平面	3

图 2-8　JLBM-1 系统分类编码的示例

a）回转体零件　b）非回转体零件

3. 其他编码系统简介

（1）KK-3 零件分类编码系统　KK-3 系统是由日本通产者机械技术研究所提出草案，经日本机械振兴协会成组技术研究会下属的零件分类编码系统分会多次讨论修改，然后通过有关企业的实际使用，并对使用中出现的问题多次修订后，于 1976 年定稿颁布的。

KK-3 系统实际上是日本 KK 系统的第三个版本。在 KK-3 颁布前已颁布过 KK-1 系统和 KK-2 系统。KK-1 是十进制十三位代码的混合结构系统，KK-2 是十进制十五位码混合结构系统。KK-3 系统是一个多码位、多功用的通用分类编码系统，共二十一位，其中前七位与 KK-2 相同，而“形状与加工码”已扩大到十三位，KK-3 要比 OPITZ 系统划分得更细致。

（2）MICLASS 系统　MICLASS 系统（Metal Institute Classification System）是荷兰应用科学院金属研究所（TNO）于 20 世纪 70 年代初研制的，现改名为 MUTICLASS。该系统具有多种功能并附有一套计算机程序，可以满足设计、制造以及管理部门等不同单位的需要。到目前为止，MICLASS 系统已成功地用于机床、飞机、电器设备和重型机械等行业。该系统属于主辅码分段式总体结构，由 12～30 个码位组成，其基本结构如图 2-9 所示。

主码												辅助码																	
1	2	3	4	5	6	7	8	9	10	11	12	13	14	15	16	17	18	19	20	21	22	23	24	25	26	27	28	29	30
总形状	外部形状	内部形状	形状要素的位置	主要尺寸		尺寸比	次要尺寸	精度和粗糙度	位置精度	材料		批量		单件工时		主要工序		原材料形状	尺寸精度	形状精度	关于加工过程的说明						其他有关信息		

图 2-9　MICLASS 分类编码系统的基本结构

从图 2-9 中可以看出，标识零件形状、尺寸、精度和材料等主要与设计有关的永久性特征的码位共 12 位，称之为主码。主码可以单独使用，而且无论在哪个企业或公司使用，主码的内容一般都不变。而其他码位，用来描述零件批量、工时、材料加工性、主要工序、工装、装夹等与工艺有关的特征，称之为辅码。辅码的位数和内容可以根据用户的具体情况而定，位数最多可达 18 位，如美国奥提斯（Otis）石油机械厂在使用 MICLASS 系统时采用 15 位辅码。MICLASS 系统便于建立数据库和用计算机进行零件信息的分析和处理，在与计算机技术结合后能进一步发挥其所具有的各种功能。用户可以任意选用系统的 6 个计算机程序，借助于这些程序，系统可以自动进行设计检索、分类编组、工艺过程设计、机床选择、机床负荷计算、成本估算等各项工作。MICLASS 系统还备有对话型的计算机编码程序，用以实现自动编码。这样不仅可将编码速度大大提高，而且，更为重要的是可将编码出错率降低在 5% 以内。

（三）柔性编码系统

1. 柔性编码系统简介

在成组技术中，长期使用的零件分类编码系统都属于刚性分类编码系统，例如 OPITZ、JLBM-1、KK-3 等系统。它们主要适用于形成结构、工艺相似的零件族，其系统表达形式一般是表格式刚性结构，其主要优点是：① 系统结构简单，便于记忆和使用。②便于识别。

而这种结构存在以下一些问题：①传统的零件分类编码系统能对零件总体上进行概括的描述，但不能提供全面、准确的零件信息，故不能满足企业各部门要求，更不能满足 CIMS 各环节（如 CAD、CAPP、CAM 等）的需要。②传统的零件代码码位长度固定，不能随零件复杂程度而变化。对简单形状零件，相当多的码位编码为“0”，造成极大冗余；而对复杂形状零件，又无法在一个码位上说明多个同时存在的特征，所以无法确切、详尽地描述零件几何结构和工艺信息，描述存在多义性，故满足不了 CAPP 自动生成工艺的需要。③CAD 技术发展方向是特征造型 CAD 系统，传统的零件编码系统无法统一描述零件信息，满足 CAD/CAPP/CAM 一体化的需要，故不能适应信息集成的需求。由于柔性码可以较详细地描述零件的几何形状信息与加工工艺信息，因此可以直接作为 CAPP 系统零件信息的输入，并以此进行较高质量的工艺设计。柔性码可以由基于特征造型的 CAD 系统自动生成，并由此实现 CAD 与 CAPP 的集成。

柔性编码系统一般由固定码部分和柔性码部分组成。固定码部分用于描述零件的总体信息、检索和零件分类，如类别、总体尺寸、材料等码位；柔性码部分主要描述零件各部分详细信息，如型面的尺寸、精度、形位公差等。

2. 柔性编码系统实例介绍

为便于读者了解，这里简要地介绍一种面向企业生产活动全过程的柔性零件编码系统，供参考。该系统是一个面向形状特征的、具有多段式、多层次、柔性化结构的零件分类编码系统，系统总体结构如图 2-10 所示。为了满足生产系统各环节的需要，整个系统由相互独立的三段组成，即图号码、零件分类识别码和管理码。三段码组成了一个较为完整的为生产系统所需的信息系统，三段码可以连接成一体使用，也可以分开使用。第一段为图号码，确定了零件和产品之间的隶属关系，共有十三位码组成。第二段为零件分类识别码，其包括二级代码，第一级分类识别码由十二个码位组成（含固定码和柔性码两部分），用来描述零件的一般信息，第二级码是面向形状特征的、框架结构的二级形状码，它能较详细准确地描述零件形状和形状要素。第三段为管理码，是为组织成组生产而设置的码位，码位内容由零件分类以后自动生成，目前设五个码位，反映零件所属组别及加工单元信息。在系统的总体结构层次上采用了柔性的、分层次的关系式结构。在编码过程中，采用了几何要素图形菜单和几何要素图形库支持。

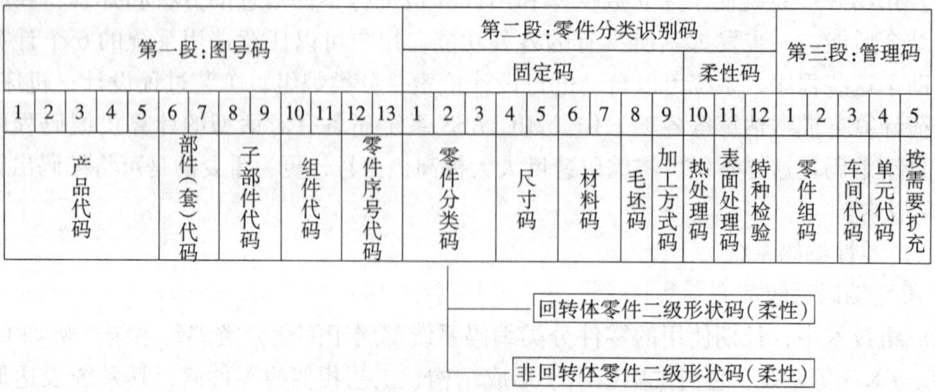

图 2-10 柔性零件编码系统总体结构

从功能上看，分类识别码完成零件整体信息的描述，对于需要详细、确切描述形状的零件，可进入到二级形状码描述。在一、二级码之间，本系统引进了关系式结构的概念，在每一层中包含不同信息流的信息，其间的关系靠特定的关键码来确定。正是由于关系式模型的特点，使本编码系统能方便地扩充，而且可以满足不同的需要。

系统的柔性在分类识别码中体现在两个方面：从横向看，系统的码位数量是可变的，最短为九位，最长为十二位，由零件的工艺特征复杂程度来决定；从纵向看，柔性码中的特征项数是可变的。本系统柔性码的代码是用字符串来描述的，当零件同时具有某一柔性码位中两个或两个以上特征时，则该码位的特征值为一字符串，该字符串由各特征项对应的特征码组成，字符串的长度不固定。为了识别，柔性码的每一个码位用字母作分隔标识符，用字母“R”表示热处理，“B”表示表面处理，“T”表示特种检验等。余下的字符是该码位中零件同时具有的特征项的代码组合，当零件没有某方面特征时，该码位就不出现。

例如，某一零件的工艺持征为：

热处理：调质和淬火

表面处理：镀铬

特种检验：磁力探伤和 X 光检验

那么，其柔性码为：RE2D6B4T0T1。

如果另一个零件不需特种检验，其他工艺特征相同则其柔性编码为：RE2D6B4。

这种信息描述法实现了可组合信息的任意组合，使不同工艺复杂程度的零件，其代码的繁简程度不同，不仅实现了编码的柔性，而且克服了以往编码系统存在的多义性。

在二级形状码中，同样采用特征项字符串的描述方法，形状复杂程度不同，其码位长短也不同，实现了柔性编码。对回转体零件和非回转体零件，设置了不同的两级形状码。对回转体零件采用图形要素描述法，对非回转体零件采用方位面描述法。

传统的零件分类编码系统所描述的只是零件出现的一些比较重要的形状特征，而且在零件的具体结构上是模糊的，对于 CAPP 来说，这种描述的信息远远不能满足要求。为了能详细、确切地描述零件形状和形状要素，本系统采用了面向形状特征的框架式结构的二级形状码。框架是专家系统中一种常用的知识表达方式，能对一个实体的多方面分层次加以描述，因此，直观、明了，易于理解。框架结构容易扩充，当出现一种新的形状特征时，可以很方便地把此形状特征加入框架结构系统的二级形状码中，回转体类零件二级形状码框架结构图如图 2-11 所示。

本系统全面地考虑了生产系统各环节对信息的需要，较合理地处理了传统编码系统存在的问题，能适应推行成组技术和 CIMS 各环节的需要，从根本上改变了传统编码系统的几何信息描述的不确切性和不完善性。本系统的柔性结构可根据编码零件种类的扩大而扩充系统的信息容量，它能满足对零件的整体和特征信息的充分描述，能够满足和适应整个生产系统各部门对信息不同层次的需求[3,4]。

三、零件分类成组方法

分类是成组技术的基础，分类的依据是零件的相似性，分类的结果是形成零件族。零件族可以理解为具有某些属性的零件集合。根据不同的分类目的，采用不同的相似性标准，可将零件划分为具有不同属性的零件族。一般可将零件分为设计族、加工族或管理族等。

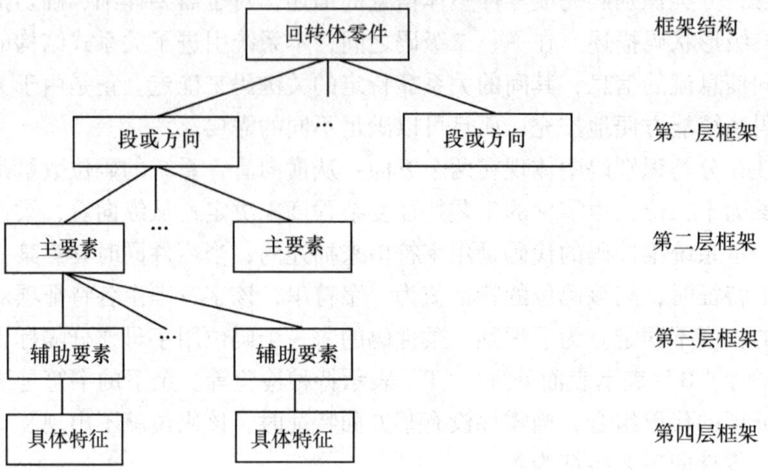

图 2-11　回转体类零件二级形状码框架结构

（1）设计族　分类标准包括零件功能、几何形状、材料、加工方法及工艺特征等，主要用于零件图样检索、设计合理化及标准化、CAD 等。

（2）加工族　分类标准包括零件几何形状、加工工艺、材料、毛坯类型、加工尺寸、加工设备及工艺装备等，主要应用于成组加工、设备布置、成组工艺设计、成组夹具设计、CAM 等。

（3）管理族　分类标准包括生产组织形式、生产批量、制造指令停留时间、工装种类及复杂程度、加工复杂程度等，主要应用于成组生产管理，合理安排作业计划和负荷的平衡，拟定制造指令的替换方案，以及建立计算机辅助管理系统等。

目前，将零件分类成组常用的方法有：视检法、生产流程分析法、编码分类法等。

（1）视检法　视检法是由有实际生产经验的人员通过对零件图样仔细阅读和判断，把具有某些特征属性的一些零件归为一类。它的效果主要取决于个人的生产经验，多少带有主观性和片面性。适用于零件品种较少、结构简单的场合。

（2）生产流程分析法　生产流程分析法（PFA——Production Flow Analysis）是研究工厂生产活动中物料流程客观规律的一种统计分析方法。它是以零件生产流程及生产设备明细表等技术文件，通过对零件生产流程的分析，可以把工艺过程相近的，即使用同一组机床进行加工的零件归结为一类。采用此法分类的正确性与分析方法和所依据的工厂技术资料有关，可以按工艺相似性将零件分类，以形成加工族或工艺族。

生产流程分析法由工厂流程分析、车间流程分析和生产单元流程分析等三个主要步骤组成。工厂流程分析是对全厂的物流进行分析和统计，以便正确地区分各个生产车间和管理部门，使全厂的整个生产过程具有合理的物料流程，决定全厂各车间的生产设备和生产任务。车间流程分析是在一个车间内部对所生产的零件的工艺过程进行分析和统计，按工艺过程将零件分类成零件加工族，同时找到各加工族对应的加工设备。车间流程分析的目的在于正确规划车间，并简化车间内的物料流程。生产单元流程分析是以单元内生产零件为对象，对生产单元内全部零件进行工艺过程分析，寻求生产单元合理的设备布置，同时按工艺特征把零件加工族细分为零件小组，以利于成组生产和成组夹具设计等方面的工作。

（3）编码分类法　编码分类法是根据零件特征、按照一定的相似性标准直接采用编码进行分类的方法，因此用编码分类前，需将待分类零件的设计信息、制造信息和管理信息等用代码表示。为此，需选用或制定零件分类编码系统。由于零件有关信息的代码化，就可以根据代码对零件进行分类。

编码分类法实质就是让零件编码与各零件族特征矩阵逐个地匹配比较，若零件编码与某一零件族特征矩阵相匹配，则该零件就应归属于此零件族。合理确定各零件族相似性标准是用编码分类法获得满意结果的关键因素。相似性标准与分类的目的要求密切相关，不同的分类目的对零件族中的零件的相似性内容和相似性程度要求不同。例如，设计族侧重零件结构功能等方面；加工族除考虑结构功能之外，还应考虑工艺属性方面。

编码分类法的难点是相似性标准的确定，编码分类要求相似性标准既不能太高，又不能太低。相似性标准太高，零件难以汇集成组，而且容易掩盖实际存在并可利用的相似性；相似性标准过低，归属同一族的零件数量增多，零件间差异性增大，从而妨碍零件相似性的利用。制定零件相似性标准的方法有特征码位法、码域法及特征位码域法等三种。

（1）特征码位法　特征码位法是在编码中选用一定数量的特征码位来制定分类的相似性标准，将特征码相同的零件归属于同一零件族。图 2-12 表示特征码位法的零件分类，其中图 2-12a 表示 OPITZ 系统的特征码位为 1、2、6 及 7 码位，规定的代码分别为 0、4、3、0，凡是零件编码相应的特征码位的代码与其相同的均可归属于同一零件族；图 2-12b 列出了符合上述相似特征要求的几个零件的简图及其编码。

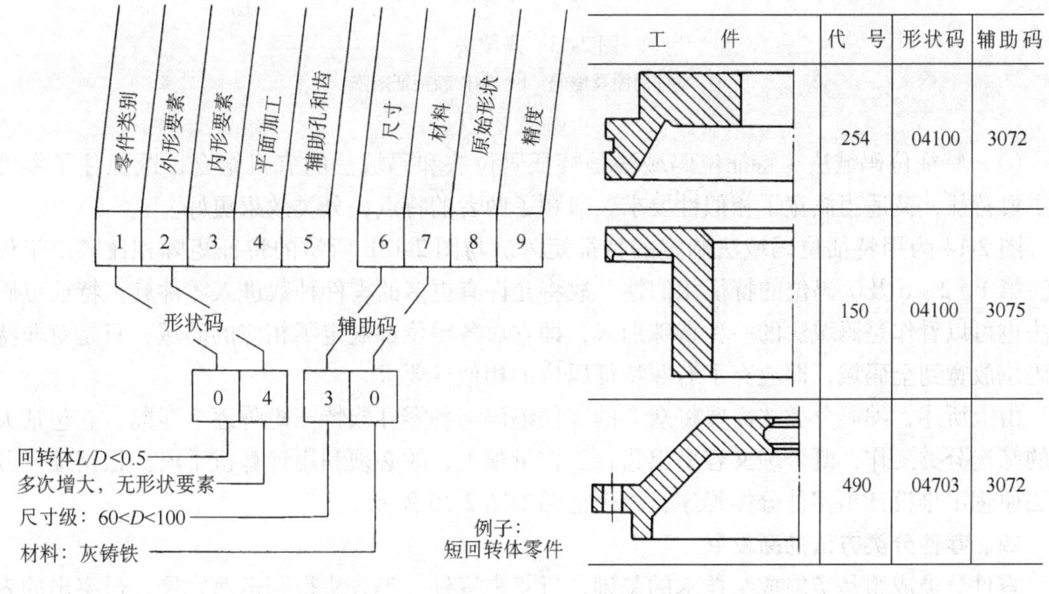

图 2-12　特征码位法

a）特征码位　b）零件简图及编码

（2）码域法　码域法是在编码中选用较大数量的特征码位来制定分类的相似性标准，允许编码虽不相同，但具有一定零件特征相似性的零件仍可归属于同一零件族内，即适当放宽每一码位相似性特征的范围，从而适当地扩大了成组的零件种数。图 2-13 给出了 OPITZ 系统的零件编码和码域法分类的相似性标准——相似性特征矩阵的示例。该矩阵规定了每一码位的码域，如果零件的每码位代码均在相应码位的码域内，则该零件符合规定的相似性标准，即属于该零件族。

工　　件	代 号	形状码	辅助码
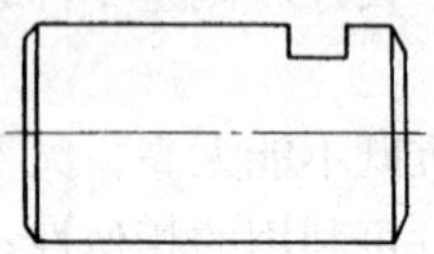	695	10030	0600
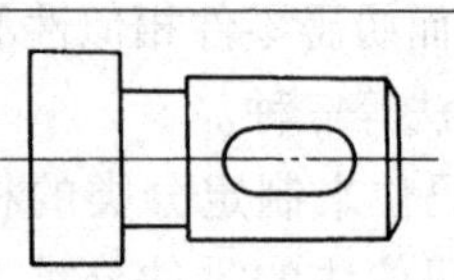	169	11030	1300
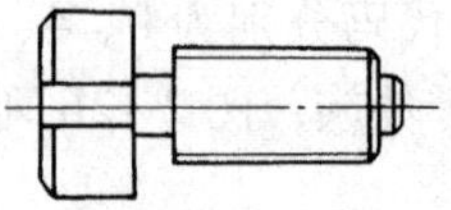	057	22020	1200

a)

码位 / 码值	1	2	3	4	5	6	7	8	9
0		1	1	1	1	1		1	1
1	1	1		1		1		1	1
2	1	1		1		1	1		
3		1		1		1	1		
4							1		
5							1		
6							1		
7									
8									
9									

b)

图 2-13　码域法

a）零件简图及编码　b）零件族特征矩阵

（3）特征位码域法　特征位码域法是特征码位法和码域法的有机结合，既抓住了零件的主要特征，又适当放宽了相似性要求，兼顾了两者的特点，分类效果更好。

图 2-14 为用特征位码域法制定的特征矩阵。与图 2-13b 所示的特征矩阵相比，由于仅关注第 1、2、6 及 7 码位的特征相似性，故将允许有更多的零件种数进入零件族。特征位码域法也可以看作是码域法的一种特殊形式，即它对各码位都规定了相应的码域，只是对非特征码位放宽到全码域，即放弃了对非特征码位的相似性要求。

由上所述，编码分类法需要将众多的零件编码与各零件族特征矩阵逐个匹配，它包括大量的筛选分类工作，既繁琐又容易出错，工作量很大，故必须利用计算机手段。根据编码分类法原理不难设计出零件分类程序，原理框图如图 2-15 所示。

四、零件分类方法的新发展

零件分类成组是实施成组技术的基础，近年来零件分类方法得到迅速发展，最突出的表现是计算机辅助零件分类。它应用图像识别技术和势函数来识别零件的几何形状和工艺特征，并作出零件分类的判定。

码值＼码位	1	2	3	4	5	6	7	8	9
0		1				1			
1	1	1				1			
2	1	1				1	1		
3		1				1	1		
4							1		
5							1		
6							1		
7									
8									
9									

图 2-14　特征位码域法

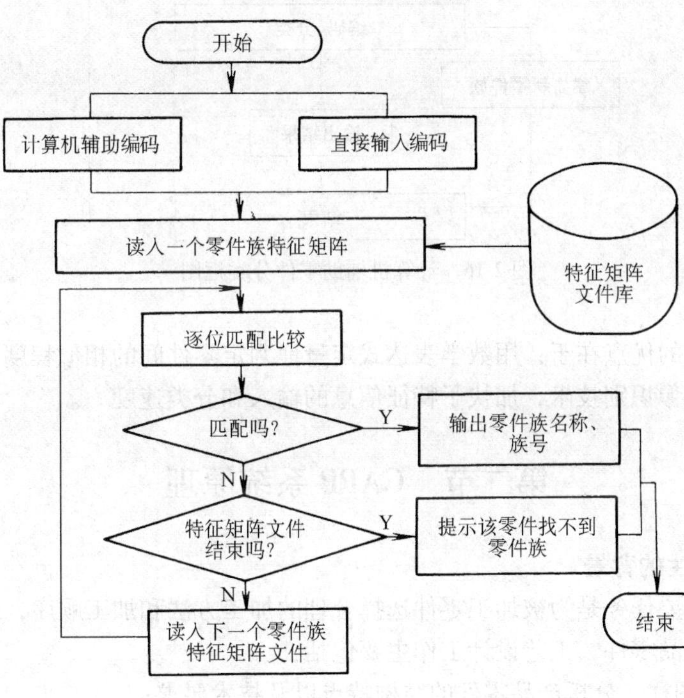

图 2-15　编码分类法原理框图

计算机辅助零件分类的大致过程如图 2-16 所示。首先建立并存储原型零件族，然后用电视摄像机输入零件，计算机自动识别零件的几何形状和工艺特征，使之与原型势函数值相比较，作出判别，使零件归属于相应的零件族。

最佳的计算机辅助零件分类系统不是将图样信息按照规定的法则填写特征信息矩阵，而是直接输入零件图形。如美国普渡大学（Purdue University）研制的计算机辅助零件分类编码系统，其效率高达 230 件/h，其分类的对象包括轴类零件挤压成形件、钣金件和火焰切割零件等。其工作过程是：用电视摄像机扫描零件图样，图形传送到计算机，由软件跟踪横剖面轮廓，并计算出零件的特征势函数或描述符，然后判别该零件与哪一族原型相近，从而确定出该零件的类别。

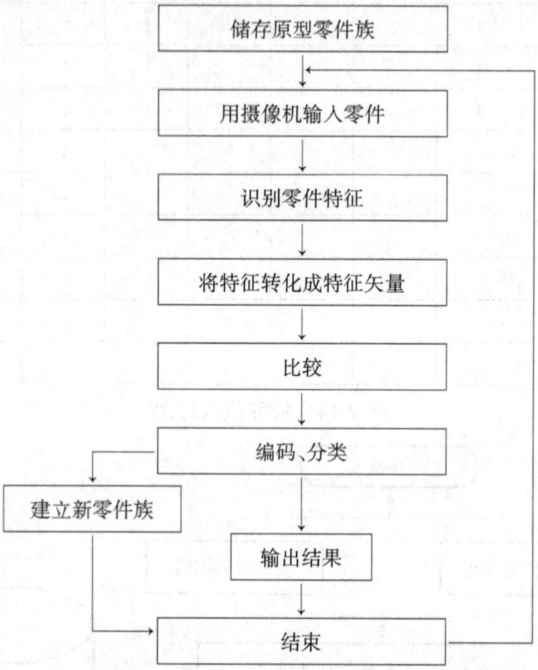

图 2-16　计算机辅助零件分类框图

势函数分类法的优点在于：用数学表达式定量地判定零件间的相似程度，使零件分类更科学，而且采用图像识别技术，加快了特征信息的输入和分类速度[5]。

第二节　CAPP 系统原理

一、CAPP 产生的背景

工艺设计的主要任务是为被加工零件选择合理的加工方法和加工顺序，以便能按设计要求生产出合格的成品零件，工艺设计工作主要包括：

1）根据产品图样，分析产品零件的结构特点以及技术要求；

2）了解产品生产纲领及批量；

3）根据企业的实际情况，具体确定机床设备、切削用量、工艺装备以及工时定额；

4）选择加工方法及采用的机床、刀具、夹具和其他工装设备等；

5）安排合理的加工顺序；

6）选择基准，确定加工余量和毛坯，计算工序尺寸和公差；

7）编制包含上述所有信息的工艺文件和各类统计汇总卡片。

传统工艺设计是由工艺师手工逐件设计的，因此工艺文件的内容、质量以及编制时间主要取决于工艺师的经验和熟练程度。这种状况不可避免地将导致工艺文件的多样性、重复性，导致设计周期长和质量不易保证。

传统设计方法对工艺设计人员提出的要求是：①具有丰富的生产实践经验；②熟悉企业内部各种加工方法及相应的设备使用情况；③熟悉企业内部各种生产加工规范和有关规章制度；④能与各方面保持友好合作。这样的工艺师需要许多年的工作实践，目前国内外的企业大多都缺乏这样的工艺设计人员。

按传统设计方法，工艺师是对零件逐个进行工艺设计的。所以，由于个人的经历和习惯不同，不仅对相似零件，而且甚至对同一零件设计出的工艺也有差别。例如对美国辛辛那提工厂的一次调查表明，生产 425 种直齿轮，人工设计工艺规程结果是：有 327 份不同的工艺，使用 57 台不同的机床。这么多的不同设备和工艺规程对组织生产和提高操作水平是极为不利的。船用柴油机大型箱体零件的生产也是单件小批生产类型，这些零件形状复杂，工艺设计工作量大。由于手工设计相同零件的工艺，不仅在不同的工厂，甚至在同一工厂因设计人员的不同而差别较大。有些工艺，不仅过于简单而且很不规范，只有少数人能读懂。这些对于规范化和标准化的文明生产极为不利，当然也不利于生产率的提高。

手工编制工艺一般要经过以下步骤：由工艺师按零件设计工艺过程，填写工艺卡、画工序图、校核、誊写、描图、晒图及装订成册，这个过程要花费很长时间。按某造机厂统计，低速大功率柴油机一个箱体零件的工艺设计及 NC 加工程序编制一般需要半个月左右的时间，特别应指出的是，目前的柴油机设计已系列化，对同一机型有许多变型，它们的箱体一般是大同小异。由于逐件工艺设计使得工艺师们不得不花很多精力去修改原有的工艺设计并誊写。这种工作不仅重复，而且繁琐乏味，抑制人的创造能力。这种情况在其他机械加工行业也同样存在。

传统的工艺设计方式已经严重地阻碍了设计效率的提高，主要表现在下列各方面：

1）传统的工艺设计是人工编制的，劳动强度大，效率低，是一项繁琐重复性的工作。

2）难以保证数据的准确性；工艺设计需要处理大量的图形信息、数据信息，并通过工艺设计产生大量的工艺文件和工艺数据；由于数据繁多且很分散，因此，工作繁琐、易出错。

3）工艺设计优化、标准化较差，设计效率低下，存在大量的重复劳动。由于每个工艺规程都要靠手工编写，当产品更换时，原有的工艺规程就不再使用，必须重新设计一套产品的工艺规程，即使新产品中某些零件与过去生产的零件相同，也必须重新设计。

4）无法利用 CAD 的图形、数据。二维 CAD 技术在企业中的应用已很普及，各部门之间可通过电子图档进行交流，然而由于工艺设计部门仍采用人工方式进行设计，这样就无法有效利用 CAD 的图形及数据。

5）不便于计算机对工艺技术文件进行统一的管理和维护。

6）信息不能共享。随着企业计算机应用的深入，各部门所产生的数据可以通过计算机进行数据交流和共享，如果工艺部门仍采用手工方式，就只能通过手工方式查询其他部门的数据，工作效率低且易出错；同时产生的工艺数据也无法方便地与其他部门进行交流和共享。

7）不便于将工艺专家的经验和知识收集起来加以充分地利用。

8）传统的手工设计方式无法实现集成制造。

工艺设计工作的具体内容包括：制定产品工艺过程、工艺操作内容、工艺装备（设备，工、夹、量、辅、具）和工艺参数、切削参数、工序图、填写各类卡片等。通常的工艺文件类型包括：零件的机械加工工艺、钣金件的冲压工艺、零件的铸造工艺以及锻造工艺、焊接工艺和热处理工艺等；产品及其部件（或组件）的装配工艺等。

工艺文件是进行工装设计制造和零件加工的主要依据，它对组织生产、保证产品质量、提高生产率、降低成本、缩短生产周期及改善劳动条件等都有直接的影响，因此，工艺设计工作是生产中重要的生产技术准备工作。零件工艺设计的主要任务是为被加工零件选择合理的加工方法和加工顺序，以便能以低成本、短周期和高质量生产出合格的成品零件。

对多品种小批量生产，传统的工艺设计采用手工方式对产品中的自制零件逐件设计其工艺的劳动量极大，而且效率低。随着新产品的不断推出，工艺人员不得不把主要精力和时间都耗费在一遍遍地逐件设计和填写零件的单独工艺文件上，做了大量的重复性劳动。

工艺文件设计的难度较大，因为要处理的信息量大，各种信息之间的关系又极为错综复杂，受到的制约因素多。同一个工艺问题会由于不同工厂的生产条件不同，产生因厂而异的工艺方案；即使对同一个工厂的生产条件，也会因为各个不同工艺人员的个人阅历、经验和学识不同而得出因人而异的工艺方案。长期以来，工艺设计主要依靠工艺人员多年工作实践积累的丰富经验，并以手工方式进行。因此，工艺文件的设计质量完全取决于工艺人员的技术水平和经验，造成了工艺文件严重的多样性，工具和工装准备费用严重浪费，生产组织困难，生产效率低下。另一方面熟练的工艺人员日益短缺，而年轻的工艺人员则需要时间来积累经验，再加上老工艺人员退休时无法将他们的“经验知识"保留下来，这些因素都使得工艺设计成为机械制造企业提高经济效益和市场竞争力的薄弱环节，急需发展在计算机辅助下的工艺过程设计自动化技术。

随着计算机软硬件技术的发展，为解决传统工艺设计工作中存在的问题提供了有效手段。特别是人工智能技术的日趋成熟，为开发创成式的计算机辅助工艺设计系统创造了有利条件，使人类通过长期生产实践所积累的宝贵经验和知识有可能采用知识库和专家系统的形式而得以继承和运用。CAPP 技术的出现使发展自动化工艺设计成为可能。

当今科学技术飞速发展，在产品更新换代频繁，多品种、小批量的生产模式已占主导地位，并且传统的工艺设计方法已不能适应机械制造业的发展需要的状态下，计算机辅助工艺设计（CAPP）受到了工艺设计领域的高度重视。其主要优点在于：CAPP 使工艺设计人员摆脱大量、繁琐的重复劳动，将主要精力转向新产品、新工艺、新装备和新技术的研究与开发。CAPP 可以提高工艺的继承性，最大限度地利用现有资源，降低生产成本。CAPP 可以使没有丰富经验的工艺师设计出高质量的工艺规程，且有助于推动企业工艺设计的标准化和自动化工作，缩短工艺设计周期，提高产品的市场竞争能力。此外，CAPP 是企业逐步推行信息集成和 CIMS 应用工程的重要基础之一。

二、CAPP 的概念

CAPP（Computer Aided Process Planning）是计算机辅助工艺过程设计的英文简称。其作用是利用计算机来辅助零件加工工艺过程的制订，把毛坯加工成工程图样上所要求的零件。它是通过向计算机输入被加工零件的几何信息（形状、尺寸等）和工艺信息（材料、热处理、批量等），由计算机自动输出或辅助输出包括零件的工艺路线和工序内容等的工艺文件的过程。

计算机辅助工艺过程设计也常被译为计算机辅助工艺规划。国际生产工程研究会（CIRP）提出了计算机辅助规划（CAP——Computer Aided Planning）、计算机自动工艺过程设计（CAPP——Computer Automated Process Planning）等名称，CAPP一词强调了工艺过程自动设计。实际上国外常用的一些，如制造规划（Manufacturing Planning）、材料处理（Material Processing）、工艺工程（Process Engineering）以及加工路线安排（Machine Routing）等在很大程度上都是指工艺过程设计。计算机辅助工艺规划属于工程分析与设计范畴，是重要的生产准备工作之一，是连接设计与制造的桥梁，是一个经验性很强而且随制造环境变化而变化的决策过程[6]。

三、CAPP系统工作原理

自从第一个CAPP系统诞生以来，各国对计算机辅助工艺设计进行了大量的研究，开发了许多CAPP系统。CAPP的基本原理可以描述为：将经过标准化或优化的工艺，或编制工艺的逻辑思想（长期以来工艺师们积累的知识和经验），通过CAPP系统存入计算机，在计算机生成工艺时，CAPP软件首先读取有关零件的信息，然后识别并检索一个零件族的标准工艺和有关工序，经过编辑修改（派生式），或按工艺决策逻辑进行推理（创成式）自动生成具体零件的工艺。假如计算机读取的零件信息中部分内容超出了计算机能识别和处理的范围，即找不到对应的零件族，或不能用预先确定的逻辑生成工艺时，则计算机将无能为力，只能报警或求助于工艺人员来帮助。因此，由以上分析可知：计算机只能按CAPP软件规定的方式生成工艺过程，而不能创造新的工艺方法、新的工艺参数。一旦新的工艺方法、新的工艺参数出现，就必须修改CAPP中的某些部分，使之适应新的加工对象和加工制造环境。

四、CAPP系统的类型

1. 从系统的基本工作原理来分

由上所述可知，一般将CAPP系统分为三种类型，即派生式CAPP系统、创成式CAPP系统和知识基CAPP系统（Knowledge Based CAPP System）。

（1）派生式CAPP系统　派生式CAPP系统，也称变异式CAPP系统，它是在成组技术的基础上，利用零件的相似形，通过对产品零件的分类归族，可以把工艺相似的零件汇集成零件族，然后编制每个零件族的标准工艺，并将其存入CAPP系统的数据库中。这种标准工艺是符合企业生产条件下的最优工艺方案。一个新零件的工艺，是通过检索相似零件的工艺并加以筛选或编辑而成，由此得到“派生”或“变异”这个术语。其工作原理如图2-17所示。

在图2-17中，将标准工艺（也称成组工艺，或复合工艺）分别存放在标准加工文件和工序计划文件中，输入一个新零件的GT代码，系统可以判断该零件属于哪个零件族，并从数据库中检索调用该族的复合工艺。根据输入零件的结构、工艺特征和加工要求，通过对检索出的复合工艺进行自动或交互式的修改和编辑，便可得到该零件的加工工艺。图2-17中，因复合工艺划分为两个部分，所以检索和编辑也分两次。利用其他的输入信息，可以计算或选择有关的加工参数。

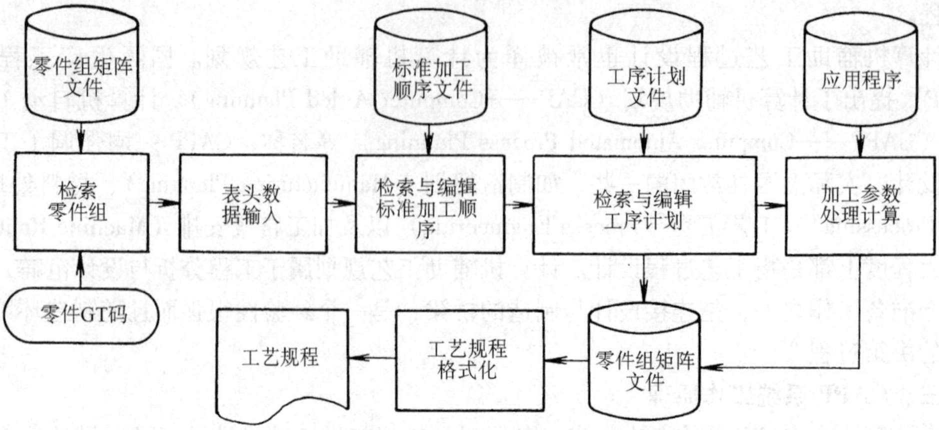

图 2-17 派生式 CAPP 系统工作原理图

(2) 创成式 CAPP 系统 创成式 CAPP 系统，也称生成式 CAPP 系统。它的工作原理与派生式 CAPP 系统的原理不同，它并不是利用相似零件族的复合工艺修改或编辑生成，它不需要派生法中的复合工艺文件，而是依靠系统中的决策逻辑和制造工艺数据信息生成。这些信息主要是有关各种加工方法的加工能力和对象，各种设备及刀具的适用范围等一系列的基本知识。工艺决策中的各种决策逻辑存入相对独立的工艺知识库，供主程序调用。图 2-18 是它的工作原理框图。由图可见，系统可按工艺生成步骤划分为若干模块，每个模块的程序是按各功能模块的决策表或决策树来编制的，即决策逻辑是嵌套在程序中的。系统各模块工作时所需的各种数据都是以数据库文件的形式存储。图 2-18 中有机床、夹具、刀具、工具，以及切削数据文件。有的系统还有标准工时定额文件（图 2-18 中未列出）。CAPP 系统在读取零件的制造特征信息后，能自动识别和分类。此后，系统其他各模块按决策逻辑生成零件上各待加工表面的加工顺序和各处表面的加工链，并为各表面加工选择机床、夹具、刀具、工具和切削参数。最后系统自动输出工艺规程文件，用户不需或略加修改即可。

综合式系统是将派生式、创成式与人工智能结合在一起综合而成的。

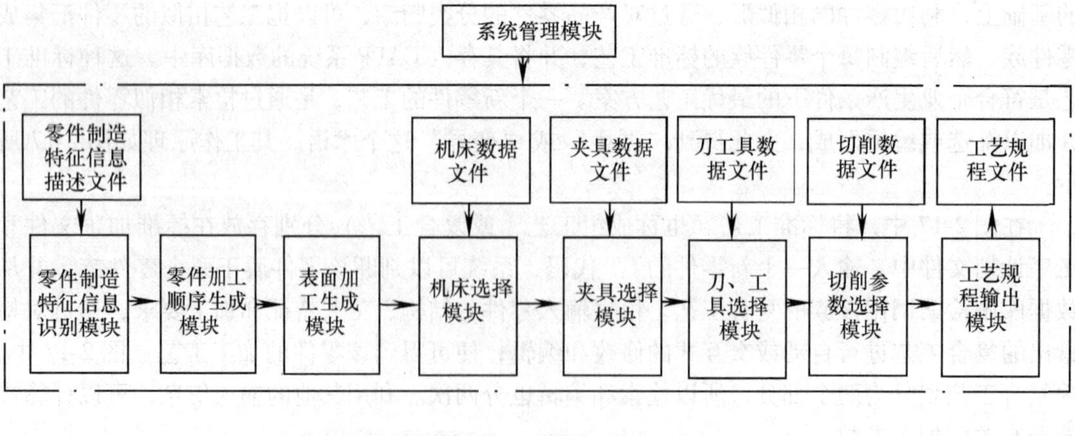

图 2-18 创成式 CAPP 系统工作原理图

（3）知识基 CAPP 系统工作 传统的创成式系统由于决策逻辑嵌套在应用程序中，系统结构复杂，不易修改。目前的研究工作主要已转向知识基 CAPP 系统（专家系统）。在知识基系统中，工艺专家编制工艺的经验和知识存在知识库中，它可以方便地通过专用模块增删和修改，这就使系统的适应性和通用性大大提高。知识基 CAPP 系统工作原理如图 2-19 所示。知识库中工艺生成逻辑可以通过查询和解释模块，以树形等方式显示，便于查询和修改。以自然形式存放的工艺知识通过知识编译模块，成为一种直接供推理机使用的数据结构，以加快运行。推理机按输入模块从文件库中读取的零件制造特征信息，经过逻辑推理生成工艺文件，由输出模块输出并存入文件库。

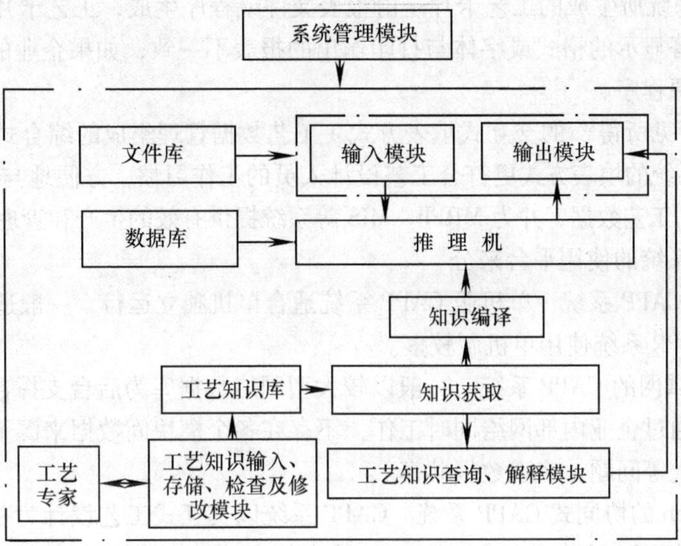

图 2-19 知识基 CAPP 系统工作原理图

综上所述，从以上三种 CAPP 系统中工艺文件产生的方式我们可以看出，派生式系统利用了成组技术原理，必须有复合工艺（样板文件）。因此，它只能针对某些具有相似性的零件产生工艺文件。而对于找不到复合工艺的零件，派生式系统就无法生成工艺。创成式系统和知识基系统都利用了决策算法，自动生成工艺文件，但需输入全面的零件信息，系统要确定零件的加工路线、定位基准、装夹方式等，从工艺设计的复杂性分析，这些知识的表达和推理无法很好地实现。正是由于知识表达的“瓶颈”与理论推理的“匹配冲突”至今无法很好地解决，自学习、自优化和自完善功能差，因此创成式 CAPP 系统和 CAPP 专家系统仍停留在理论研究和初步的应用阶段。在 CAPP 系统开发和应用过程中，许多 CAPP 系统既应用了派生式原理，同时又引入了较多的决策算法，人们通常称这类系统为半创成式或混合式 CAPP 系统。例如，零件族的复合工艺中只是一个工艺路线（加工方法和加工顺序），而各加工工序的内容（包括机床和工夹具的选择、工步顺序和内容、切削参数的确定等），则都是用逻辑决策方式生成的，这样的系统就是半创成式或混合式系统。在第七章将较详细地介绍这样的 CAPP 系统。

2. 从 CAPP 系统的实现方式来分

近些年来，国内出现了一些商品化的 CAPP 系统，从实现方式来看，一般可归纳为以下几类：

1）使用 Word、Excel、AutoCAD 等软件平台生成工艺或在其上二次开发的 CAPP 系统。

此类 CAPP 系统所生成的工艺文件是以与平台相关的文件的形式存在的，无法生成工艺数据，此类 CAPP 系统的工艺数据是分散在各个工艺卡片当中的，无法实现工艺数据的集中管理。

2）工艺数据用数据库管理、工艺文件使用数据库语言或其他高级语言的报表设计器生成的 CAPP 系统。

此类 CAPP 系统所生成的工艺卡片是由报表文件或程序生成，工艺卡片的填写无法实现所见所得，即屏幕显示的格式或字体与打印输出的报表不一致，如果企业的卡片形式需要更新的就需要更改源程序。

3）采用“所见所得”的交互式填表方式＋工艺数据管理集成的综合式 CAPP 系统。

此类 CAPP 系统的填表方式更符合工艺设计人员的工作习惯，方便地与企业的 PDM 系统集成来管理产品的工艺数据，并为 MRPⅡ、MIS 等系统提供有效的生产和管理用的工艺数据。

3. 从 CAPP 系统的使用平台来分

（1）单机版 CAPP 系统　单机版 CAPP 系统适合单机独立运行，一般适合于规模很小的企业。早期的 CAPP 系统使用单机版较多。

（2）基于局域网的 CAPP 系统　一般以较大型网络数据库为后台支撑数据库，工艺设计的相关人员可以通过企业内部网络同时工作，不存在各个模块间数据来源不同、数据不同步等造成的系统混乱等问题，实现数据共享。

（3）基于 Web 的协同式 CAPP 系统　CAPP 系统以交互式工艺设计为基础，将 CAPP 系统与 Web 数据库相连，适应 Internet/Intranet 技术的开放性、通用性等诸多优势，使工艺设计部门在分布式网络环境下实现信息共享、协同作业、过程管理和信息集成，可使动态联盟企业实现协同化工艺设计。

4. 从 CAPP 系统的功能来分

（1）交互式的 CAPP 系统　交互式 CAPP 系统是以人机对话的方式完成工艺规程的设计，由于工艺设计涉及因素很多，很难用简单的数学模型进行理论分析和决策。这种系统是在无法实现通用的 CAPP 系统的情况下产生的，尽管它对工艺人员有很高的要求，但是可以节约大量的时间和繁重的重复工作，而且更能满足复杂的生产实际的要求。现在国内一些流行的软件绝大多数是采用人机交互式的 CAPP 系统，具有很好的实用价值。但不能避免因人而异的弊病，是自动化等级最低的系统。

（2）基于并行工程的 CAPP 系统　并行工程环境下的 CAPP 系统的体系结构应是一种在产品设计开发过程模型控制下的分层、分阶段的模块化结构，可制造性评价是产品设计与工艺设计并行交互的主要内容。并行工程环境下的 CAPP 在功能上不仅应能生成适应性好的加工工艺，同时也能接收产品的阶段不完备信息，评价其可制造性并对产品建模实行反馈控制。

（3）基于 PDM 的 CAPP 系统　以 PDM、Web 技术、网络和数据库为依托，以统一的产品数据模型为核心进行工艺设计，实现 CAPP 系统内部各用户以及 CAPP 与 CAD、MRPII/ERP 等应用系统之间的信息共享和集成。

（4）基于敏捷制造的 CAPP 系统　针对敏捷制造环境，一个完整的产品将通过联盟中多个敏捷伙伴企业分工协作生产。联盟中不同的企业根据不同的分工负责产品中不同组成部分（零/部件）的制造生产。这要求产品的制造工艺将由各个伙伴企业中的工艺部门分工协作完成。因此，如果把动态联盟看作一个实体，那么这个实体中的计算机辅助工艺规划系统将是一个广域分布的集成的动态群组规划系统，该系统将由处于不同敏捷伙伴企业内的 CAPP 系统所组成。每个 CAPP 系统既服务于自己所属的企业也服务于动态联盟，能够敏捷地适应不同的工艺设计任务，这类系统即为基于敏捷制造的 CAPP 系统。

（5）集成化的 CAPP 系统　在集成化的环境下，不但需要完成零件工艺设计工作，而且需要结合制造企业内各种技术单元（如 CAD、CAFD、CAM、PDM 等）实现集成。CAPP 接受 CAD 生成的 STEP 文件进行工艺设计；利用 DFM 进行可制造性评价，并根据其评价结果进行工艺修改；CAPP 输出工艺设计结果给 CAFD；CAPP 将工艺设计结果提交给 CAM 系统，产生零件数控加工的 NC 程序等。这类系统即为集成化的 CAPP 系统。

（6）智能化的 CAPP 系统　CAPP 专家系统是一种基于人工智能技术的 CAPP 系统，也称智能型 CAPP 系统。专家系统和创成式 CAPP 系统都以自动方式生成工艺规程，其中创成式 CAPP 系统是以逻辑算法加决策表为特征的，而专家系统则以知识库加推理机为特征的。

（7）分布式 CAPP 系统　分布式 CAPP 系统是集智能化技术、集成化技术、分布式数据库技术、分布式程序设计技术以及网络技术为一体的综合设计系统，具有更大的柔性。分布式 CAPP 系统是一个局部自治，而逻辑上统一的闭式系统。

（8）工具型的 CAPP 系统　这类系统的开发思想是根据工艺过程设计原理，抽取 CAPP 系统的实现机制，为用户提供一个构造实用 CAPP 系统的环境及有关的功能构件，不同的用户根据需要，运用开发工具自行设置系统参数，定义工艺设计资源等，快速地完成实用 CAPP 系统的二次开发、系统测试和实际应用。

五、CAPP 在 CIMS 中的重要地位和作用

如上所述，CIMS 的关键之一是信息集成，而 CAD/CAPP/CAM 的集成是实施 CIMS 最重要的环节之一。自 20 世纪 80 年代中后期，CAD、CAM 的单元技术日趋成熟，随着机械制造业向 CIMS 发展，CAD/CAM 集成化的要求是亟待解决的问题。真正的 CAD/CAM 集成系统实际上应是 CAD/CAPP/CAM 集成系统。CAPP 从 CAD 系统中获取零件的几何拓扑信息、工艺信息，并从工程数据库中获取企业的生产条件、资源情况及企业工人技术水平等信息，进行工艺设计，生成工艺过程卡、工序卡及 NC 加工控制指令，在 CAD、CAM 中起到了纽带作用。众所周知，人们常称 CAPP 是 CAD 和 CAM 之间的桥梁，可见 CAPP 的研究开发对 CAD 和 CAM 的有效集成具有关键作用。除此之外，CAPP 还与 MIS 系统息息相关，因为它生成的工艺文件中还包括许多管理所需要的信息。显然，CAPP 技术的不断发展正在为 CIMS 的成功实现创造条件。

虽然 CAD 和 CAM 还需要进一步发展和完善，但它们中的一些应用技术，如计算机绘图和 NC 加工编程技术等已经相当成熟。而 CAPP，从 20 世纪 60 年代开始研究，直到 20 世纪 80 年代才逐步受到工业界的重视，起步较晚。此外，工艺设计受具体制造环境及传统经验和习惯的影响较大。因此，要制定较完善的 CAPP 工艺生成决策规则难度很大。近年来，国内外开发了许多 CAPP 系统，但真正用于实际生产并不多，且多数都是专用 CAPP 系统，而高水平的 CAPP 系统，即能真正使 CAD/CAPP/CAM 集成的实用 CAPP 系统还尚未推出。目

前商品化的CAD/CAM系统基本上是CAD/NC或CAD/APT（APT——Automatically Programmed Tool）系统，即CAD系统生成零件几何图形后，通过交互方式，由操作人员输入工艺过程和其他数据后，系统才能生成零件的NC加工程序。这种生成NC加工指令的过程都不能适应集成化的要求。在CAD/CAPP/CAM集成系统中，由于CAPP模块能够直接形成刀位文件，因而就可以直接形成NC加工控制指令，就会更加简单方便。CAD/CAPP/CAM集成系统中CAPP模块的功能是将产品设计信息转变为制造加工和生产管理信息，它不仅是CAD与CAM的纽带，同时也是CAD/CAM与PDM以及ERP等管理信息系统集成的基础。为了推进CAD和CAM的真正集成，CAPP研究已成为目前CIMS中的最紧迫的任务之一。与此同时，开发实用的CAPP系统，推进工艺设计自动化，缩短生产准备周期，以加深工业界对CAPP的认识，引起人们的重视也是一项极其重要的任务。

综上所述，集成化CAPP系统的开发不仅是CIMS信息集成的要求，也成为CAPP的发展趋势之一。在CIMS环境下，CAPP与CIMS中其他系统的信息流向是这样的：CAPP接受来自CAD的产品几何、结构、材料信息以及精度、粗糙度等工艺信息，作为CAPP的原始输入，同时向CAD反馈产品的结构工艺性评价；CAPP向CAM提供零件加工所需的设备、工装、切削参数、装夹参数以及反映零件切削过程的刀具轨迹文件，并接收CAM反馈的工艺修改意见；CAPP向工装CAD提供工艺规程文件和工装设计任务书；CAPP向MIS（管理信息系统）提供工艺路线、设备、工装、工时、材料定额等信息，并接受MIS发出的技术准备计划、原材料库存、刀夹量具状况、设备变更等信息；CAPP向MAS（制造自动化系统）提供各种工艺规程文件和夹具、刀具等信息，并接受由MAS反馈的刀具使用报告和工艺修改意见；CAPP向CAQ（质量保证系统）提供工序、设备、工装等工艺数据，以生成质量控制计划和质量检测规程，同时接收CAQ反馈的控制数据，用以修改工艺规程。由此可见，CAPP对于保证CIMS中信息流的畅通，从而实现真正意义上的集成是至关重要的。

六、CAPP在企业信息化中的作用

全球化和信息化是当今世界经济发展的两个显著特点。随着第三轮经济全球化的加快，包括资金、技术、人才在内的各种生产要素流动和配置的范围越来越大，传统国界的作用日益弱化。制造业也不例外，全球化制造已成为制造业发展的一个重要趋势。信息技术突飞猛进，引发了一场新的产业革命。信息技术的发展，不仅打造了新兴的电子信息装备制造业，而且通过对传统制造业的渗透和辐射，使机械、冶金、化工、纺织等传统制造业正在发生深刻的变化，制造业信息化因此也成为当今世界制造业发展的另一个大趋势。目前，国际上正在进行新一轮产业结构调整，中国正在成为世界制造工厂，已成为一个制造大国，世界各地随处可见“MADE IN CHINA"，这是不争的事实。但我国还远不是制造强国，准确地说，我国目前还只是中低档商品的世界制造工厂。为了尽快提高我国制造业的整体素质，特别是竞争力，必须大力推进制造业信息化，以信息化带动工业化，以工业化促进信息化，促进传统制造业结构调整和优化升级，从而实现全社会生产力的跨越发展。

企业信息化是指企业利用信息技术（包括计算机技术、通信技术和自动化技术等）改善企业的经营、管理、生产的各个环节，提高生产效率，提高产品质量，降低消耗，提高企业的创新能力，是企业组织、管理现代化生产的有效途径。

企业信息化是一个很广泛的概念，总的来说就是广泛利用信息技术，使企业在生产、管理等方面实现信息化。具体可以分为以下三个层次：

第一层是企业在生产过程中广泛运用电子信息技术，实现生产自动化。如设计自动化（CAD）、自动化控制、智能仪表、单板机的运用等，凡是用到电子信息技术的都是企业信息化的一部分。

第二层是企业数据的自动化、信息化。用电子信息技术对生产、销售、财务等数据进行处理，这是最基础的、大量的数据信息化过程。

第三层是更高层次的辅助管理、辅助决策系统。制造资源规划（MRPⅡ）、计算机集成制造系统、办公自动化（OA）等都是用来辅助管理、辅助决策的，这是更高层次的信息化[7]。

按计算机应用的规模和范围，企业信息化大致可分为如下几个阶段[8]：

（1）单机的计算机应用 如采用 CAD 提高工程设计及绘图的效率和质量，采用计算机进行财务、工资或合同等单项管理。

（2）局域网支持下的计算机应用 用计算机网络技术实现跨部门的计算机应用，如产品设计部门基于网络和数据库的 CAD、CAPP、CAE 以及各管理部门的 MRPⅡ或 ERP 应用。其技术水平和效益比前者提高了一步。

（3）网络数据库支持下全企业范围的计算机应用综合系统 这是 CIMS 的信息集成阶段。这一阶段把企业各个单元的计算机应用，如 CAD、CAE、CAPP、CAM、MRPⅡ车间管理与控制、质量保证以及办公、辅助决策等集成起来，实现信息资源共享、优化运行。

（4）广域网、因特网支持下的企业间信息集成和资源优化 这一阶段企业的信息化突破了企业的界线，这是敏捷制造阶段的企业信息化。现代集成制造系统包含了企业信息化的第三、第四两个阶段。

可以说，CIMS 是集成化的企业信息化，是企业信息化的高级阶段。企业信息化的第一、第二阶段为 CIMS 的实施创造了技术和人才的基础。CAPP 技术是企业信息化建设中联系设计和生产的纽带，同时也为企业的管理部门提供相关的数据，是企业信息交换的中间环节。在 CAD/CAM 技术日趋成熟的今天，CAPP 已成为机械制造系统中的薄弱环节。

21 世纪是企业信息化建设蓬勃发展的时代，如何面对加入 WTO 后，快速响应国外产品的冲击；如何把工艺设计人员从繁重的重复劳动中解放出来；如何管理大量的工艺文件和工艺数据；如何与企业的其他信息系统集成等问题已越来越受到企业领导重视。CAPP 技术的应用及发展，为企业提供了一条解决以上问题的根本途径。CAPP 系统的全部数据存储在数据库中，可与其他系统进行数据和文档级的集成；可多层次使用和管理工艺数据，满足用户不同专业的特殊要求；可输出满足用户要求的各种工艺 BOM，供企业的生产、计划、调度、财务等部门使用。CAPP 经历一个多层次、分阶段应用与集成的渐进发展过程。全面实现企业产品工艺设计和管理的计算机化与信息化，并逐步实现与 PDM、MIS/ERP 等系统对产品工艺信息的全面集成和产品设计、工艺设计、生产计划调度的全过程集成。因此，CAPP 系统是企业信息化建设的重要内容之一。

第三节 CAPP 系统发展概况及经济效益

CAPP 系统开发研究始终是以克服传统工艺设计缺点和推进工艺设计自动化为主要目标

的，目前已向设计制造信息集成和智能方向发展。在工业界推广应用 CAPP 系统可以产生很好的社会和经济效益，并能促进 CAPP 技术的发展。

一、CAPP 发展概述

计算机辅助工艺设计这一课题研究是在 20 世纪 60 年代后期开始的。在制造自动化领域，CAPP 的发展是薄弱的环节之一。世界上最早研究 CAPP 的国家是挪威，始于 1969 年，并于 1969 年正式推出世界上第一个 CAPP 系统 AUTOPROS；1973 年正式推出商品化的 AUTOPROS 系统。在 CAPP 发展史上具有里程碑意义的是 CAM-I（Computer Aided Manufacturing-International，设在美国的计算机辅助制造组织）于 1976 年推出的 CAM-I's Automated Process Planning 系统，取其字首的第一个字母，称为 CAPP 系统。现在对 CAPP 的缩写表示法虽然还有不同的释义，但把计算机辅助工艺过程设计称为 CAPP 已经举世公认。CAPP 研究直到 20 世纪 80 年代才开始受到工业界的重视，研究工作开展较快。美国机械工程师协会（ASME）也在 1985 年和 1986 年连续召开讨论 CAPP 的学术会议，国际生产工程研究会（CIRP）也在 1985 年和 1987 年两次召开 CAPP 专题讨论会。目前国内外召开许多生产自动化方面的学术会议也都包括了 CAPP 的内容。我国的 CAPP 研究工作是 20 世纪 80 年代才开始的，目前也已取得了很多的成绩。目前，国内外除已发表了大量学术论文外，也已经开发了许多 CAPP 系统，其中一部分列于表 2-1。

表 2-1 CAPP 系统简介

	系统名称	CAPP	XPS-1	XPS-E	BHCAPP	BHCAPP	EXCAPP
零件类型	回转体	0	0	0	0	0	0
	棱形体	0	0	0			
	板料	0					
设计方法	派生法	0	0		0		
	生成法		0	0	0	0	0
自动化功能	工艺路线/工序设计	0	0	0	0	0	0
	机床选择		0		0	0	0
	刀具选择		0		0	0	0
	夹具选择		0	0	0	0	
	确定加工参数		0				
	确定刀具路径						
用户提供		标准工艺	决策表	产生式规则		产生式规则	产生式规则
人工编辑		0	0				
商品 C/学术 A		C	C	C	A	A	A
开发单位		CAM-I	CAM-I	CAM-I	北京航空航天大学	北京航空航天大学	北京航空航天大学
注释		LINK 1976	1980		1984(BASIC)	1987(PASCAL)	1988 (PROLOG)

（续）

系统名称		TOJICAP	NIT-ZLCAP	SE-CAP/NC	NHCAPP	HUDACAPP-1	BCAPP-NC
零件类型	回转体	0	0		0		
	棱形体					0	0
	板料						
设计方法	派生法	0	半生成	半生成	0		
	生成法				0	0	0
自动化功能	工艺路线/工序设计	0	0	0	0	0	0
	机床选择	0	0	0	0	0	0
	刀具选择		0	0	0	0	0
	夹具选择				0		
	确定加工参数	0	0	0		0	0
	确定刀具路径			0		0	0
用户提供							决策表和部分规则
人工编辑		0					
商品 C/学术 A			A	C/A	A	C/A	C/A
开发单位		同济大学	东南大学	东南大学	南京航空航天大学	湖南大学	江苏科技大学
注释		1983	1985	1992	1990	1990（FMS 用）	1991（PASCAL 等）

早期开发的 CAPP 系统主要是检索式系统，即操作 CAPP 系统时，首先检索出适合一组相似零件的标准工艺，然后通过编辑修改生成具体零件的工艺并打印输出。与传统工艺设计相比，应用检索式 CAPP 系统能大大减少工艺师重复繁琐的修改、抄写工作，并能提高工艺文件质量。

随着计算机技术的发展，CAPP 系统开发人员将成组技术和逻辑决策技术引入 CAPP，开发出许多以成组技术为基础的派生式系统和混合式（半生成）系统以及以决策规则为工艺生成基础的半创成式系统。与传统的工艺设计相比，一个企业要应用这些 CAPP 系统，首先要由有经验的工艺工程师进行工艺设计标准化工作，设计优化的工艺路线或生成工艺的决策规则以及各种加工参数；然后依据这些原始数据和其他要求开发 CAPP 系统。所以用 CAPP 系统生成的工艺规程是企业工艺专家们的智慧结晶，并不取决于使用 CAPP 系统的人员，而且不要求使用 CAPP 系统的人员有很多工艺知识和经验，只要求他们能一般了解并会使用 CAPP 系统即可。近来，以人工智能为基础的 CAPP 专家系统以及着重 CAD/CAPP/CAM 集成的系统正在研究之中。

如上所述，CAPP 发展方向是 CAD/CAPP/CAM 一体化和智能化，这是制造自动化技术发展的需要。为了使通用的 CAPP 专家系统工具和集成化的 CAPP 系统达到更高的水平，国内外研究人员付出了大量的精力并已取得了许多进展。我国 CIMS 研究计划中也有跟踪世界先进技术的研究项目，这些研究项目对我国先进制造技术的推广应用有很大推动作用。另一方面，我国许多科技工作者一直都致力于从中国实际情况出发推广应用 CAPP 系统，在推广应用中不断提高 CAPP 系统的应用水平，提高企业工程技术人员的素质，为企业实施高水平的 CAD/CAPP/CAM 集成和智能技术打下了良好基础。推广应用 CAPP 虽然要从实际出发，但也需要考虑向 CAD/CAPP/CAM 集成方向发展，但此时研究工作的着眼点不是从现有商品化软件 CAD/CAM 系统的缺点出发，研究如何改造它或如何建立新的系统，而是研究如何应用它来实现适合某些具体类型零件的 CAD/CAPP/NC 集成。此外 CAPP 系统决策中最需要、最适合采用人工智能技术的也不是从如何开发完善的专家系统工具出发，而是从 CAPP 系统决策中最需要、最适合采用人工智能的部分首先实施智能化，即在 CAPP 开发中，首先考虑的是满足企业的具体要求，实用第一，然后才考虑其先进性，并且从推广应用的角度来逐步建立 CAPP 开发系统，以促进某行业的 CAPP 推广工作。

到 20 世纪 80 年代后期，人工神经元网络技术、遗传算法、模糊推理以及基于实例的推理等被引入 CAPP 的研究中，使 CAPP 系统的多样化和智能化有了长足的发展。总而言之，这一阶段的 CAPP 系统在追求智能化方面获得了很大的进步，但是由于片面强调工艺设计的自动化，而忽略人在工艺决策中的作用，因而造成系统实用性不足，且开发难度大。

以 CAPP 研究成果指导 CAPP 推广应用，在推广普及中逐步提高 CAPP 系统的水平，使我国的 CAPP 研究和推广应用都获得了丰硕的成果。

CAPP 在我国已有 20 年左右的历史，这些研究多是针对孤岛式的 CAPP。由于制造技术的发展，先进制造技术的深入应用，尤其是先进制造技术的基础技术，从建立企业工艺标准化体系到计算机软硬件及网络通信技术的发展，以及企业应用计算机从单一系统向集成化系统发展，加上企业正面对新的市场竞争环境，在这样的新基础、新形势下，CAPP 系统将需要着力在以下几方面发展[9]：

1）CAPP 不能是简单的在卡片填写方式上用计算机代替手工，而必须通过应用 CAPP 系统提高工艺设计的优化、标准化水平，以指导生产过程与生产管理，适应 ERP、JIT、PDM 等技术的应用。

2）应用成组技术的相似性原理和标准化技术开展工艺标准化工作，建立工艺标准化体系，解决工艺设计的多样化问题，为开发 CAPP 应用软件及其系统的通用化、商品化打下牢固的基础。

3）一个企业的实用的、可行的 CAPP 系统，必须首先以企业中占 70% 以上的可以实现工艺标准化的零件及产品工艺信息为主体，形成多种 CAPP 技术方式的应用系统，包括目前条件下可能实现的专家系统、半自动生成系统、派生式系统、样件系统等。对于那些暂时不能用以上方式解决的，可采用填表方式。

4）在应用 CAPP 工艺设计系统的同时，开展工艺信息管理系统的开发与应用。用系统工程的原理与方法对企业工艺系统的全部工作进行系统分析、设计，形成完整的工艺信息系统，不但使工艺工作实现信息化，同时为企业工作的信息化提供坚实的基础，明确 CAPP 与 CAD、PDM、ERP 的关系。计算机辅助工艺设计上应与计算机辅助设计相接，下应与计算机辅助制造相连，是连接设计与制造之间的桥梁，设计信息只能通过工艺设计才能生成制造信息，只能通过工艺设计才能与制造实现功能和信息的集成。

为了实现以上的目的，并结合相关技术的发展，对 CAPP 技术的发展趋势归纳为以下几个方面：

（1）集成化　现代集成制造是现代制造业的发展趋势，作为集成系统中的一个单元技术，CAPP 系统集成化也是必然的发展方向。在并行工程思想的指导下实现 CAD/CAPP/CAM 的全面集成，进一步发挥 CAPP 在整个生产活动中的信息中枢和功能调节作用，这包括：与产品设计实现双向的信息交换与传送；与生产计划调度系统实现有效集成；与质量控制系统建立内在联系等。

（2）工具化　为了能使 CAPP 系统在企业中更好地推广应用，CAPP 系统应采用更好的开发模式。传统专用型 CAPP 系统虽然针对性强，但由于开发周期长，缺乏商品化的标准模块，适应性差，很难适应企业的产品类型、工艺方法和制造环境的发展和变化。而应用面广、适应性强的工具型 CAPP 系统，已经成为开发和应用的趋势。

（3）平台型　CAPP 系统把系统的功能分解成一个个相对独立的工具，用户可以通过友好的用户界面根据本企业的情况输入数据和知识，针对不同的应用环境，形成面向特定的制造环境和工艺习惯的具体的 CAPP 系统。也可以将开发平台提供给用户，使用户可以进行 CAPP 系统的二次开发，在开发平台上构造符合用户需要的 CAPP 系统。从理论上讲，它可以适应各种应用环境，具有较好的通用性和柔性；而且由于还具有二次开发能力，能适应企业内部发生的变化。

（4）智能化　CAPP 系统必将在获取、表达和处理各种知识的灵活性和有效性上有进一步的发展。

（5）并行化　并行过程强调信息的及时传递与反馈，并行工程环境下的 CAPP 系统不仅是信息集成的中枢，同时也是各子系统间功能协调的关键。并行 CAPP 必须面向制造、面向成本、面向产品进行设计，它向上能对 CAD 的设计结果进行可制造性评价，同时还应具备对不合理的设计（如结构、尺寸、公差、精度、可用资源等）提出修改意见，供设计者参考，以保证产生一个完善的设计结果。它向下应能接受来自 CAM、CAFD 等方面的信息，以控制工艺设计过程，从而实现工艺设计的技术合理性、加工工艺的经济性与制造资源的可用性。网络化的系统环境是实现并行的基础。

经过 30 多年的历程，国内外对 CAPP 技术已进行了大量的探讨与研究，无论在研究的深度上和广度上都不断取得了进展，例如：在设计对象上，所涉及的零件从回转体零件、箱体类零件、支架类零件到复杂的飞机结构件等；在涉及的工艺范围上，从普通加工工艺到数控加工工艺，从机械加工工艺到装配工艺、钣金工艺、热处理工艺、检验工艺等；在系统功能上，从独立的计算机辅助技术“孤岛”，到满足集成系统环境需求的集成化系统；在系统实现原理上，从单一的派生式或创成式模式，到应用专家系统等人工智能技术，并具有检索、派生、创成等多种决策功能的综合/智能化系统模式；在系统开发上，从单纯的学术性探索和技术驱动的原型系统开发，逐步走向以应用和效益驱动的实用化和商品化系统开发。

迄今为止，在国内学术会议、刊物上发表的 CAPP 系统不下上百个，但被工厂、企业正式应用的系统只是少数，真正形成商品化的 CAPP 系统还不多。近几年，针对目前 CAPP 技术应用状况，国内外的研究工作者提出了种种新的 CAPP 构想，并针对一些企业需求进行了开发。到 20 世纪 90 年代中后期，制造业的企业信息集成成为大家关注的热门话题，CAPP

作为企业信息化建设推进的关键环节，成为研究热点，CAPP 软件技术因而得到了迅速的发展，各种实用化的 CAPP 系统开始走向市场。除集成化、智能化继续受到重视外，实用化、工程化也已逐步受到人们的重视，系统化、分布式、网络化已成为 CAPP 技术发展的新趋势。近阶段，基于组件技术的分布式系统已成为软件开发的趋势，在此技术上研发 CAPP 系统将是一种全新的设计模式，它的主要特点是：组件技术本身的优势使系统具有很好的可扩充性、快速复用以及二次开发能力；而分布式系统最大的特点是使系统借助网络的强大支持，实现协同工作、系统集成和资源共享。因此，基于组件技术的分布式 CAPP 系统充分代表了新一代 CAPP 系统特色，是现阶段 CAPP 研究的主流。

二、CAPP 系统应用的社会经济效益

将 CAPP 与传统工艺设计方法比较，显而易见可得到以下应用 CAPP 系统的效益。

首先，如上所述，实践经验较少的工艺人员能应用 CAPP 系统设计出较好的工艺过程，这样不仅可以弥补有经验高级工艺师的难求和不足，而且能使大量有经验的工艺师从目前繁琐的重复劳动中解放出来，去从事不断研究新工艺和改进现有工艺的工作，促进工厂技术进步，提高生产率。

其次，采用 CAPP 系统不仅可以充分发挥计算机高速处理信息的能力，而且由于将工艺专家的集体智慧融合在 CAPP 系统中，故保证了快速获得优化的工艺规程。据一些工厂统计，一般可将工艺设计时间缩短到原来的 1/7 ~ 1/10。此外，设计出的工艺规程是规范化和高质量的。工艺过程标准化、优化、工艺用语和文件的规范化也将促进企业文明生产。

最后，应用 CAPP 系统还可获得综合的经济效益。按美国联邦技术研究中心的报告称，一个先进的 CAPP 系统可以在几个方面获得节约。例如，在一个零件的成本中，其费用组成以及运用 CAPP 系统的部分收益如表 2-2 所示。

表 2-2　运用 CAPP 系统的部分收益

项目	费用占总费用的百分比	节省的百分比
工艺过程设计费	8%	58%
材料费	23%	4%
工时费	28%	10%
返修及废品费	4%	10%
刀具费	7%	10%
管理、利润等	30%	10%

根据上面的数字可以算出，采用 CAPP 系统可以使零件生产成本降低 12.46%。

复习思考题

1. 简述机械类产品零件的分布规律。
2. 简述成组技术的概念（广义、狭义）。
3. 什么是零件分类编码系统？
4. 从码位之间的结构来分，零件分类编码系统的结构形式有哪些？
5. 比较 Opitz、JLBM-1、KK-3 三个分类编码系统的结构特点。

6. 什么是柔性分类编码系统？与刚性编码系统相比有何特点？
7. 常用零件分类成组的方法有哪些？简述编码分类法的原理。
8. 解释 CAPP 一词的含义。
9. 简述 CAPP 系统的工作原理。
10. 从原理上来分，CAPP 系统可分为哪些类型？
11. 简述 CAPP 在 CIMS 中的地位与作用。
12. 如何理解 CAPP 在企业信息化中的作用？
13. CAPP 系统的发展趋势如何？
14. 应用 CAPP 技术能为企业带来哪些方面的效益？

参考文献

1　许香穗，蔡建国主编．成组技术．北京：机械工业出版社，1997

2　第一节成组技术，http：//www. cims. edu. cn/TrainingCenter/peixunjiaocai/3c/chapter4. doc

3　章明帜，张胜文等．船用机械零件分类编码系统 CJLBM-1. 华东船舶工业学院学报，1993（4）

4　张胜文，黄华明．船用机械零件分类编码系统（CJLBM-1）二级形状码的设计．华东船舶工业学院学报，1995（4）

5　卫林．成组技术中的零件分类方法．航空制造工程，1994（2）：17～19

6　王先逵主编．计算机辅助制造．北京：清华大学出版社，1999

7　企业信息化的主要范围，http：//www. hottech. com. cn/ztlm/qyxxh/qyxxh1-2. htm

8　信息化工程，http：//qingdaojob. com/yingnet2/sw/xinxi1. htm

9　第六节 CAPP 的发展现状和趋势，http：//www. e-works. net. cn/xxhjj/jj6-6. htm

第三章 CAPP 的支撑环境

一般来讲，一个 CAPP 系统是由一系列必要的硬件和软件组成的，如图 3-1 所示。根据系统的要求，软硬件的配置可能有所不同，而最低的软硬件配置，是以满足系统的基本功能为目标，针对某一具体系统可能有些差异。

图 3-1　CAPP 系统的软硬件组成

第一节　CAPP 的硬件环境

随着企业的信息化，应用 CAPP 技术的企业一般也会应用 CAD/CAM 技术，满足 CAD/CAM 的硬件条件肯定能满足 CAPP 的需求，因此，CAPP 系统的硬件选择肯定要比 CAD/CAM 的硬件条件低。一般主要包括计算机和有关的外围设备（如外存储器、图形和数据的输入与输出设备等），其中计算机是系统的核心硬件。而 CAD 系统对硬件环境（应用环境）的配置要求是比较高的，一般需要较快的运行速度（CPU），较大的内存空间与硬盘容量，高性能的图形显示，快速的网络传输等。

一、硬件系统组成

（1）计算机　CAPP 软件多数在微机上运行。随着微机的性能价格比越来越好，其支持软件越来越丰富，微机上运行 CAPP 软件的优势也就越来越大。而 CAPP 软件也可在集成环境下或并行工程环境下运行，近阶段可能还有在工作站、小型机环境下进行的，但仅就 CAPP 本身的工作来说，微机已经能够满足需要。

（2）存储器　磁盘存储器是计算机的主要外存储器，磁盘又主要分为硬磁盘和软磁盘两类，软磁盘很快要被淘汰。其中可移动存储器，即优盘是目前应用较广泛的存储器。优盘的存储介质是快闪存储器（FlashMemory），可重复擦写达 100 万次以上；防潮，耐高、低温。优盘的特点是不用驱动器，不仅方便文件共享与交流，还可省下一笔可观的开支。优盘的接口是 USB，无需外接电源，支持即插即用，允许热插拔，使用方便，便于携带。

（3）图形显示器　目前用得最多的有：阴极射线管显示器、液晶显示器和等离子体显示板等。目前广泛使用的仍然是光栅扫描式 CRT 显示器，其性能较好，技术比较成熟。而液晶显示器随着价格的下降、性能的提高，发展速度较快，其市场占有率将不断扩大。

（4）打印机　是最常用的输出设备。常用的有喷墨式打印机、激光打印机等。目前激光打印机由于打印质量、打印速度高，已占主导地位。

（5）鼠标器　有机械式和光电式两种，用于控制光标、输入命令或其他功能信息。

二、CAPP 硬件系统的类型

由于 CAPP 主要在微机上应用，所以硬件系统的类型主要按系统组织方式分为：单机和联机两种。单机系统是由一台计算机加上输入输出装置供单一用户使用的系统。联机系统是由一组联成网络的多台计算机组成，网络内的计算机各司其职。网络联机系统可以分为集中式和分布式两种方式。

（1）集中式系统　早期的网络组织方式多采用集中式，一个控制主机与多个工作终端相联，完成所有的数据处理任务，终端间的通信都通过主机进行。这种结构简单，但一旦出故障，全部瘫痪，要求主机可靠。

（2）分布式系统　网络中采用不同种类的计算机进行各自的数据处理，各终端（终点）之间的通信可通过总线进行，也可通过已知路径传输，不需要主机集中管理。一台计算机故障不影响其他计算机，因此，可靠性高。此类系统是目前计算机应用领域中的重要组成部分。

第二节　CAPP 的软件环境

计算机软件可以分为系统软件和应用软件（专用软件）。系统软件主要包括操作系统和支撑软件，支撑软件一般指为用户进行二次开发的工具；应用软件系指为满足用户的实际需要，用高级语言编写的、能解决某些具体问题的程序。

一、计算机操作系统

它是对计算机的各种资源进行统一管理、调度和分配的核心软件，并对系统内各部分之间、系统与用户之间、用户与用户之间的关系进行有效的协调，是用户和计算机的一个接口。

早先用得较多的系统有：DOS、Unix。前者主要用于微机，后者用于工作站和小型机。近几年在 DOS 的基础上派生出的 Windows 平台用得更为广泛，给用户带来更大的方便。

二、支撑软件

它是为用户开发软件提供的各种工具，可以缩短软件开发周期，提高软件产品质量。支撑软件包括内容很广，如编辑程序、各类语言及其汇编、解释、编译程序，机器的监控管理程序、调试程序、故障诊断和监控程序、基础图形软件、数据库及网络通信系统等。

1. 语言及其程序

语言是基于一组记号与一组规则，根据规则由记号构成之记号串的总体。任何语言均包括语法、语义和语用三个方面。计算机语言种类很多，单根据其特点可分为：机器语言、汇编语言、高级语言三种。开发 CAPP 要用高级语言，它是大家都比较熟悉的语言，易学，使用方便，通用性强，易于推广和交流。高级语言已发展很多，又可分为程序设计语言、数据库语言、仿真语言、人工智能语言等多种。当前在 CAPP 中常用的程序设计是面向对象的、可视化的语言，如 VB、VC ++、VFP、Delphi 等；用得较多的数据库语言有 Access、VFP、SQL Server、Oracle 等；人工智能语言是用来开发专家系统的一门语言，适于知识的处理，常用的有 LISP、Prolog 语言。

下面选几种代表性的语言加以简介，供读者参考。

（1）Visual Basic 语言　Visual Basic（VB）既保留了描述性语言的简单易学、功能强大的特点，又兼具有图像式编辑工具形象直观的优势，并可以利用由其他独立软件公司开发的种类繁多、各式各样的控件，例如：设计界面，数据管理，图形图像处理，播放各类声音、动画和视频等多媒体文件的控件等。以前版本的 VB 虽然称是一种 OOP（面向对象）编程语言，但却不是一个地地道道的 OOP 编程语言，最多只是半个面向对象的编程语言。但 Visual Basic. NET（VB. NET）已经是一种完全的面向对象的编程语言。它支持面向对象的所有基本特征，即继承、多态和重载。这使得以前在 Visual Basic 中很难或根本无法实现的问题在 VB. NET 中可以顺利地用简单的方法得以实现。有了这些新的语言功能，VB. NET 将会带来所有需要的功能，更快、更有效地开发企业级的应用程序。同时，作为世界最流行的开发软件，保持了容易上手的特点。

（2）Visual C ++语言　与所有开发环境一样，Visual Basic 也有一些不足之处，如使用 VB 开发的程序运行效率较低，对系统资源的占用也较大，另外，不能使用 VB 本身来开发所使用的控件。为了克服这些不足，实际开发中经常用其他更高效的语言系统（VC ++）来开发供 VB 使用的底层库，如动态联接库、控件等，以提高效率、降低系统开销。Visual C ++. NET 是微软新一代的 Visual C ++，是微软 . NET 战略的重要组成部分。

（3）Delphi　这个名字源于古希腊的城市名，它集中了第三代语言的优点，以 Object Pascal 为基础，扩充了面向对象的能力，并且完美地结合了可视化的开发手段。Delphi 自 1995 年 3 月一推出就受到了人们的关注，并在当年一举夺得了多项大奖。

Delphi 的出现打破了 VB 可视化编程领域一统天下的局面。并且 Delphi 使用了本地编译器直接生成技术，使程序的执行性能远远高于其他产品生成的程序。它还是真正的面向对象的编程语言。Delphi 在编好程序后可自动转换成 EXE 文件，运行时速度比 VB 快，而且编译后不需要其他的支持库就能运行。Delphi 的数据库功能也很强大，是开发中型数据库软件理想的编程工具。Delphi 适用于应用软件、数据库系统、系统软件等类型的开发，而且它拥有和 VB 差不多一样的功能，而且一样能应用 API 函数，这在控制 Windows 时很有用。

Delphi 是全新的可视化编程环境，提供了一种方便、快捷的 Windows 应用程序开发工具。它使用了 Microsoft Windows 图形用户界面的许多先进特性和设计思想，采用了弹性可重复利用的完整的面向对象程序语言，是当今世界上最快的编辑器、最为领先的数据库技术。对于广大的程序开发人员来讲，使用 Delphi 开发应用软件，无疑会大大地提高编程效率。Delphi 实际上是 Pascal 语言的一种版本，但它又与传统的 Pascal 语言有天壤之别。Delphi 是完全面向对象的，这就使得 Delphi 成为一种触手可及的促进软件重用的开发工具，从而具有强大的吸引力[1]。

（4）Visual Prolog 语言　Prolog 语言是人工智能与专家系统领域最著名的逻辑程序设计语言。Visual Prolog 意指可视化逻辑程序设计语言，是基于 Prolog 语言的可视化集成开发环境，是 Prolog 开发中心（PDC）最新推出的基于 Windows 环境的智能化编程工具，其语言特性符合相应的国际标准 ISO/IEC 13211－1：1995。目前，Visual Prolog 在美国、西欧、日本、加拿大、澳大利亚等发达国家和地区十分流行，是国际上研究和开发智能化应用的主流工具之一。预计短时期内，在国际上已经十分流行的最新版本的可视化逻辑程序设计语言 Visual Prolog 将会在我国广泛流行开来，并将迅速成为我国研究和开发智能化应用的最重要的工具。

Visual Prolog 具有模式匹配、递归、回溯、对象机制、事实数据库和谓词库等强大功能。它包含构建大型应用程序所需要的一切特性：图形开发环境、编译器、连接器和调试器，支持模块化和面向对象程序设计，支持系统级编程、文件操作、字符串处理、位级运算、算术与逻辑运算，以及与其他编程语言的接口。

Visual Prolog 包含一个大型库，捆绑了范围广阔的 API 函数，包括 Windows GUI 函数族、ODBC/OCI 数据库函数族和 Internet 函数族（socket、ftp、http、cgi 等）。这个开发环境全部使用 Visual Prolog 语言写成，而且包含对话框、菜单、工具栏等若干编码专家和图形编辑器。Visual Prolog 支持 Windows 3. x/95/98/Me/NT/2000/XP、OS/2 和文本方式下的 DOS、Linux 和 SCO UNIX。

Visual Prolog 非常适合于专家系统、规划和其他 AI 相关问题的求解，是智能程序设计语言中具有代表性且应用较多的一种语言。由于这种语言很适合表达人的思维和推理规则，在自然语言理解、机器定理证明、专家系统等方面得到了广泛的应用。Visual Prolog 不仅是优秀的智能化应用开发工具，而且已经成为适用于任何应用领域的强有力的通用开发工具。Visual Prolog 与 SQL 数据库系统、Visual C ++ 或其他 C ++ 开发系统及 Visual Basic、Delphi 或 Visual Age 等编程语言一样，可以用来轻松地开发各种应用，包括数据库和 Web 应用。

智能化是当前计算机、自动化、通信、管理等信息科学技术领域中的新方法、新技术、新产品的重要发展方向与开发策略之一。信息处理的智能化与信息社会对智能的巨大需求是人工智能发展的强大动力。人工智能与专家系统曾取得过许多令人瞩目的成果，也走过不少弯路，经历过不少挫折。近几年来，随着计算机与网络通信技术的迅猛发展，特别是因特网的大规模普及，人工智能与专家系统的研究再度活跃起来，并正向更为广泛的领域发展。围绕人工智能与专家系统的研究和应用开发也迎来了一个蓬勃发展的新时期。因此，引进与消化国际上已经广泛流行的功能强大和通用的智能程序设计语言、工具与环境，对于我国开发智能应用系统是十分必要的。

2. 数据交换标准

随着 CIMS、PDM、并行工程、敏捷制造、拟实制造的推广应用，在计算机辅助应用系统中，有大量的数据需要交换，如不同系统之间、不同企业之间交换与共享。由于各种数据在格式上有较大差异，则必定影响其传输和交换。企业所面临的困境是由于系统之间的不兼容性造成信息的传输受阻、数据丢失，或者由于软硬件的更新造成信息的不能重用。结果是企业的 CAD/CAPP/CAM 系统和有关的信息系统效率降低，造成大量的人力、物力的浪费及严重的经济损失。在 CAPP 的集成化过程中，CAD/CAPP/CAM 的集成是要解决的问题。从 CAPP 系统来看，零件信息描述与输入是所要解决的第一个也是十分重要的问题。目前的 CAPP 系统所采用的零件描述方法，虽然可在一定程度上满足 CAPP 的设计要求，但需要对零件信息重复输入，不仅工作量大，而且可能导致 CAD、CAPP、CAM 系统描述的不一致。因此，CAD/CAPP/CAM 的集成是解决 CAPP、CAM 信息输入问题的根本途径。开发基于 STEP（Standard for The Exchange of Product model data）的新一代产品设计系统应是最理想的途径。从制造业的全球化趋势来看，制造过程是由若干企业共同完成的，众多企业共同形成一个有机的整体，它们之间的联系需要靠高效率的信息基础结构来实现。它们的信息联系可以是商贸的，也可以是技术的，信息不能共享已成为虚拟企业信息集成的最大障碍。目前数据交换主要有两种方法：

（1）用数据交换接口的方法　根据各模块的数据结构要求，转换其输入接口，实现信息交换。此法可靠性较差，主要适合中小型系统。

（2）用数据交换标准的方法　产品数据交换是实现 CAD/CAPP/CAM 集成的基础，为实现数据共享，人们进行了大量的研究，并提出了许多相关的数据交换标准。20 世纪 70 年代末，美国 CAM-I 开始研究初始化图形交换规范（IGES——Initial Graphics Exchange Specification），该标准定义了产品数据交换的文件结构、语法格式以及几何与拓扑关系的表达方法。经过 10 年的发展，到 1987 年，已推出了 IGES 第 5 版本，增加了实体几何法和边界表示法之间转换的数据类型。IGES 主要是解决二维图样的信息共享的问题，不能满足 CAD、CAPP、CAM 之间信息传输的要求。在国际贸易、技术交流和市场竞争的推动下，国际标准化组织（ISO）的 TC/184/SC4 开发出产品模型数据的交换标准（STEP）。STEP 标准（ISO 10303）是一个关于产品数据计算机可理解的表示和交换的国际标准，是在美国推出的产品数据交换规范（PDES——Product Data Exchange Specification）的基础上开发的，其目标是以中性格式概括出一个在产品生存期内具有完整性与集成性的计算机化的产品模型所需的信息。它能完整地表示产品数据，并支持广泛的应用领域；它的中性机制使它能独立于任何具体的计算机辅助设计的软件系统；它具有多种实现形式，不仅适用于中性文件交换，并且支持应用程序内的产品数据交换，同时也是实现和共享产品数据库的基础。美国将 PDES 改为“用 STEP 交换产品数据”，称之为 PDES/STEP。在 STEP 中，提供了 Express 语言作为描述工具，具有丰富的表达能力，它是一个比较理想的国际标准，能支持产品的整个生命周期。STEP 的体系结构如图 3-2 所示，其核心部分是图中中间方形所包括的范围，它由描述产品数据的形式化建模语言 EXPRESS 的语言规范（Description Methods）、STEP 实现方法（Implementation Methods）、集成资源（Integrated Resources）和一致性测试标准（Conformance Testing）等四大部分组成，外层表示 STEP 标准的各个应用协议（Application Protocols）及

STEP 标准规定的用来测试某一应用是否与 STEP 标准一致的抽象测试套件（Abstract Test Suites）[2]。

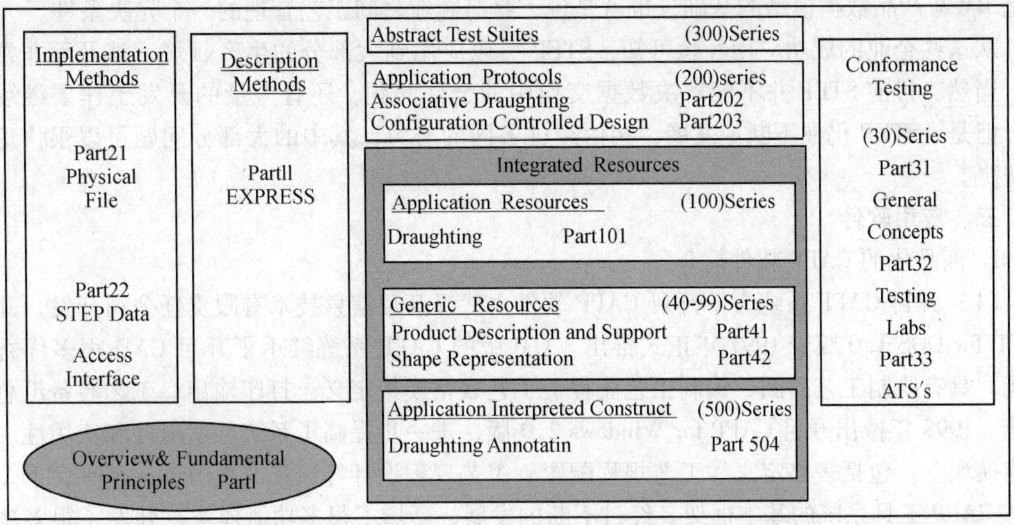

图 3-2 STEP 的体系结构示意图

随着 STEP 标准在工业应用中的日益普及和推广，它已引起国内外制造业的高度重视。发达国家都在花大力量把 STEP 标准推向工业应用。这里简介几个成功应用的典型范例供参考[3]。

（1）CSATR 项目 CSATR 项目成功地采用 STEP 标准的 AP203（三维设计数据的配置控制协议）协议作为中性交换机制，在麦道公司的 Long Beach 分部和 ST. Louis 分部之间交换了 C－17 机型设备的设计数据，所交换数据的设计信息约 525 张图样、2200 个零件，共超过 75MB 的数据信息，经过该中性机制实现了转换，AP203 被用于实现零件明细表（BOM）数据的交换。STEP 允许在一个数据共享或交换的环境中，主要制造部门和次要制造部门所使用的配置管理数据自动同步。

（2）AeroSTEP/PowerSTEP 项目 AeroSTEP/PowerSTEP 项目旨在实现波音（Boeing）公司和波音公司指定机型的各发动机供应商之间实现数字化装配，以便理解、验证和协商存在于发动机和发动机组件及构件之间的连接、配合和公差。由于设计是并行、开放的，因此需要保证设计模型的及时更新。数字化预装配的几何特性非常复杂，建议设计更改的解决方案可能导致难以解决的三维几何问题。STEP 标准的应用协议 AP203 在该项目中被用来作为数字化预装配数据的描述和交换协议。

（3）德国的"STEP 示范企业" 德国的 KWS 公司是一家现代化的、著名的国际汽车制造公司的合作伙伴。这一工程领域要求公司内部的工艺过程与客户的生产环节灵活、紧密地集成，同时，还要求在所有层次上进行大量的数据交换，特别是与客户以及自己的零配件厂商之间进行技术产品数据交换。KWS 公司认为，数据交换问题能够通过不断应用全面标准化的 STEP 数据格式来更有效地解决。这一观点不仅适于汽车工业内部应用软件系统的多样化，而且也适于信息交换在种类和范围上日益增长的要求。因此，KWS 公司很早就把

STEP 确立为计算机辅助系统领域中战略规划的一个重要组成部分。

此外，BMW（宝马）公司开发、采买和技术负责人 Wolfgang Reizle 博士说：“STEP 标准是 BMW 产品数据模型的基础，也就是说，是跨企业之间工艺管理的一个先决条件。”

从这些企业的成功应用经验可知，STEP 可以应用到大部分的生产领域，涉及面非常广泛。当然，目前 STEP 并不能解决数据交换中的全部问题，还有大量的开发工作要继续进行。但是，STEP 仍在不断地发展，相信经过各国的努力，其中的大部分问题可以很快地得到解决。

三、应用软件

1. 商品化的 CAPP 软件简介

(1) 开目 CAPP 系统[4]　开目 CAPP 软件由武汉开目信息技术有限责任公司开发，开目 CAPP for DOS 1.0 版于 1997 年正式推出。1.0 版的 CAPP 系统继承了开目 CAD 很多优秀的功能，具有绘制工艺简图、编制工艺流程、工艺表格模板定义、打印输出、工艺装备汇总等功能。1998 年推出开目 CAPP for Windows 2.0 版，进一步提高了系统的适应性和实用性。在功能模块上，包括表格定义、工艺规程配置、工艺规程设计等，集成在 Windows 平台下，构成了 CAPP 工具系统的基本框架。经过不断的发展，新增了很多功能模块，开发了很多功能接口，不仅提高了系统的可扩充性，还提高了系统的先进性、实用性。

开目 CAPP 是企业级的工艺设计与工艺管理解决方案，真正实现了基于知识决策的智能化工艺设计。开目 CAPP 提供了完全基于数据库的大型工艺集成设计与管理环境，具备强大的处理复杂工艺数据表格的功能，提供了严格的工艺权限管理、工艺流程管理功能，支持团队并行工艺设计，对于主流 CAD、PDM、ERP 的产品具有良好的集成性，并提供了丰富的二次开发接口和工具。开目 CAPP 不仅能显著提高工艺设计的效率，更重要的是能够确保与企业其他的应用系统的无缝集成。

开目 CAPP 提出了 CAPP 工具化的思想，系统采用开放的体系架构和数据结构，提供用户自定义功能的模块，实现个性化的工艺设计与管理。客户可以自定义各种工艺卡片以及工艺卡片的填写规范，自定义企业共享的工艺资源数据库，自定义工艺管理的角色以及相应的权限、对象，自定义工艺审批流程等。还允许用户自定义工艺决策知识和决策流程，创建参数化的典型工艺库。

开目 CAPP 采用软件设计中的人机工程的原则，界面简洁、清晰、符合使用者习惯；信息一次输入，全程共享；适时在线的工艺知识提醒可以辅助工艺人员的工艺决策；融数据库、图形、图像、表格、文字编辑于一体，图文并茂，100% 所见即所得；拥有开目 CAD 全部的绘图功能，企业无须购买第三方绘图软件就可以快捷方便地绘制复杂的工艺简图；可以所见即所得地标注各种工程符号及特殊符号，包括尺寸偏差、粗糙度、形位基准、形位公差、焊接符号、加工面符号等；提供强大的表格填写功能，可以自动换行，自动压缩，自动续页；可以进行块复制、行复制等。

(2) 清华天河 CAPP（THCAPP）　北京清华京渝天河软件公司是一家专业、专门从事企业信息化相关产品 CAD/CAPP/PDM/ERP 软件开发、推广和技术服务的高新技术企业，该公司已相继推出天河 TH-CAPP2000、TH-CAPP2002（ORACLE 网络版）等多个版本的 CAPP 软件，在多家大型企业得到应用。THCAPP 采用先进的数据库技术，重点是对工艺数据的管理与集成；采用业界最先进的开发技术，充分满足实用化的要求；符合 DCOM/CORBA 软件接口规范，提供方便的、强大的多种二次开发手段，满足企业特定的要求（如开发专家系统）。TH-CAPP 系统的全部数据都存储在数据库中；所有的数据库的结构都是开放的；可与其他系统进行数据和文档级的集成；可多层次使用和管理工艺数据；具有多种二次开发模式，可满足用户不同专业的特殊要求；可输出满足用户要求的各种工艺 BOM，供企业的生产、计划、调度、财务等部门使用。其中“所见所得”的操作界面更符合工艺设计人员的习惯。

THCAPP 是以整个产品为对象的全面集成，是一个多层次、分阶段应用与集成的渐进发展过程。全面实现企业产品工艺设计和管理的计算机化与信息化，并逐步实现与 PDM、MIS 等系统对产品工艺信息的全面集成和产品设计、工艺设计、生产计划调度的全过程集成[5]。

（3）金叶 CAPP 系统　金叶 CAPP 系统由陕西金叶西北工业大学软件股份有限公司开发。集成化 CAPP 应用框架与开发平台 CAPPFramework 以企业的现实需求为基础，针对企业对 CAPP 的需求，CAPP 正由传统的计算机辅助填表式系统向工艺规范化、标准化、集成化及工艺设计与信息管理一体化的工艺信息系统发展，在国内率先提出“以交互式设计为基础的综合智能化、以产品数据为核心、工艺设计与管理一体化”的 CAPP 方法论和应用解决方案。采用了 Windows 编程技术、面向对象、专家系统、工程知识处理技术、网络数据库与信息系统等先进成熟技术，具有“面向制造业的专业化工艺设计、基于 PDM 思想的工艺信息管理、与工程数据库的动态集成共享、基于对象/规则的独有智能决策、易于扩充的开放体系结构”等显著特点和优势，全面支持企业制造工艺信息系统的构建。在工艺信息管理，工艺设计智能化、集成化，系统的开放性、集成性等方面都具有显著特色，是 CAPP 软件中的优秀产品之一[6]。

（4）CAXA 工艺图表　CAXA 工艺图表由北京航空航天大学海尔软件有限公司开发。它不仅包含了 CAXA 电子图板的全部功能，而且专门针对工艺技术人员的需要开发了实用的计算机辅助工艺设计功能，是一个方便快捷、易学易用的 CAD/CAPP 集成软件。CAXA 工艺图表提供了大量的工艺卡片模板和工艺规程模板，可以帮助技术人员提高工作效率，缩短产品的设计和生产周期，把技术人员从繁重的手工劳动中解脱出来，并有助于促进产品设计和生产的标准化、系列化、通用化，使得设计和生产规范化。CAXA 工艺图表适合于所有需要工艺卡片的场合，如机械加工工艺、冷冲压工艺、热处理工艺、锻造工艺、压力铸造工艺、表面处理工艺、电器装配工艺等。利用它提供的大量标准模板，可以直接生成工艺卡片，也可以根据需要定制用户自己的工艺卡片和工艺规程。由于 CAXA 工艺图表集成了电子图板 V2 的所有功能，因此也可以用来设计二维图样[7]。

2．商品化的 CAD/CAM 软件简介

目前常用的有：

（1）AutoCAD　它是美国 AutoCAD 公司开发的图形处理软件，应用非常广泛。

（2）UGNX　是美国 Unigraphics Solutions of EDS 公司推出的 CAD/CAM/CAE 一体化软件，它的功能覆盖了产品的整个开发过程（即从概念设计、功能设计、工程分析、加工制造到产品发布的全过程），使得其广泛应用在航空、汽车、机械、电器电子等工业领域。

EDS 公司并购了 SDRC 公司的 I-deas 软件后，推出了 I-deas NX Series 产品。在 2004 年，

EDS公司把“I-deas NX”与“Unigraphics NX”的产品集成为NX产品，它是一个产品工程解决方案，为用户的产品设计及加工过程提供了数字化造型和验证手段。NX产品开发解决方案完全支持制造商所需的各种工具，可用于管理过程并与扩展的企业共享产品信息。NX与UGS PLM的其他解决方案的完整套件无缝结合。这些对于CAD、CAM和CAE在可控环境下的协同、产品数据管理、数据转换、数字化实体模型和可视化都是一个补充。

（3）Pro/Engineer　美国PTC公司开发的机械设计自动化软件系统，是新一代的CAD/CAM软件。具有特征造型的功能，能从产品概念设计到制造全过程设计自动化，也具有良好的二次开发接口。

（4）CADDS5　美国CV公司推出的CAD/CAM集成化软件产品，也得到了广泛的应用。

（5）MasterCAM　MasterCAM软件是美国CNC Software，INC. 所研制开发的CAD/CAM系统，是最经济有效率的全方位的软件系统，包括美国在内的各工业大国均采用本系统作为设计、加工制造的标准。MasterCAM为全球PC级CAM，是工业界及学校广泛采用的CAD/CAM系统。

其他还有很多专业软件，应用也较广泛，就不再介绍了。

第三节　数据库系统与工艺数据库

一、数据库的基本概念及术语

在一个企业中，有大量的信息和数据要存取和处理，因此需要建立一个数据库系统。

1. 数据库的定义

数据库的定义很多，有人把计算机能够存取的任何有组织的数据集合称为数据库，这并不确切。每一种定义是从一种不同的观点去看数据库。可以说数据库是一个数据集合体，是存放大量数据的仓库。这些数据并非是任意数据，而是在广泛地收集大量数据的基础上，将它们分门别类、加工处理后的数据，并将它们编制成一定格式的格式文件存于计算机的外存储器中。事实上，数据库是一个包含了上述数据集合，并能对之实施有效管理的软件系统。

2. 数据库的术语

（1）数据　数据是记录下来的可鉴别的符号，是能在数据库中存取的值，它可以是数字、文字、字母和符号，也可以是数字和字母的组合。

（2）信息　信息是数据构成的，它反映事物的物理状态。当数据涉及到某种定义、目的及同其他值的联系时就成为信息。

（3）项或项目　这是一个数据名称，是数据库最小的数据单元。项又可叫做元素或基本项。一个项都有项名和项值，例如：姓名、机床型号等是项名，项数据可以是数字、字母或符号及其组合，如姓名为“李明”的项，“李明”就是项值。

（4）段或字段　在数据库中，具有某些基本形式的项称为段或字段，如图3-3所示的订单号、客户名、交货日期、银行账号等，其中每一个段都由项组成。

订单号	客户名	交货日期	银行账号	……

图3-3　订单数据库中的字段示例

(5) 记录　记录是由段按其关系组合而成的，自成一个完成的实体，用于说明一个个体，例如，一张订单、一张干部登记表、一次借书登记等。

(6) 数据库文件　具有相同性质的记录集合在一起称为文件，用于描述一个实体集。

二、数据库的特点

数据库技术是在人工管理、文件管理的基础上迅速发展起来的最先进的数据管理技术。人工管理是早期的数据管理方式，程序中用到的数据都必须由程序员编程来管理，数据与程序之间互相依赖，程序之间存在大量重复数据，即没有管理数据的软件，数据不能长期保存，程序和数据完全不独立，如图 3-4 所示。

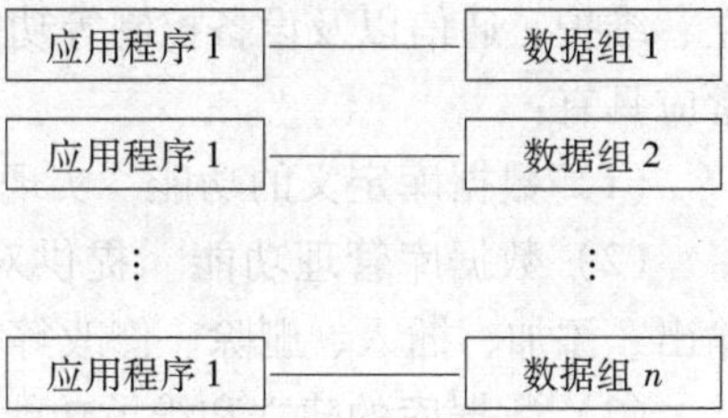

图 3-4　数据的人工管理阶段示意图

数据的文件管理方式是指数据可以用统一的格式，以文件的形式长期保存在计算机外存储器内，数据和程序之间有了相对独立性，但文件之间彼此孤立，共享信息有限，安全性差，缺乏对数据进行集中管理的能力，数据和程序之间尚未完全独立。数据的文件管理方式的原理如图 3-5 所示。

数据库管理阶段，为数据处理提供了一种完善、高级的管理方式，数据管理规模更为庞大，应用更广泛，数据量剧增，共享要求更强烈。此阶段对所有的数据实行统一的、集中的、独立的管理，使数据存储独立于使用数据的程序，实现数据共享，原理如图 3-6 所示。

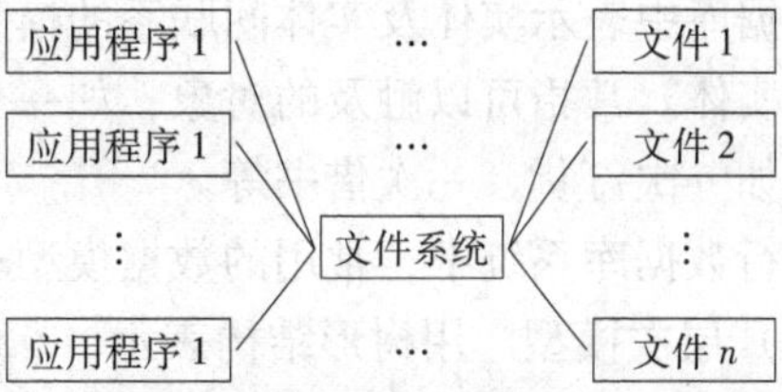

图 3-5　文件管理阶段数据与程序之间的关系

数据库正是基于此背景下产生的，其有如下主要特点：

(1) 复杂的数据模型　即在描述数据的同时，也描述数据之间的联系。

(2) 数据共享性好，冗余度低　数据库以整体观点处理数据、面向系统，因而弹性大、易扩充、使用方式灵活，实现了数据共享。

(3) 数据具有独立性　数据可独立于程序存在，数据库具有很强的数据操作功能。

(4) 数据具有安全性、完整性　数据库系统提供数据的控制功能，保护数据，防止不合理使用，保证数据的正确性、有效性、相容性，即数据的完整性。

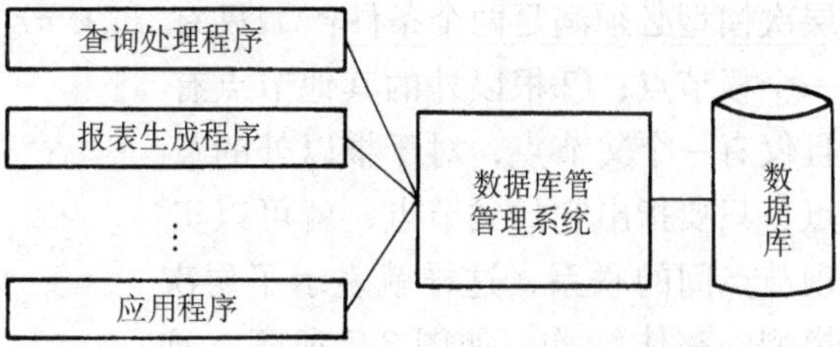

图 3-6　数据库管理阶段数据与程序之间的关系

数据库的以上特点是由数据管理系统 DBMS（Data Base Management System）保障的，因而 DBMS 是数据库的核心。

三、数据库管理系统

1. 数据库系统构成

(1) 硬件　要求具有足够的内、外存容量，较快速度的计算机。

(2) 软件　支持数据库系统运行的软件环境。

(3) 数据库管理员　负责数据库系统的建立、维护和协调工作的专门人员，其具体职责是：

1）根据信息内容与数据库的存储结构，定义和存储数据库数据。

2）监督和控制对数据库的使用和运行，保证数据库的完整性。

3）定义用户权限。

4）维护、更新数据库。

(4) 数据库　由 DBMS 建立、运用、管理及维护的通用化的、综合性的数据集合。

2. 数据库管理系统的功能

数据库管理系统是一组专门处理、访问数据库的程序。它具有数据库的定义、管理、建立、维护、通信以及设备控制等功能，是数据库系统的核心。DBMS 的功能随系统而异，通常应具有：

(1) 数据库定义的功能　实现全局逻辑结构、局部逻辑结构、权限定义等。

(2) 数据库管理功能　提供对数据进行各种应用操作，如排序、检索、统计、输入、输出、添加、插入、删除、修改等功能。

(3) 数据库的建立和维护功能　即建立、更新、再组织、恢复数据库等结构维护功能。

(4) 通信功能　具备与操作系统的联机处理、分时系统及远程作业输入的相应接口。

(5) 其他功能　如应用程序的开发、文件管理、存储变量、设备控制等。

四、数据库的数据模型

数据库中表示实体及实体间联系的模型被称为数据模型。客观存在的并可相互区别的物体叫做实体。常指可以触及的对象，如一个人、一匹马、一棵树、一个零件等；也可指抽象事物，如一次订货、一次借书等。

现行数据库系统中，常用的数据模型有以下三种：

(1) 层次模型　用树形结构表示实体之间联系的模型称为层次模型，它能描述一对多的关系。例如：行政机构、部队编制、家族关系等。层次模型必须满足两个条件：①只有一个根节点；②根以外的其他节点有且仅有一个父节点，对于根以外的节点，只要指出它的父节点，就可以实现节点间的联系，这样就表示了层次模型的整体结构，如图 3-7 所示。这类数据库系统称为层次模型数据库系统。

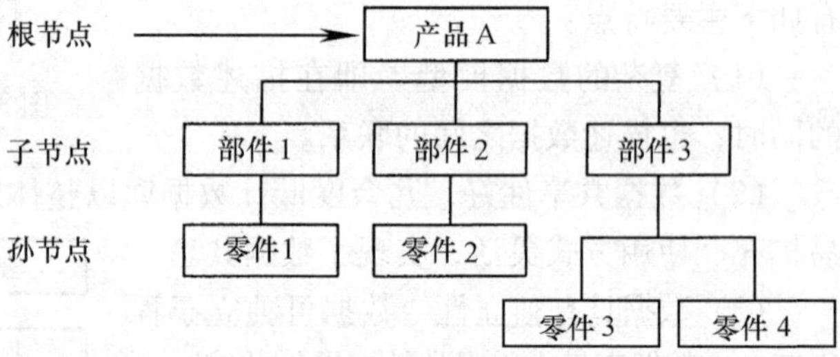

图 3-7　层次模型

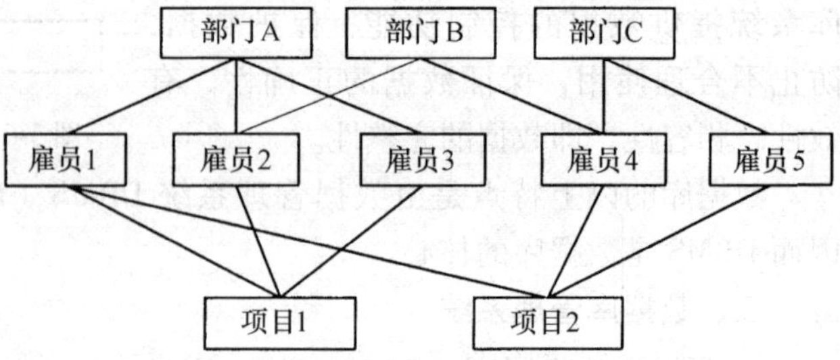

图 3-8　网状模型

(2) 网状模型　如果取消层次模型中的两个限制条件，即：① 可以有一个以上的节点无父节点；②至少有一个节点有多于一个的父节点，则形成了网状模型，如图 3-8 所示。形成的数据库系统为网状模型数据库系统。显然，网状模型能描述多对多的关系，层次模型是网状模型的特殊形式。

（3）关系模型　这是一种用二维表结构表示实体之间联系的模型，能描述多对多的关系，如图 3-9 所示。作为一个“关系”的二维表，必须满足下列条件：① 表中每一列必须是基本数据项，而不应是组合项；② 表中每一列必须具有相同的数据类型；③ 表中每一列必须有一个惟一的属性名；④ 表中不应有内容相同的行；⑤ 行与列的顺序均不影响表中所表示的信息含义。

关系模型的数据结构简单，操作算法成熟、完善。基于关系模型的数据系统统称为关系数据库系统。

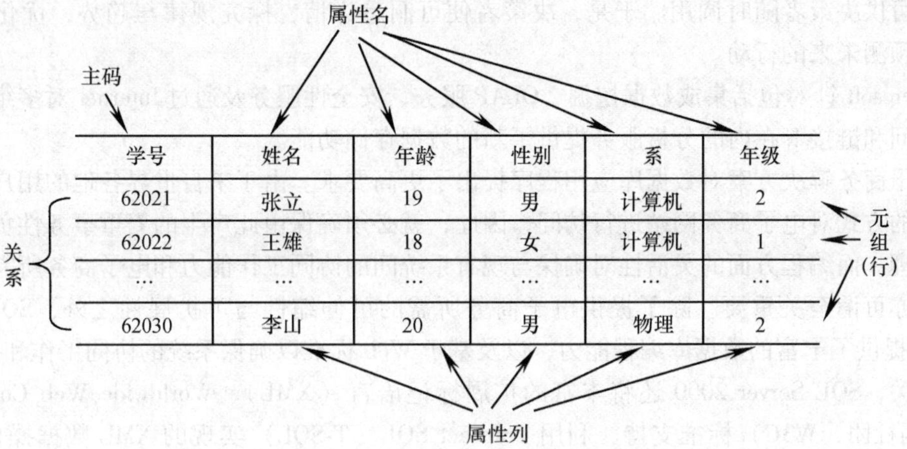

图 3-9　关系模型

五、常用数据库语言简介

（1）dBASE 数据库　有 dBASE Ⅱ ~ dBASE Ⅴ 多个版本，具有较强的程序设计和数据管理功能，程序与数据独立性好，但速度慢，计算能力差，无图形功能，由于易学易用，20 世纪 80 年代应用较普及，目前已淘汰，较为应用。

（2）FoxBASE 数据库　它与 dBASE 系统完全兼容，效率比 dBASE 高，速度可快 6 ~ 7 倍，性能和功能有许多扩展。主要在 20 世纪中后期和 20 世纪 90 年代初期得到广泛应用，目前逐渐淘汰，很少使用。

（3）FoxPro（或 VFP）　它对 dBASE 和 FoxBASE 完全兼容，但功能更加强大，容量也大大增加，是目前应用最广泛的软件之一。

（4）Access 数据库　自 1992 年 Miscrosoft 公司推出 Access 数据库软件 1.0 版本以来，Access 便以其简洁易用的突出特点受到数据库应用开发人员的欢迎，Access 开辟了轻松管理桌面数据库的新捷径。目前在中国，绝大多数用户使用的是 Access2000，最新版本为 Access2002。在中国，由于历史的原因，应用开发人员以往偏重于 XBASE 和 FoxPro 的普及和应用，Access 数据库的使用面不如国外，从 Micscrosoft 公司对 Access97 汉化后，该软件迅速在中国普及推广，受到了越来越多的开发人员喜爱。

（5）Oracle 数据库　世界上较著名的数据库之一，是美国 Oracle 公司开发的关系数据库，可在多种计算机和操作系统下运行，具有分布式处理功能，在开发大的系统中应用广泛。

（6）SQL Server 2000 数据库　建立在 SQL Server 7.0 可扩展基础上的 SQL Server 2000 代表着下一代 Microsoft .NET Enterprise Servers（企业服务器）数据库的发展趋势。SQL Server 2000 是为创建可伸缩电子商务、在线商务和数据仓储解决方案而设计的真正意义上的关系型数据库管理与分析系统。

随着 SQL Server 7.0 联机分析处理（OLAP）服务的引入，Microsoft 已成为商务智能解决方案领域的先驱。企业需要对来源各异的数据信息进行集成、合并与汇总摘要。而数据仓库则通过使用大型、集中的数据存储来提供上述功能，在这种数据存储中，信息被收集、组织，并可供决策者随时调用。于是，决策者便可洞悉详情，探究规律与趋势，优化商务决策，并预测未来的行动。

Microsoft 针对包括集成数据挖掘、OLAP 服务、安全性服务及通过 Internet 对多维数据集进行访问和链接等在内的分析服务提供了新的数据存储功能。

电子商务解决方案对数据库应用程序提出了更高要求。由于来自世界各地的用户以全天不间断的方式对电子商务网站进行访问，因此，就必须确保由此产生的繁重事务性负载得到高效处理。而编程方面的灵活性对确保与现有系统间的协同工作能力和电子商务所需的可靠性而言亦可谓至关重要。除了提供电子商务所需的可伸缩性与可扩展性之外，SQL Server 2000 还提供了丰富的数据库编程能力，以及基于 Web 标准以确保系统的协同工作和灵活性。与此相关，SQL Server 2000 还将丰富的扩展标记语言（XML）、Worldwide Web Consortium（万维网社团，W3C）标准支持、利用 Transact SQL（T-SQL）实现的 XML 数据操作能力、灵活而强大的 Web 分析功能以及使用 Hypertext Transfer Protocol（超文本传输协议，HTTP）进行的安全 Web 数据访问等新特性包含在内。

SQL Server 已成为颇受众多客户关系管理（CRM）应用程序、商务智能（BI）应用程序、企业资源计划（ERP）应用程序，以及其他在线商务应用程序厂商和客户所青睐的数据产品，而这则主要应归功于该产品在对称多处理（SMP）硬件方面所具有的可伸缩性和较低的数据库维护需求。通过使用 SQL Server 2000 ，将使你获得增强的可靠性、可伸缩性和简化的管理与优化功能，而这些则恰恰是成功快速部署在线商务应用程序所必须的。SQL Server 2000 不仅支持集中化数据库管理功能，而且还最大程度地实现了管理与优化工作的自动化，从而，减轻了有关管理人员的负担[8]。

六、工程数据库

早期的数据库系统是为处理商用事务数据发展起来的。目前商用 DBMS 已发展得比较成熟，它能方便地描述、修改、处理、维护数据。随着集成化对数据库管理日益增长的迫切需要，人们试图用商用数据库系统实现对工程数据的管理，结果不能满足要求，这是因为工程数据库除应具有商用 DBMS 的基本功能外，还应满足其自身的特点，增加处理工程数据的特有功能。

1. 工程数据管理系统的功能特点

工程数据库简称 EDBMS，其功能是针对工程数据的特点而设置的。有以下特点：

（1）数据形态多样　包括静态的标准数据，工程进展中产生的、动态的过程数据，阶段产生的相对稳定但可能会定期改变的结果数据等。

(2) 数据类型繁多　除表格数据外，还有图形数据、算法数据、模糊数据以及不定长或超长正文数据等。

(3) 数据关系复杂　有网状的多对多关系，多层次、多嵌套的关系，甚至是随机的、不定结构的关系。

(4) 数据修改频繁　工程领域中的数据经历了不断交流、不断反馈、反复试探、反复修改的过程。

根据上述特点，工程数据库管理系统应具备如下功能：① 能描述复杂的数据模型，保存相关语义信息；② 支持模式和动态定义和修改；③ 支持工程事务的处理；④ 能存储和管理各种类型数据，并支持图形标准间的相互转化，具有多库协调管理能力；⑤ 具有版本管理功能；⑥ 支持程序控制与交互操作两种方式；⑦ 具有分步式数据库处理功能，支持多用户工作环境。

2. 工程数据库管理系统的开发方法

开发方法主要有以下三种：

1) 以商用 DBMS 为底层支撑环境，采用编程语言建立更加简便、良好的人机界面和外围管理结构，扩充 EDBMS 所需的各种功能，达到适合 CAD/CAM 的目的。目前国内多采用此类方法，该方法利用了商用 DBMS 中成熟的技术，避免了许多重复设计的工作量，开发难度适当降低，对非专业开发单位比较现实可行。但该方法产生的系统灵活性和效率会受到影响。

2) 分析、拆解商用源代码，按 EDBMS 要求原理组织结构、扩充、强化功能。如：IBM 公司推出的“System R”就属这类，适于专业软件公司开发。

3) 开发通用的工程数据库管理系统。按 EDBMS 的规范化设计标准，将工程应用的特殊需求融于 DBMS 内部，从无到有地开发 EDBMS。这种方法能从根本上解决工程数据描述、操作等一系列问题，效率高，但开发专业性强，难度大，周期长。随着软件业的不断发展，该方法将成为今后 EDBMS 的开发主流。

3. 工程数据库技术的发展趋势

数据库技术出现于 20 世纪 60 年代末，今天已成为计算机软件科学中发展最快的重要分支之一。其现状及发展趋势具有以下特点：

(1) 新型化　由于传统的三种数据模型均不能充分、有效地描述工程数据，许多研究机构都在探讨构造新的数据模型，如：面向对象数据库（OODB——Object-Oriented Data Base）提出的语义数据模型、对象关系模型等，人们希望新的数据模型能在数据库结构上直接表现数据间种种语义上的联系。

(2) 智能化　DB（Database）与 AI（Artificial Intelligence）技术结合是一股潮流，有两方面含义：一是人工智能、专家系统的研制与开发带来了大量知识库管理的需求；二是数据库已成为愈来愈多的集成系统的数据环境，复杂的数据描述与管理要求使数据库面临着智能化管理的必然课题，包括智能化界面、智能化信息导航、智能化提示与智能化数据操作等。

(3) 巨型化　数据量的剧增，小型数据库已远远不能满足要求，于是以光盘、海量存储器等硬件技术为基础的数据仓库应运而生。

(4) 工具化　为避免重复劳动，专业软件开发机构开始注重方法、工具的研究和发展，为不同用户提供操作工具集，使数据库设计自动化。

(5) 分布式　随着网络的发展，分布式数据库已成为与多处理机、并行处理等硬件技术发展相适应的技术，以满足需要。

(6) 集成化　DB单纯的数据管理已不能满足需要，而要集产品管理、过程管理、文件管理、项目管理等为一体，这就是近年来各国竞相研究的重点——产品数据管理（PDM）技术。该技术被认为是企业提高竞争力的必备手段。国际上许多大公司迅速投资PDM，应用日益扩大，显示出了其强大的生命力。

七、计算机辅助工艺设计数据库中常用信息简介

众所周知，传统的生产方式下，标准和数据都是以手册的方式存放的。在生产过程中技术人员必须反复查阅手册，效率低，令人疲劳，而采用CAM后，数据都是以文件的形式存在数据库中，因此检索、调用数据库非常方便。下面对计算机辅助工艺设计数据库常用信息加以简介。

(1) 材料数据　主要包括两类数据：

1）基本材料数据。内容是工业用材料的特性数据，一般包含材料代号、名称、规格、抗拉或抗压强度、热处理、预加工状态等。主要用于产品设计和工装、工艺设计部门使用。

2）刀具材料数据。在加工中，刀具材料的选择与工件材料和切削参数的选择关系密切。常用的刀具材料文件，应包含材料牌号、名称、力学性能参数和使用性能参数等。

(2) 工艺数据（典型工艺库、产品工艺库、工艺术语库、工艺知识库等）　工艺文件数据库是CAPP系统中必不可少的数据库内容，包括的信息内容较多，如工序名称、工种、工序的工步内容（如工序内容说明）、加工设备、车间、工装等。

(3) 切削用量数据　切削用量数据是制造系统中最重要和常用的数据库之一，切削数据文件与工件材料、刀具材料、刀具种类及其寿命、切削加工方法、切削条件、刀具几何参数等众多因素有关。建立这种数据库工作量很大、很困难，常需要很多单位共同完成，如美、欧共体联合，而我国也在联合开发建库。

建立切削用量数据文件通常采用三种方法：①从机械加工手册、切削用量手册等工具书中选取有关数据表的内容；② 收集本单位实际生产中的经验数据，通过分析、整理，对各种刀具的不同耐用度制定相应的切削参数；③ 用理论与试验相结合的方法，将各种刀具和切削方式的数学模型建立模型库，并将模型中与工件材料、刀具材料、刀具寿命、切削液等有关的系数做成数据文件存入库中，以便计算。

(4) 刀具数据　在工艺编制、数控程序编制时需要刀具的信息，以及刀具储存系统、作业计划编制系统、订货系统等都需要刀具信息。通常包括刀具号、刀具的成组分类信息、刀具坐标系统、刀具尺寸、刀具几何形状、刀具调整尺寸、刀具冷却与润滑等使用条件等。由于刀具的结构和种类多种多样，建库时，常采用层次式树型结构。

(5) 夹具数据　夹具数据库中，除了夹具识别号、夹具制造厂、夹具名称和型号、夹具视图外，还要包括夹具上的重要尺寸、精度数据等。

对于专用夹具，通常要包括下述信息：标准工序名称、专用夹具编码、专用夹具代号、专用夹具名称、所属零（部）件编码、所属零（部）件代号、所属零（部）件名称、所属

机床编码、所属机床型号、所属机床名称、工序号、备注等。通过对专用夹具属性进行描述，全面反映该夹具的各类属性。对于成组夹具，还要包括夹具所属零件族的信息（如零件族的名称、族号、分组标准等）等。

（6）机床数据 机床数据文件中，除包含机床的识别号、机床名称和型号外，还应有全部规格和性能数据，如：车床中心高、铣床的工作台面尺寸和行程、功率、数控系统类型、主轴转速和进给速度范围、最大加工工件尺寸和加工精度等。对于数控机床，还包括机床坐标系统、脉冲当量、插补方式及刀具补偿等信息。

（7）工时定额数据库 工时定额是指在一定生产技术和生产组织条件下，生产单位产品或完成单位工作所必须消耗的工时。它是现代企业管理的一项必要的基础工作，用来平衡和调整车间、工种以至工序之间的生产组织。由于影响工时的因素较多，因此，工时库包含的信息内容也较多，如零件材质、加工工步内容、使用机床型号、使用刀具、切削用量、表面精度、走刀次数、辅助时间等。

第四节 计算机网络与通信

计算机网络是通过通信线路、传输设备和网络软件实现相互连接，实现资源共享的计算机群体。计算机网络是计算机技术与通信技术紧密结合的产物，它是利用通信线路把位于不同地点上的多个计算机系统相互连接而成。在网络中，通过功能完善的网络软件的管理，可以共享某些硬件、软件和数据资源。

计算机网络的发展过程大致可分为具有通信功能的单机系统、具有通信功能的多机系统和计算机网络三个阶段。它的发展促进了计算机技术、多媒体技术和通信技术的飞速发展。

一、计算机网络的功能

计算机网络的规模大小和设计目的虽然不同，但基本上都可以实现以下功能[9]：

1）使地理上分散的各个计算机系统相互连接起来，实现实时集中管理。

2）共享资源。有多个用户共享资源，可提高系统的经济性。可共享的资源包括硬件、软件和数据。网络版CAPP系统，有许多软硬件资源需要共享。

3）同时访问多个系统。计算机网络中，可提供一点到多点的通信，即一个计算机系统（或终端）可同时访问多个其他计算机系统；同样，多个计算机系统（或终端）也可以访问某个计算机系统。

4）提高系统的可靠性。某个系统出现故障时，可由其他系统来代替。

5）均衡负荷。当某个计算机系统的负荷过重时，可通过网络把某些作业送至其他系统处理，充分利用网上各计算机资源进行协同工作。

6）综合信息服务提供远程通信、电子邮件、电子会议等功能，与多媒体技术相结合，可提供数字、声音、图像等多种信息的传输，成为信息社会中传送与处理信息的基本手段。

二、计算机网络的分类

计算机网络品种多样，可以从不同的角度对网络进行分类，根据分类标准的不同，分类结果将不同。实际上，一个计算机网络多数是一个混合型网络，通常按网络的覆盖面积（或通信范围和通信距离）不同分为局域网和广域网。局域网由网络硬件和控制信息传递协议的相应网络软件组成。

（1）局域网（LAN——Local Area Network） 是一种小范围内的计算机网络，连网的各计算机系统或终端分布的地域范围一般限于几公里以内，即限定在一个小的范围内，如办公楼内、一个企业内，因而信号传输速度快、网络建设费用低，非常适合我国各中小型单位的计算机联网，通信多采用电话线、光纤等。

（2）广域网（WAN——Wide Area Network） 也称作远程网，联网的计算机系统或终端的地域范围可达几千公里以上，采用分组交换方式进行通信，可实现不同地区和国家的信息联网。

三、计算机网络的组成

计算机网络系统是由计算机系统、数据通信和网络系统软件组成的。

1. 硬件组成

从硬件来看主要由以下几个部分组成：

（1）终端设备　用户进入网络所用的设备，如计算机、键盘、显示器、电传打字机等。在局域网中，终端一般由微机担任，叫工作站，用户通过工作站共享网上资源。

（2）主机　用于进行数据分析处理和网络控制的计算机系统，其中包括外部设备、操作系统及其他软件。在局域网中，主机一般由较高档的计算机担任，也叫服务器，它应具有丰富的资源，如大容量硬盘、足够的内存和各种软件等。

（3）通信处理机　在接有终端的通信线路和主机之间设置的通信控制处理机器，分担数据交换和各种通信的控制和管理。在局域网中，一般不设通信处理机，直接由主机承担通信的控制和管理任务。

（4）本地线路　指把终端与节点主机连接起来的线路，其中包括集线器或交换机等。它是一种低速线路，费用和效率均较低。

2. 软件组成

网络软件主要包括网络操作系统和网络协议等。

（1）网络操作系统　网络操作系统（NOS）是网络的心脏和灵魂，是向网络计算机提供服务的特殊的操作系统，它在计算机操作系统下工作，使计算机操作系统增加了网络操作所需要的能力。它是计算机系统管理软件与通信控制软件的集合，能够在网络范围内提供软件资源、硬件资源的共享及信息通信的机制。网络操作系统除具有一般操作系统的功能外，还有网络通信模块。它能在网络中实现数据翻译、任务分解、负载平衡、动态调度、资源分配和分布服务，解决故障检测、恢复等问题。目前在微机局域网中，最常用的网络操作系统有 Novell 的 Netware 及 Windows NT Server。

（2）网络协议　协议是网络设备之间进行互相通信的语言和规范。由于网络通信十分复杂，通信双方必须约定，遵守一套语义和语法规则，这些约定即为协议。网络中通信双方共同遵守的规则和约定的集合称为网络协议。

网络技术的发展迫切需要标准化，国际标准化组织（ISO）1977 年提出了网络分层体系结构，采用了开放式互联参考模型（OSI——Open System Interconnection），包括了七层功能及对应的协议。大家熟知的 TCP/IP（Transmission Control Protocol/Internet Protocol）协议就是符合 OSI 模型的一种协议，在国际互联网 Internet 中得到广泛应用。

四、计算机网络的结构

用联网电缆或传输线路将组成网络的各个设备物理地连接起来的方式，称为网络的拓扑结构。为表述和研究方便，常常把网络中的一个或一组设备抽象为节点，通信线路抽象为链路或物理信道，用图论的方法，根据拓扑结构分类，有下列 5 种基本结构[10]：

（1）总线型　这种网络结构上的所有节点都连到一条主干链路上，这条主干链称为总线。该网络结构通常采用广播式信道，即网络上一个节点发出信息时，网络上的其他节点均可收到。目前，大多数局域网都采用这种结构，如图 3-10a 所示。

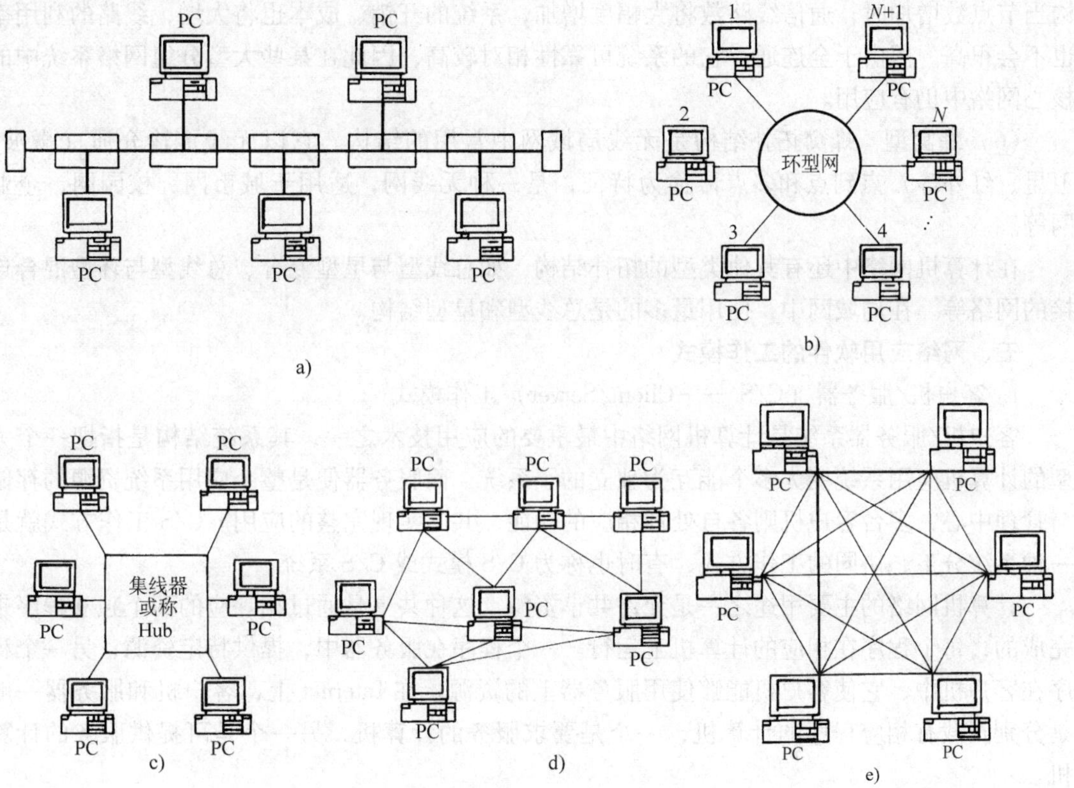

图 3-10　计算机网络的拓扑结构
a）总线型　b）环型　c）星型　d）网状型　e）全连通型

（2）环型　这种网络结构中，各节点平等地连成一个封闭环，采用点到点式信道，即一个节点发出的信息，网络上仅有一个节点可以收到。这种结构也常用于局域网中，如图 3-10b 所示。

（3）星型与树型　对于星型结构，存在一个中心节点，是其他节点惟一的中继节点，即节点间的通信者要通过中心节点，具有极强的集中控制能力。而树型结构则是星型结构按层次延拓而成的，同一层次中可以有多个中继节点，但最高层只有一个中继节点（称为根节点），是一种分级管理基础上的集中式网络，如图 3-10c 所示。

（4）网状型　这是最一般化的网状结构，连接各节点的物理信道呈不规则的形状。具有较高的可靠性，而且资源的共享也比较方便，如图 3-10d 所示。网状拓扑的一个缺点是成本较高。将网络中的每个节点与其他节点相连接需要大量的专用线路。为缩减开支，可以选择实现半网状。在半网状结构中，直接连接网络中关键的节点，通过星形或环形拓扑结构连接次要的节点。与全网状相比，半网状更加适用，因而在当前的实际应用中更加广泛。

（5）全连通型　在这种网络结构中，任意两个节点之间均有物理信道直接相连，它也可看成是网状型的一个特例，如图 3-10e 所示。所谓“全连通”是指所有计算机节点之间均有直达的物理通路连通，因此所有网络节点之间的相互通信均是通过相邻节点的直达通路实现的。这种全连通网络，对于 n 个节点需要 $n(n-1)/2$ 条线路互连。因此，这种网络结构当节点数增加时，通信线路数将大幅度增加，系统的开销、成本也将大增，线路的利用率也不会很高。但由于全连通，它的系统可靠性相对较高，因此在某些大型分组网络系统中的核心网络中仍有应用。

（6）蜂窝型　蜂窝拓扑结构是无线局域网中常用的结构。它以无线传输介质（微波、卫星、红外等）点到点和多点传输为特征，是一种无线网，适用于城市网、校园网、企业网等。

在计算机网络中还有其他类型的拓扑结构，如总线型与星型混合、总线型与环型混合连接的网络等。在局域网中，使用最多的是总线型和星型结构。

五、网络应用软件的工作模式

1. 客户机/服务器（C/S ——Client/Server）工作模式

客户机/服务器系统是计算机网络中最重要的应用技术之一，其系统结构是指把一个大型的计算机应用系统变为多个能互为独立的子系统，而服务器便是整个应用系统资源的存储与管理中心，多台客户机则各自处理相应的功能，共同实现完整的应用。C/S 工作方式就是一种系统分工、协同的工作方式，有时也称为 C/S 模式或 C/S 系统。

计算机网络的主要用途之一是允许共享资源。这种共享是通过相呼应的两个独立程序来完成的，每个程序在相应的计算机上运行。一个程序在服务器中，提供特定资源；另一个程序在客户机中，它使客户机能够使用服务器上的资源。在 Internet 上，客户机和服务器一般是分别指载有相应程序的计算机，一个是要求服务的计算机，另一个是可提供服务的计算机。

2. 浏览器/服务器（B/S——Brower/Server）工作模式

B/S 结构，即 Browser/Server（浏览器/服务器）结构，是随着 Internet 技术的兴起，对 C/S 结构的一种变化或者改进的结构。许多人认为这种从 C/S 结构基础上演变的技术更先进。就传统的 C/S 结构而言，由于数据的存取和处理主要依赖于客户端程序，本地化的程序配制复杂（如必须配制本地 ODBC 或固定服务器机器名等），逐台配置机器对于一个拥有多用户的复杂系统而言，工作量较大，维护成本高，而应用程序由于需要经常更新，因此逐台更新的问题比较复杂；另一方面，C/S 结构对网络底层协议的依赖性大，由于部分程序不是建立在 TCP/IP 协议之上的，因此对防火墙、多网端等问题的解决并不方便，对跨平台（如 UNIX-Windows）的支持也稍显不足；另外，目前的应用系统开发一般都超出了局域网范畴，传统的 C/S 结构对实现内网/外网、局域网/广域网间的有机整合也有局限。

B/S 结构下，用户界面完全通过 WWW 浏览器实现，一部分事务逻辑在前端实现，但是主要事务逻辑在服务器端实现，形成所谓的 3-tier 结构。B/S 结构，主要是利用了不断成熟的 WWW 浏览器技术，结合浏览器的多种 Script 语言（VBScript、JavaScript）和 ActiveX 技术，用通用浏览器就实现了原来需要复杂专用软件才能实现的强大功能，并节约了开发成本，是一种全新的软件系统构造技术。随着 Windows 2000/Windows XP 将浏览器技术植入操作系统内部，这种结构更成为当今应用软件的首选体系结构。显然 B/S 结构应用程序相对于传统的 C/S 结构应用程序将是巨大的进步。

B/S 结构采用星型拓扑结构建立企业内部通信网络或利用 Internet 虚拟专网（VPN）。前者的特点是安全、快捷、准确，后者则具有节省投资、跨地域广的优点。如何建立须视企业规模和地理分布确定。企业内部通过防火墙接入 Internet，整个网络采用 TCP/IP 协议。网络结构如图 3-11 所示[11]。

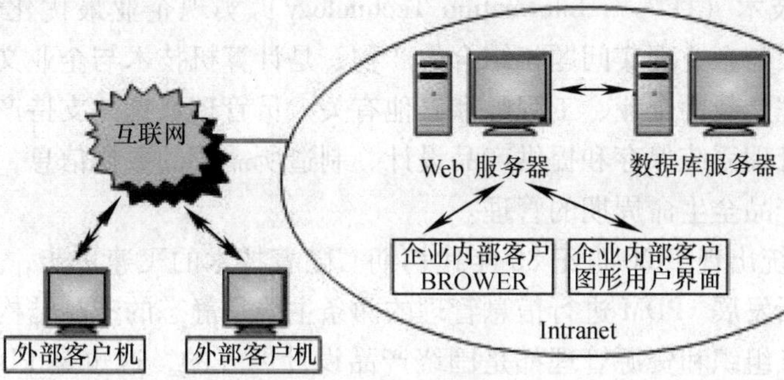

图 3-11　B/S 网络结构示意图

相对来说，B/S 结构对用户的技术要求比较低，对前端机的配置要求也较低，而且界面丰富、客户端维护量小、程序分发简单、更新维护方便。它容易进行跨平台布置，容易在局域网与广域网之间进行协调，尤其适宜信息发布类应用。但是，B/S 结构在客户端对大容量数据进行深层次分析、汇总、批量输入输出、批量更改的工作中出现困难，尤其更难实现图形图像等复杂应用，对于需要与本地资源进行交互性的操作上极不方便，因而难以适用于基于流程类的办公、办证、审核等系统。

以上分析表明，C/S 结构与 B/S 结构各有利弊，只有将它们的特点进行互补，按照自身特点选择适合的技术平台，才能最大限度地发挥作用。随着 Windows 系统将浏览器技术植入操作系统内部，B/S 结构将成为今后应用软件的首选体系结构。

第五节　产品数据管理（PDM）

一、PDM 的概念

PDM 是 Product Data Management（产品数据管理）的缩写，是指某一类软件的总称。其定义有多种，美国著名市场调研和咨询公司 CIMdata 给出的定义：PDM 是一种帮助工程师和其他人员管理产品数据和产品研发过程的工具。PDM 系统确保跟踪设计、制造所需的大量数据和信息，并由此支持和维护产品。也可以将PDM理解为：从产品来看，PDM系统可帮助组织产品设计，完善产品结构修改，跟踪进展中的设计概念，及时方便地找出存档数据以及相关产品信息；从过程来看，PDM系统可协调组织整个产品生命周期内诸如设计审查、批准、变更、工作流优化以及产品发布等过程事件。

PDM将所有与产品相关的信息和所有与产品有关的过程集成在一起。与产品有关的信息包括任何属于产品的数据，如CAD/CAE/CAM文件、物料清单（BOM）、产品配置、事务文件、产品订单、电子表格、生产成本、供应商状况等。与产品有关的过程包括任何有关的加工工序、加工指南和有关批准、使用权、安全、工作标准和方法、工作流程、机构关系等所有过程处理的程序。它包括了产品生命周期的各个方面，PDM能使最新的数据被全部有关用户应用，包括工程设计人员、数控机床操作人员、财会人员及销售人员都能按要求方便地存取使用有关数据。

PDM是依托信息技术（IT ——Information Technology）实现企业最优化管理的有效方法，是科学的管理框架与企业现实问题相结合的产物，是计算机技术与企业文化相结合的一种产品。产品数据管理是帮助企业、工程师和其他有关人员管理数据并支持产品开发过程的有力工具。产品数据管理系统保存和提供产品设计、制造所需要的数据信息，并提供对产品维护的支持，即进行产品全生命周期的管理。

商业化的PDM系统出现于20世纪80年代初期。随着技术的飞速进步，用来定义PDM基本功能的术语也不断发展。PDM进行信息管理的两条主线是静态的产品结构和动态的产品设计流程，所有的信息组织和资源管理都是围绕产品设计展开的，这也是PDM系统有别于其他信息管理系统，如管理信息系统（MIS）、制造资源计划系统（MRPII）、项目管理系统（Project Management）的关键所在。PDM也是以整个企业作为整体，能跨越整个工程技术群体，是促使产品快速开发和业务过程快速变化的使能器。另外，它还能在分布式企业模式的网络上，与其他应用系统建立直接联系的重要工具。

由上可知，所谓PDM，并不只是一个技术模型，更不是简单的计算机程序，它必须是一种可以实现的技术，必须是一种与企业文化相结合的技术。因此，它与企业自身密切相关。考察当今PDM实施成功的企业，每个企业都有自己非常具体的奋斗目标和项目名称，凡取得成功者，无一不是将PDM融汇于企业文化之中，这正是PDM的生命力所在[12]。

二、PDM的产生与发展

在20世纪的60、70年代，企业在其设计和生产过程中开始使用CAD、CAM等技术，随着各单元的计算机辅助技术已经日益成熟，各单元自成体系，彼此之间缺少有效的信息沟通与协调，也就带来了所谓的“信息孤岛”问题。在这种情况下，许多企业逐渐意识到：实现信息的有序管理将成为它们在未来的竞争中保持领先地位的关键因素。PDM正是在这一背景下产生的一项新的管理思想和技术。PDM继承并发展了CIM等技术的核心思想，在系统工程思想的指导下，用整体优化的观念对产品设计数据和设计过程进行描述，规范产品生命周期管理，保持产品数据的一致性和可跟踪性。PDM的核心思想是设计数据的有序、设计过程的优化和资源的共享。

经过近些年来的发展，PDM技术已经取得了很大的进步，在机械、电子、航空/航天等领域获得了普遍的应用。PDM技术正逐渐成为支持企业过程重组（BPR），实施并行工程（CE）、CIMS工程等系统工程的使能技术。PDM技术的发展可以分为以下三个阶段[13]：

（1）与CAD相配合的简单的PDM系统 早期的PDM产品诞生于20世纪80年代初。随着CAD在企业中的广泛应用，工程师们在享受CAD带来好处的同时，也不得不将大量的时间浪费在查找设计所需的信息上。针对这种需求，各CAD软件公司配合自己的CAD软件推出了第一代PDM产品，这些产品的目标主要是解决大量电子数据的存储和管理问题，提供了维护“电子绘图仓库”的功能，主要表现形式为各类文档管理或图样管理软件系统等。

（2）产品数据管理（PDM） 20世纪90年代，出现了专业化的PDM产品，如SDRC公司的Metaphase、EDS公司的iMAN、IBM公司的PM、Smart Solution公司的SmarTeam等。与第一代PDM产品相比，在第二代PDM产品中出现了许多新功能，如对产品生命周期内各种形式的产品数据的管理能力、对产品结构与配置的管理、对电子数据的发布和工程更改的控制，以及基于成组技术的零件分类管理与查询等。同时软件的集成能力和开放程度也有较大的提高，少数优秀的PDM产品可以真正实现企业级的信息集成和过程集成。

（3）产品协同商务（CPC） 1997年7月，对象管理组织（OMG）公布了其PDM Enabler标准草案。作为PDM领域的第一个国际标准，本草案由许多PDM领域的主导厂商参与制订，如IBM、SDRC、PTC等。PDM Enabler的公布标志着PDM技术在标准化方面迈出了崭新的一步。PDM Enabler基于CORBA技术，就PDM的系统功能、PDM的逻辑模型和多个PDM系统间的互操作提出了一个标准。这一标准的制订为新一代标准化PDM产品——CPC的发展奠定了基础。其中比较典型的是由PTC公司和MatrixOne公司提出的产品协同商务（CPC）解决方案，它是一个完全建立在Internet平台、CORBA和Java技术的基础上的产品。随后，各PDM公司相继推出了各自的CPC版本或CPC解决方案。目前市场上常见的Metaphase、iMAN、PM、SmarTeam等都采用C/S结构，属PDM产品，而Windchill、eMatrix等采用的是基于Web的结构，属于PDM/CPC产品。

产品协同商务（CPC）的理念把传统PDM的功能扩展到了广义企业的信息、过程和管理集成平台的高度。其重要特点是数据和应用功能的松散耦合式集成，是一种并不依赖数据通用性来保证个体之间的相互协作的统一的数据模型，从而使企业应用软件之间的集成变得很容易实现。

近几年来，PDM是制造工业中增长最快的技术之一。据美国CIMdata公司调查，全球的PDM软件和服务市场年增长率以30%的速度增长。目前已经有越来越多的企业认识到使用PDM来组织管理产品数据的重要性。PDM的相应功能的快速发展，是与其产生和发展的背景相适应的。

复习思考题

1. 简述CAPP软硬件环境。
2. CAPP对硬件系统的要求与CAD/CAM对硬件系统的要求有何不同？
3. 比较几种编程语言的特点，谈谈如何选择CAPP的开发语言？
4. 简述数据交换标准的作用与应用。

5. 简述数据库的概念。

6. 简述数据库管理系统的功能与特点。

7. 谈谈常用数据库语言有哪些类型？各有何特点？

8. 工程数据库的发展趋势如何？

9. CAPP 的常用数据库有哪些？

10. 简述计算机网络的组成与结构。

11. 简述网络应用软件的各种工作模式的特点。

12. 简述 PDM 的概念。

13. 谈谈 PDM 发展的几个阶段。

参考文献

1 编程入门：Pascal、Delphi 语言简介，http：//www. wlnjw. gov. cn/Old/ASP/GetDat _1. ASP？flag = S02，000L

2 李善平等主编．产品数据标准与 PDM. 北京：清华大学出版社，2002

3 发达国家制造业中 STEP 的典型应用，http：//www. icad. com. cn/icad/writeol/artlib3/file00011. htm

4 开目软件，http：//www. kmcad. com/prodect/capp. htm

5 北京清华京渝天河软件公司，http：//www. icad. com. cn/icad/product/hardware/profile/softmanu/tianhe/tianhe. htm

6 基于 CAPPFramework 的集成化智能化 CAPP 技术，http：//www. e-works. net. cn/ewkArticles/Category30/Article11294. htm

7 CAXA 产品介绍，http：//www. caxa. com/products/pro/p _capp. htm

8 SQL Server 2000，http：//fm365. federal. com. cn/shop/soft/softproduct _ detail. asp？uid = &productno = 10DDAMIC290

9 计算机网络，http：//www. dyhp. com. cn/fcl/yssz/js/js2. htm

10 计算机网络，http：//www. kepu. com. cn/gb/technology/telecom/network/net109. html

11 B/S 结构，http：//www. chinabs. net/work/default. asp

12 熊光楞主编．并行工程的理论与实践．北京：清华大学出版社，2001

13 PDM/CPC 的概念及典型应用领域，http：//www. gisroad. com/pdm1. htm

第四章

工艺设计标准化

第一节　概　　述

一、工艺设计存在的问题与工艺标准化的意义

在大多数企业中，长期以来形成重视设计、轻视工艺，重视产品标准的制定及对执行情况的审查，而对以工艺标准为主要内容的对产品制造过程及产品质量可靠性有直接影响的工艺标准化审查工作重视不够，这在一定程度上造成了工艺设计水平较低。

长期以来，由于传统工艺设计是按人工方式逐件设计企业自制零件的工艺过程，多品种小批量生产的工艺设计水平处于十分落后的状态，所以工艺设计的质量很大程度上取决于工艺设计人员的主观因素。对同一个工艺问题，常常由于各个不同工厂的生产条件不同，产生因厂而异的解决方案，即使对同一个工厂，也会因为各个不同工艺人员的个人阅历、经验、学识的不同而得出因人而异的各种解决办法，使得工艺设计工作带有浓厚的经验色彩。也就是说，在相同的生产条件下，同类零件本该采用相同的工艺，但实际上却存在着截然不同或大同小异的工艺，即工艺设计的多样性。工艺多样性不仅使同类零件加工所用的工艺装备品种、规格、数量不必要地增加，而且还造成生产计划管理的复杂化，从而增加生产费用，延长生产周期。

此外，由于传统工艺设计是逐件设计企业自制零件的工艺过程，其缺点是孤立地针对一个零件设计一份单独的工艺，忽视了它与同类零件的联系，抹杀了同类零件之间在工艺上本该具有的继承性和一致性。其结果是一方面使大量经实践证明有效的已有工艺信息无法予以继承和重复使用；另一方面，工艺人员又不断地重复设计出大同小异的或全然不同的新的工艺过程。随着产品的不断更新和品种的不断增加，迫使工艺部门陷入穷于应付繁重的新产品工艺准备工作中，使工艺人员不得不把主要精力和时间都耗费在一遍遍地逐件设计和填写零件的单独工艺文件上。工艺人员由于长期处于这种被动的局面，无力去改进、研究或开发新工艺，便造成了多品种小批量生产条件下的工艺设计工作的大量重复及被动落后局面。要想从根本上克服上述问题，最有效的途径便是在成组技术原理的基础上实现工艺设计的标准化和自动化。

工艺技术和工艺管理是保证质量可靠性及提高产品竞争能力的基础。在市场竞争中，产品的质量、价格、营销方式及售后服务是构成产品竞争力的支柱。产品的质量可靠性取决于产品在生产过程中的加工设备、加工手段及检测手段的先进性，它体现了工艺技术的科学性；产品的价格取决于工艺成本，它体现了工艺技术及工艺管理的科学性及经济性；产品的营销及售后服务从工艺范畴来讲则取决于产品制造过程中的可靠性，它体现了工艺技术的先进性。由上所述，工艺工作是企业生产的纽带，工艺技术是企业生产过程中贯穿始终、最为本质的技术。在产品制造过程中，提高产品的工艺水平，即全面贯彻、推行工艺标准化是保证产品质量可靠性的有效途径。

各类产品的生产制造过程是复杂多样的，在生产过程中工艺过程始终贯穿其中，工艺过程是对产品制造的管理过程，也是保证产品制造质量的过程。工艺方法的不断改进是不断降低成本以获得最大利润的手段之一。随着制造技术的发展，工艺工作本身也在生产过程中不断地进行自我进化，同样面临着不断改进以达到降本增效的目的。

实践证明，成组工艺是促进中小批量零件工艺设计标准化的有力工具，而工序（工步）标准化思想在 CAPP 系统开发中则应用更为广泛，特别是对数控工艺的自动生成。

二、工艺设计标准化的基本概念

工艺是制造产品的科学方法。工艺标准化是应用标准化原理，根据产品特点，结合企业实际情况，对产品的工艺过程内容、工艺文件、工艺要素以及工艺典型化等方面进行统一规定，并加以贯彻执行的过程。工艺标准化的目的就是以工艺过程为研究对象，将工艺的先进技术、成熟经验以文件形式统一起来，使工艺达到合理化、科学化和最优化。制定标准和规范并不是为了眼前方便，更不是把现状固定化，而是要让有关各方在当前和以后工作中把标准化成果共同重复使用。标准化就其基本概念及方法而言，可以归结为简化和优化统一，也就是在选优的基础上简化，在简化的基础上统一。标准化本身是一种优化的过程。简化是借助标准化、规范化等科学方法，为达到化繁为简，化难为易的目的进行的活动。不是用简化的形式去限制制造技术的发展，也不是用简化的形式单纯追求方便和利益。标准化创造的重复利用效果是以选优、简化、扩大先进技术的使用范围为前提的，不经过优化的勉强统一就会在低水平上重复。在市场竞争激烈的今天，用标准化来统一多品种、小批量的生产显得意义重大。技术成果的重复使用效果（包括消除繁琐的重复劳动，扩大零部件生产批量等）是可以不受产品品种变化的限制创造出来的。研究和开发这方面的标准化技术对于有效地实现多品种小批量生产具有十分重要的意义。当产品形成系列化、模块化时，标准化、规范化的作用尤为突出。对工艺过程及制造过程用标准或规范来进行统一指导，不仅可以节省大量的用于手工重复劳动的技术准备时间，实现提高效率与降低制造成本，而且可以进一步适应市场竞争的需要，快速响应市场。这正是标准化发展的目的和方向。因此，企业要提高竞争力，不断设计出适销对路的产品，且物美价廉，就必须加强产品工艺标准化工作。

虽然国标中对工艺标准化有所规定，但是工艺标准化仍然与企业的制造资源和传统文化、习惯密切相关，为此工艺标准化工作主要仍由具体企业完成。本章主要讲述一些常用的工艺标准化原则、规范、内容及实例，供读者参考。

三、工艺设计标准化与 CAPP 的关系

长期以来工艺标准化的发展在一定程度上先于 CAPP，而 CAPP 的发展正是基于工艺标准化的基础，CAPP 的产生是工艺标准化发展的必然趋势，两者相辅相成。随着制造技术的不断发展，由于 CAPP 和工艺标准化有着各自不同的工作范围和侧重点，又将承担起不同的管理职责。

在制造企业中，产品设计是把用户需求转换成设计图样和技术文件，而用什么方法根据本厂的资源（即设备、工人技术、劳动能力等）并利用社会条件，来完成设计图样和技术文件规定的产品，这是工艺部门的职责。企业生产部门是根据工艺部门的工艺文件来组织产品的整个生产过程的，因此，工艺文件既要指导有关生产管理部门组织生产，又要指导车间工人、质检人员进行各种操作。如前所述，工艺文件编制的效率低下，存在着大量的重复劳动和工艺多样性的弊病，因而产生了工艺设计标准化的思想。CAPP 也是着眼于这点，看到了减少工艺工作劳动强度的潜力。工艺设计标准化的目的就在于使同类零件在相同生产条件下，能够利用标准工艺，从而防止不必要的工艺多样化。由于将原来逐件设计的单独工艺统一成标准工艺，所以在标准工艺的基础上进一步促使同类零件标准工艺所用的设备和工艺装备实现专业化、系列化、机械化乃至自动化，这样就能显著地提高劳动生产率，保证产品质量，降低成本。CAPP 正是看重于这点，并依赖于此点，对工艺过程文件（也即为工艺数据）进行计算机管理。

派生式 CAPP 系统就是建立在成组工艺的基础上，利用零件的相似性即相似零件有相似工艺规程，一个新零件的工艺是通过检索系统中已有的、相似零件的工艺过程文件，并加以筛选或修改、编辑而成的。计算机系统内存储着一些标准的工艺过程（即典型工艺或复合工艺）和标准工序。从设计的角度看，与常规的工艺设计形式相同，即计算机模拟人工设计的方式，其继承和应用的是标准工艺。这样的 CAPP 必须建立一个有一定数量的标准工艺过程文件，以及标准工序的比较完整的数据库供程序调用，系统在已有的工艺过程基础上加以修改，生成新的工艺文件。

CAPP 是立足于工艺文件，尤其是工艺过程而发展起来的计算机应用技术，它以工艺过程卡为开端进行工作，也是着眼于减少工艺人员繁琐的手工编制工作量，对工艺文件进行规范而统一的管理。从某种意义上来说，CAPP 围绕着工艺数据进行工作，它最终将着力于为整个企业的运作提供数据信息和参考。CAPP 系统中产生的大量工艺数据如：设备、工装、材料、工时等一系列汇总及反映生产流程的路线，通过企业计算机内部网络或计算机集成系统提供给设备部门、劳资部门、财务部门和企业决策者，由各部门依据此工艺数据信息进行协调管理。此时工艺过程卡这种表现形式在 CAPP 对企业中的作用而言已退化为次要的，工艺过程卡变得可有可无，完全可以被规范和标准所替代。而 CAPP 则发展成企业管理体系中不可分割的重要部分。从上可以看出，标准化及 CAPP 都是企业制造技术发展所必不可少的一部分。在市场激烈竞争的今天，提高企业的竞争能力，提高企业适应市场变化的能力，降本增效、内部挖潜都需要花大力气做好工艺标准化和 CAPP 技术应用工作。

第二节　工艺过程标准化的方法

典型工艺是最早的工艺设计标准化的体现。同一零件型工艺过程典型化，即可得到具有相同工序顺序和工序内容的典型工艺，这种典型工艺便能供同一零件型的零件使用。典型工艺零件分组的着眼点在于零件的结构特征相似，即同一组零件所具有的结构要素基本上都是相似的，只是尺寸规格不同，因此，它们的加工工序内容和顺序基本上是一致的。由此可知，典型工艺作为工艺设计标准化的一种方法，它的着眼点在于使零件整个工艺过程（工序顺序和工序内容）实现标准化。要实现工艺典型化的目的，必须要求归并在同一型中的零件其结构形状应最大限度地取得一致或相同；否则，不同零件难于采用典型工艺。因此，典型工艺主要适用于产品品种和零件结构形状比较稳定的系列产品或批量较大的场合，如齿轮，标准件，发动机中的曲轴、凸轮轴、气缸套、连杆、箱体等零件。对于构成产品的大多数零件，由于零件的品种多，结构形状出入较大，则难以采用典型工艺。

针对上述典型工艺应用存在的局限性，在典型工艺的基础上发展了成组工艺。成组工艺不像典型工艺那样首先着眼于零件整个工艺过程的标准化，而是首先着眼于缩小工艺标准化的范围，从构成零件工艺过程的一道道工序入手，实现工序标准化。成组工艺由于不要求零件属于同一型，只要一群零件的某道工序能在同一型号设备上，采用相同的工艺装备和调整方法进行加工，则这群零件在该道工序上便可归并成组。这种方式尤其适合于产品加工由刚性制造向柔性制造转化。

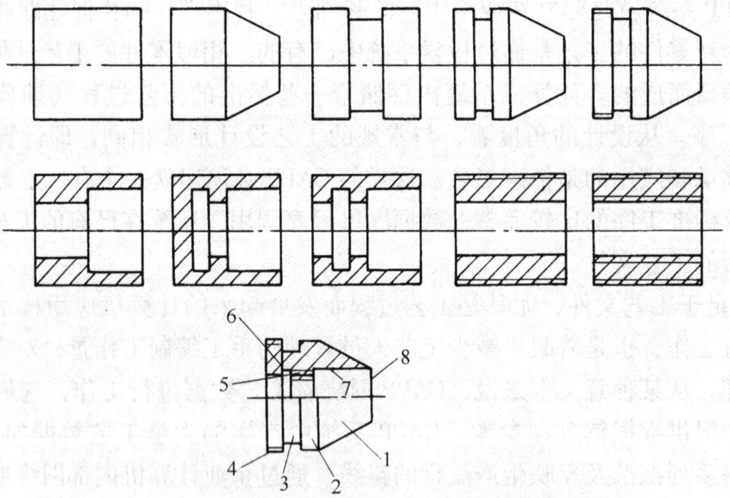

图 4-1　零件族及其复合零件的结构要素

1—锥面　2—外圆　3—槽　4—外螺纹　5—内螺纹

6—内槽　7—内孔　8—端面

在设计成组工艺规程时，一般可采用两种方法。对于回转体零件是采用复合零件法，所谓复合零件法，就是利用一种所谓的复合零件来设计成组工艺的方法。复合零件是拥有同组零件的全部待加工的表面要素的零件，在设计成组工艺规程时，要先在分类的基础上确定每组零件的复合零件，然后按复合零件设计工艺规程，此工艺规程作为该类零件的成组工艺。复合零件一般是假想的模拟件，图 4-1 是一个零件族及其复合零件的结构要素示例。图 4-1 中有 10 种零件，共有 8 种结构要素（锥面 1、外圆 2、槽 3、外螺纹 4、内螺纹 5、内槽 6、内孔 7、端面 8）。只要我们对这个复合零件编制工艺规程，就可得到适用于族内全部零件的成组工艺过程卡和成组工序卡。在编制成组工艺过程卡和成组工序卡时，一定要与所用设备与工装（尤其是工装）一起考虑，两卡的编制与设备类型及型号的确定应同时完成。实践证明，对形状较简单的回转体零件族，用复合零件法非常合适。复合零件法不适合非回转类零件，因此，在设计非回转类零件的成组工艺规程时，应采用复合路线法。复合路线法是将零件族中各零件需加工的工序都列在工艺卡片上，然后进行工序叠加，形成零件族的成组工艺，如表 4-1 所示。从表 4-1 可以看出，此法是首先分析零件族内全部零件的工艺路线，从中选出工序较多、流程合理、代表性强的一条作为基础工艺路线，然后将其他零件的工序（去掉重复的）按合理的位置安插到基础工艺路线中，就可得到一条适于加工整个零件族的成组工艺路线，并以它为基础来编制成组工艺过程卡和成组工序卡[1]。

表 4-1　按复合路线法设计成组工艺示例

本组零件图	工艺路线
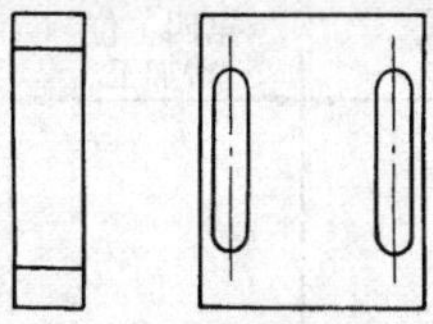	X1—X2—Z—X
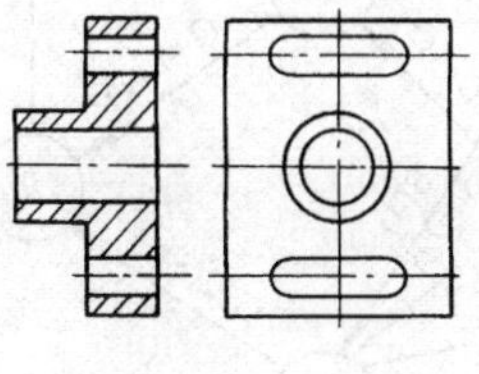	选作代表路线：X1—C—Z—X
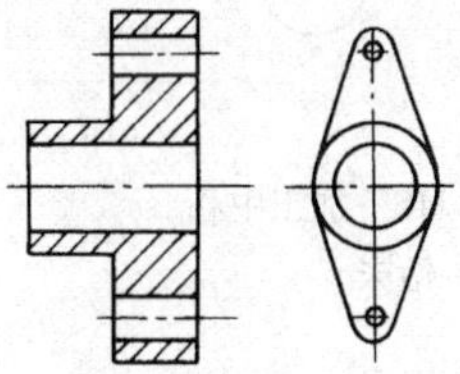	X1—C—Z
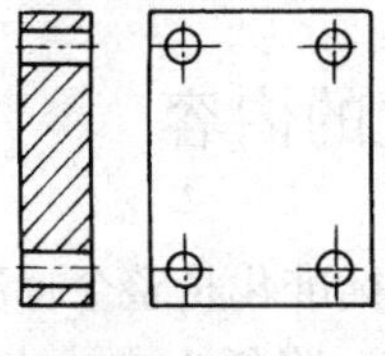	X1—X2—Z
本组零件的复合工艺路线（在代表路线中补入所缺的 X2 工序）	X1—X2—C—Z—X

注：X1——铣一端面；X2——铣另端面；C——车孔及其端面；Z——预钻铣槽用孔；X——铣槽。

此外，要指出的是，用上述工艺标准化方法进行工艺标准化时，需要进行机械加工工序和机械加工工艺过程的优化。机械加工工序的优化必须以科学的论证方法，花最少的设备费用和时间来找出最佳工艺参数值。可以借助于计算机手段用数学模拟法求解。切削加工过程的数学模型是加工质量指标（精度、表面粗糙度、表面层的性能等）同工艺参数之间的一组关系，这种关系反映了加工过程的客观规律性。利用目标函数来评价加工过程的各个方案，根据物理概念，在目标函数极小或极大的条件下，选择控制参数的取值。机械加工工艺过程的优化就是在几种可供选择的工艺方案中选择最佳工艺方案，例如由四个工位组成的可选工艺路线（第一工位为车削工序、第二工位为刨削工序、第三工位为钻削工序、第四工位为精加工工序），其网络表现形式如图 4-2 所示。图中箭号表示工序，它具有明确的工作内容和工序时间（或费用），括号内数字表示加工时间（此处单位为 h），起点 1 表示原材料，终点 9 表示成品，从原材料 1 到终点 9 的一系列箭号表示产品的生产工艺路线。按照一定的评价准则（如最小时间、最小费用等）选择最佳生产过程（或工艺路线）。对于工艺路线网络图中可能的组合方案较少时，可以用穷举法（试探法），选出最小时间（或费用）的路线；当工艺路线网络图中可能的组合方案较多时，穷举法就不能适用，动态规划法是非常有效的解决方法之一。在图 4-2 所示的例子中，可以求出最小总生产时间的最佳路线是 1→3→8→9，最小总时间为 11h[2]。

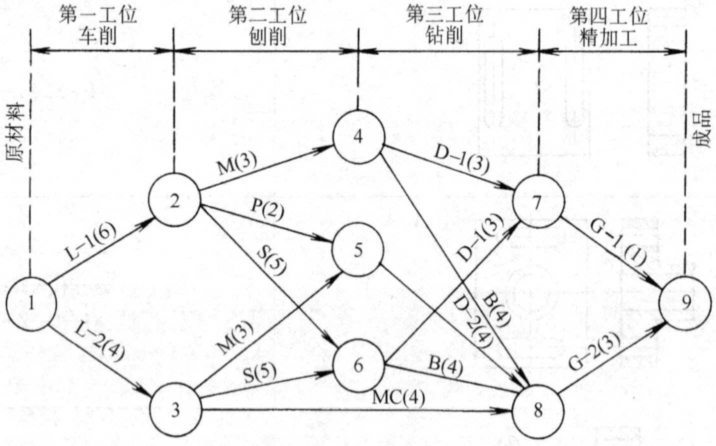

图 4-2　工艺路线网络图

L—车床　B—镗床　G—磨床　M—铣床　MC—加工中心

P—龙门刨床　S—牛头刨床　D—钻床

第三节　工艺设计标准化的内容

工艺标准化是加强工艺技术及管理的有效途径，工艺标准化是整个标准化工作中的重要组成部分，它是提高企业工艺水平、保证产品质量可靠性、降低生产成本的重要手段之一。工艺过程的标准化、工艺装备的标准化、工艺术语的标准化、工艺符号的标准化、工艺参数标准化等是工艺标准化的重要组成部分，工艺标准的类型与制定如表 4-2（参见 JB/Z 187.2—1988）所示。

表 4-2　工艺标准的类型与制定

项　目	内　容			
工艺标准化的主要范围	1)工艺过程或工序的标准化 2)工艺术语、符号、代号标准化 3)工艺文件标准化 4)工艺要素与工艺参数标准化 5)工艺操作方法的典型化与标准化 6)工艺装备标准化 7)工艺管理标准化			
	工艺基础标准	专业工艺技术标准	工艺装备标准	工艺管理标准
工艺标准的主要类型	1)典型工艺或成组工艺 2)工艺术语标准 3)工艺符号、代号标准 4)工艺分类、编码标准 5)工艺文件标准 6)工艺余量标准	1)工艺材料标准 2)工艺技术条件与工艺参数标准 3)工艺操作方法 4)工艺实验与检测标准	1)切削与磨削工具标准 2)夹具标准 3)模具标准 4)辅具标准 5)钳工与手工工具标准	1)生产工艺准备管理标准 2)生产现场工艺管理标准 3)工艺研究与开发管理标准 4)工艺信息管理标准 5)工艺装备管理标准 6)工艺定额管理标准
工艺标准的制定	(1)根据工艺灵活多变的特点,工艺标准除少数通用性强的可制定为国家标准或专业(部)标准外,多数应结合企业特点制定为企业标准 (2)企业应重点制定的工艺标准 1)制定工艺操作方法标准,如典型工艺、工艺守则、标准工艺等,以缩短新产品工艺设计时间,提高工艺水平 2)制定工序间加工余量标准,以提高材料利用率,减少加工劳动量 3)制定工艺装备标准,以减少专用工装,提高专用工装中标准化系数 4)制定工艺管理标准,使工艺管理科学化、规范化 5)有引进项目或与国外有合作项目的企业,要积极引进和转化国外企业有关工艺标准或规范,以提高企业工艺水平 (3)工艺标准的制定程序 1)合理选题。选题时应考虑标准的适用范围,贯彻实施后可能给企业带来的技术、经济效益,制定的条件是否具备等 2)收集、消化与标准有关的资料 3)编写标准草案。在编写草案时,除应根据企业条件积极采用国内外有关先进标准外,还应将本企业比较成熟的先进工艺、先进技术及好的管理方法纳入标准。标准草案的格式应按 GB 1.1 的规定 4)征求意见。标准草案完成后,应发到有关科(室)、车间(分厂)广泛征求意见,对一些有争议的问题应进行充分协商,尽快达成统一 5)修改定稿。标准草案征求意见后,应根据各方面意见综合分析,对标准草案进行修改。对征求意见中分歧较大的标准草案,修改后应由总工程师或总工艺师组织审查会,审查定稿。一般意见分歧不大的,修改后经有关部门会签后定稿 6)批准发布。经审查后会签的标准报批稿,经由总工程师或技术副厂长批准,并经企业标准化主管部门登记、编号后予以正式发布			
工艺标准的贯彻	1)企业在贯彻工艺方面的国家标准和专业(部)标准时,首先应结合企业的具体条件,将其转化为企业标准,但在转化时水平不应降低 2)企业工艺标准,包括由国家标准、专业(部)标准或国外标准转化的和企业自己制定的,都要强制执行 3)标准贯彻前,工艺部门要规定具体贯彻措施,在贯彻中要进行督促和检查			

除第二节所述工艺过程标准化外，产品工艺标准化还主要包括以下几方面内容[3]。

一、工艺文件标准化

产品制造方法是在工艺文件中规定的。工艺文件反映了工艺加工的内容与水平，它是指导生产，实现产品设计要求的依据，对保证质量起着决定性作用。工艺文件的标准化主要是通过统一企业工艺文件格式、项目、种类、编写方法等，达到工艺文件的完整性。因此工艺文件的完整性体现了一个企业工艺管理水平的高低。工艺文件标准化是指规定工艺文件的齐套性，统一工艺文件格式，确定各种工艺文件的名称和代号，提出编写依据和方法等工作。其目的是通过标准化手段来加强工艺管理，提高工艺工作水平。目前，工艺文件主要指工艺规程、工艺守则、材料定额及有关典型工艺说明书等。其中工艺规程是主要文件，它包括锻压、铸造、塑压、切削加工、冲压、热处理、表面处理、装配、调试、检验等一系列内容。

工艺文件的种类、格式及其编制的内容，应按照标准化的要求进行统一，常用工艺规程文件形式及其使用范围如表 4-3 所示（参见 JB/Z 338. 5—1988）。表 4-4、表 4-5 是两种工艺文件卡片格式（参见 JB/Z 187. 3—1988）。

表 4-3　常用工艺规程文件形式及其使用范围

文件名称	使用范围
工艺过程卡片	主要用于单件小批量生产产品的加工和装配（如机械加工工艺过程卡片、装配工艺过程卡片等）
工艺卡片	用于各种批量生产产品的加工（如铸造工艺卡片、锻造工艺卡片、焊接工艺卡片等）
工序卡片	主要用于大批量生产的产品加工和装配及单件小批量生产的关键工序（如机械加工工序卡片、装配工序卡片等）
操作指导卡片	用于工序质量控制点上的加工和装配
工艺手则	某一工种应共同遵守的通用操作要求
检验卡片	用于关键工序（或工序质量控制点）的质量检查
调整卡片	用自动、半自动机床，数控机床和弧齿、锥齿齿轮加工机床等加工前的参数计算与机床调整
毛坯图	用于铸、锻件等毛坯的制造（如铸件图、锻件图和焊接件图）
工艺附图	根据需要与工艺或工序卡片配合使用
装配系统图	用于表示复杂产品零部件间装配关系的方块图，与装配工艺过程卡片或装配工序卡片配合使用

表 4-4　机械加工工艺过程卡

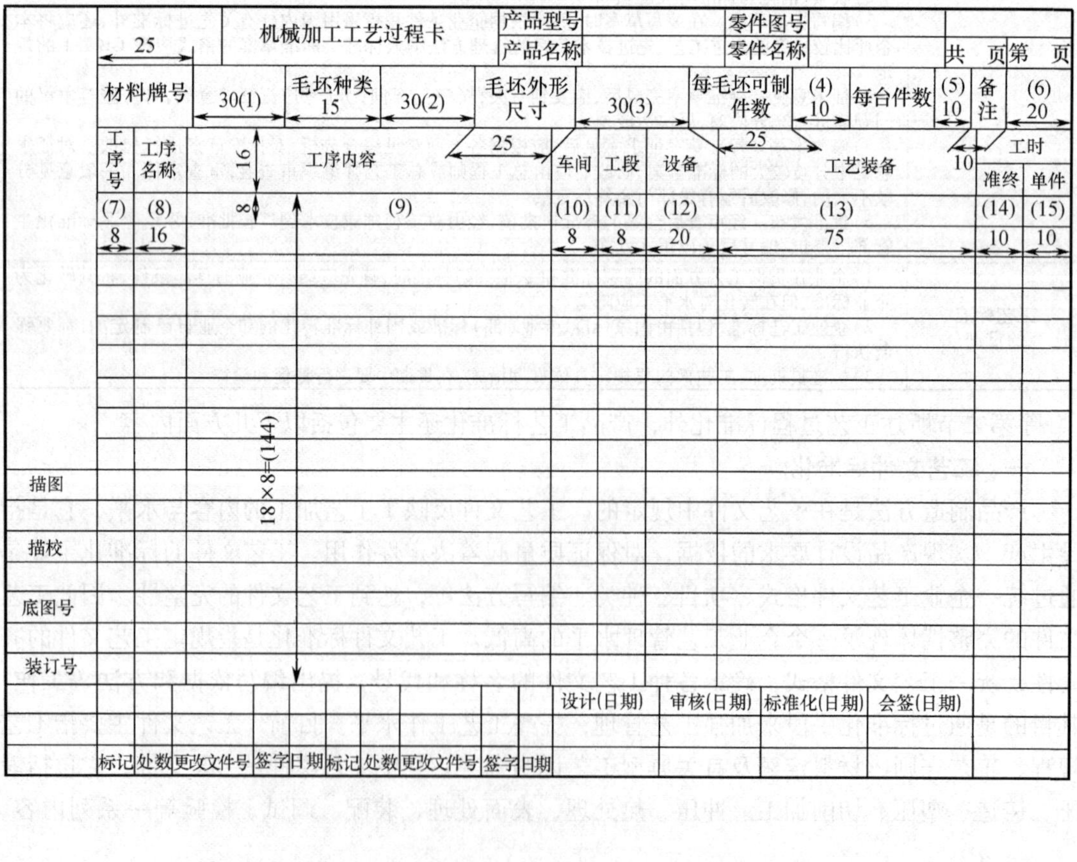

表 4-5　机械加工工序卡格式

（企业名称）	机械加工工序卡片	产品型号		零件图号			
		产品名称		零件名称		共　页	第　页
10×8（=80）		车间		工序号	工序名	材料牌号	
		25(1)		15(2)	25(3)	30(4)	
		毛坯种类		毛坯外形尺寸	每毛坯可制件数	每台件数	
		(5)		30(6)	20(7)	20(8)	
		设备名称		设备型号	设备编号	同时加工件数	
		(9)		(10)	(11)	(12)	
		夹具编号		夹具名称		切削液	
		(13)		(14)		(15)	
		工位器具编号		工位器具名称		工序工时	
						准终	单件
		45(16)		30(17)		(18)	(19)

工序号	工序内容	工艺装备	主轴转速/(r/min)	切削速度/(m/min)	进给量/(mm/r)	背吃刀量/mm	进给次数	工步工时	
	8							机动	辅助
(20)	(21)	(22)	(23)	(24)	(25)	(26)	(27)	(28)	(29)
8	90		7×10（=70）						
描　图	9×8（=72）		10						
描　校									
底图号									
装订号									

										设计（日期）	审核（日期）	标准化（日期）	会签（日期）
标记	处数	更改文件号	签字	日期	标记	处数	更改文件号	签字	日期				

二、工艺要素标准化

工艺（或称工序）要素标准化是指对工艺要素的内容，结合本企业生产实际情况作出具体规定，形成企业标准，并贯彻执行的过程。工艺要素标准化应包括三个方面内容，即工艺余量和公差标准化、切削参数标准化和工艺尺寸标准化。

（1）工艺余量和公差标准化　加工余量和公差大小与零件尺寸精度、加工材料、设备以及前后工序的特殊要求等因素有关。工艺余量和公差过大会造成材料及工时的浪费，增加切削工具的消耗，使加工过程复杂化。反之，如果余量和公差过小将影响零件最终精度，增加加工难度。因此，为了保证加工的经济性，必须制定保证质量，节约材料和工时的加工余量及公差标准。表 4-6 给出了一种精车外圆的工序余量标准示例。

表 4-6　精车外圆的工序余量标准示例（不经热处理）

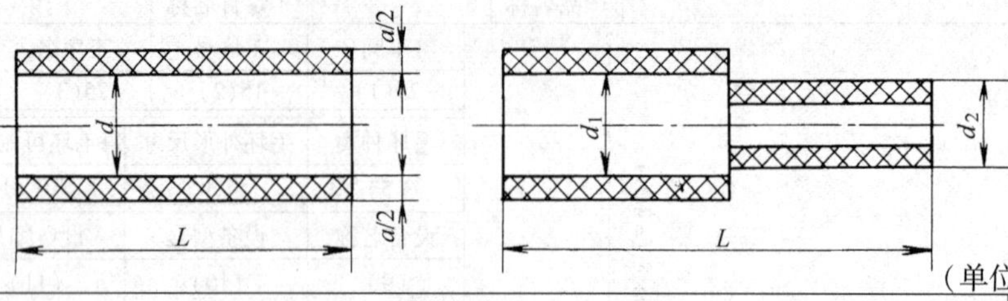

（单位：mm）

<table>
<tr><th rowspan="3">轴的直径 d</th><th colspan="6">零件长度 L</th><th rowspan="3">粗车外圆的偏差</th></tr>
<tr><th>≤100</th><th>>100～250</th><th>>250～500</th><th>>500～800</th><th>>800～1200</th><th>>1200～2000</th></tr>
<tr><th colspan="6">直径余量 a</th></tr>
<tr><td>≤10</td><td>0.60</td><td>0.8</td><td rowspan="2">1.0</td><td>—</td><td rowspan="2">—</td><td rowspan="3">—</td><td>—</td></tr>
<tr><td>>10～18</td><td>0.7</td><td>0.9</td><td>1.1</td><td>0.18</td></tr>
<tr><td>>18～30</td><td>0.9</td><td rowspan="2">1.0</td><td rowspan="2">1.1</td><td rowspan="2">1.3</td><td>1.4</td><td>0.21</td></tr>
<tr><td>>30～50</td><td>1.0</td><td>1.5</td><td>1.7</td><td>0.25</td></tr>
<tr><td>>50～80</td><td rowspan="2">1.1</td><td>1.1</td><td rowspan="2">1.2</td><td rowspan="2">1.4</td><td rowspan="2">1.6</td><td>1.8</td><td>0.30</td></tr>
<tr><td>>80～120</td><td rowspan="2">1.2</td><td>1.9</td><td>0.35</td></tr>
<tr><td>>120～180</td><td>1.2</td><td>1.3</td><td>1.5</td><td>1.7</td><td rowspan="2">2.0</td><td>0.40</td></tr>
<tr><td>>180～260</td><td rowspan="2">1.3</td><td>1.3</td><td>1.4</td><td>1.6</td><td>1.8</td><td>0.46</td></tr>
<tr><td>>260～360</td><td>1.4</td><td rowspan="2">1.6</td><td rowspan="2">1.7</td><td rowspan="2">1.9</td><td>2.1</td><td>0.52</td></tr>
<tr><td>>360～500</td><td>1.4</td><td>1.5</td><td>2.2</td><td>0.63</td></tr>
</table>

注：1. 在单件或小批生产时，本表的数值应乘上系数 1.3，并化成一位小数（四舍五入），这时粗车外圆精度应为 IT14。

2. 当工艺有特殊要求时（如中间热处理）可不按本表规定。

（2）切削参数标准化　它是衡量工艺水平的又一个因素。针对企业生产的产品零件特点及其他影响因素，可以根据实际情况制定切削参数标准。表 4-7 给出了一种车削加工方法的切削参数标准示例。

表 4-7　陶瓷车刀常用切削用量

工件材料	抗拉强度/MPa	进给量 f/(mm/r)		切削速度 v/(m/min)	
		半精加工	精加工	半精加工	精加工
碳素钢	$\sigma_b \leqslant 800$	0.3～0.5	0.1～0.3	100～300	200～500
合金结构钢	$\sigma_b \leqslant 1000$	0.2～0.4	0.1～0.3	90～250	150～400
淬硬钢	45～55HRC	0.12～0.3	0.08～0.2	30～180	50～200
铸　钢	$\sigma_b \leqslant 500$	0.3～0.6	0.1～0.3	100～300	200～500
铸　铁	$\sigma_b = 180～280$	0.3～0.8	0.1～0.3	100～300	180～400
铝合金		0.3～0.8	0.1～0.3	500～600	800～1500

注：1. 背吃刀量：半精加工 $a_p \leqslant 2$mm，精加工 $a_p \leqslant 0.4$mm。

2. f 取小值时，v 取大值。

3. 淬硬钢（48～66HRC）也可用立方氮化硼车刀作精加工，$a_P = 0.01 \sim 0.1$mm，$f = 0.02 \sim 0.04$mm/r，$v =$ 80m/min。

（3）工艺尺寸标准化　零件加工工序之间的尺寸称为工艺尺寸。对需要用定尺寸刀具加工的型面，将各工序的工艺尺寸标准化，加以限用，就能减少大量的刀具、量具的使用。例如对于各种不同孔径的加工，当车、钻、扩、铰孔尺寸统一后，所用的刀具直径便可相应地统一起来，有利于工艺装备数量的减少。

三、工艺术语及符号标准化

多年来，因地区差别、方言不同以及外来语、习惯用语的不一致，造成各行业和各企业的工艺术语使用比较混乱。工艺术语的混乱和不统一，容易造成误解、扯皮、废次品，影响工作的顺利开展。为此，将工艺文件所用的术语和符号进行规范化是十分必要的，它同时也有利于提高工艺文件的编制水平。由于这是一项基础性工作，在开展此项工作时要慎重，编制标准时要有依据[4]。

在“机械制造”和“机械工艺学”的教学过程中，编制机械零件的工艺文件是一项重要和严肃的工作。但由于机械加工工艺语言缺乏标准化，对同一零件来说，在不同的行业、不同的工厂、不同的工程技术人员或学生之间，编制出的工艺文件，除了工艺方法不同外，还有工艺术语上的混乱和错误。这对工艺文件的贯彻产生不利的影响，对具有科学性、严肃性和纪律性的工艺文件来说，上述问题是不应该存在的，这就需要对机械加工工艺术语标准化，使其简捷、准确和通用。

为了更具体地说明现有机械加工工艺语言所存在的问题，现举一个实例来说明，表4-8是某工厂工艺人员编制的机械加工工艺路线表。由表4-8可以看出，该工艺路线在语言上应用不准确，尤其是对加工面的描述用词不规范，使执行者很难根据其语言找出相应的加工面，影响该工艺文件的执行，甚至会造成加工错误，带来不应有的损失。表4-8中工艺路线在语言文字上的不准确应用至少有以下几点：

表4-8 夹头爪工艺路线

工序	工序内容	刀具	量具	设备
1	铣两大平面和相应的头部两平面，保证尺寸12和尺寸20	铣刀	卡尺	铣床
2	铣两小侧面，铣上平面和$R8$圆弧面，保证尺寸12和20	铣刀	卡尺	铣床
3	铣颈部三面，保证$R1$、$R2$，保证尺寸7和尺寸24	铣刀	卡尺	铣床
J	检验			
4	打扣底孔$\phi5$；扩孔$\phi6.2$；钻$\phi7.8$，铰$\phi8_0^{+0.03}$；攻螺纹$M6$	钻头、铰刀	塞规	铣床
4J	检验			
5	铣小圆弧面；铣缝		样板	铣床
6	去毛刺；倒角$C0.5$			
J	检验			

1）“两大平面”指哪两个大平面。

2）“相应的头部两平面”中“头部”是指零件的什么部位；“两平面”又是指哪两个平面。

3）“两小侧面”指哪两个平面。

4）“上平面”指哪个平面。

5）“颈部三面”中的“颈部”在零件上指什么部位；“三面”又指哪三个面。

6）“打”应该是钻；“扣”应该是螺纹，即钻螺纹底孔。

7）“小圆弧面”指哪个圆弧面。

8）“缝”是指什么部位。

显然，一个简单的机械零件，很短的工艺路线竟有这么多的不规范之处。为了说明零件的加工部位和加工面，工艺路线的编制者使用了人格化的“头部”、“颈部”等术语，对具有严密科学性、纪律性的工艺文件来说是不严肃的。这种情况在机械加工行业不同程度地存在着，在高校的工艺教材中也有出现，这对严肃工艺纪律，提高机械加工工艺水平，加强工艺管理和生产管理及对高校学生素质的提高都会产生一定的不利影响。解决的办法就是将机械加工工艺术语标准化。

机械加工工艺术语标准化是一项较复杂的工作，通常，机械加工工艺术语可分为以下三部分：

（1）表示加工性质的语言　如表 4-8 中的“铣”、“钻”和“铰”等，还有经常使用的车、镗、磨、刨等，它们都表示对零件的加工方法，这种语言很容易标准化。

（2）表示加工对象的语言　如表 4-8 中的“两大平面”、“两小侧面”、“上平面”和“颈部三面”等，还有在工艺文件中经常见到的如：大端面、沟槽、斜面、左面和前面等，它们都表示机械零件上需要加工的表面。要使表示这一类加工面的语言标准化比较复杂，但又是完全可以实现的，因为每一加工表面都有其特定的性质和惟一确定的位置。在国家机械制图标准的基础上再建立一些概念和规则等，就可以用比较简单的符号表示机械零件上的加工面。对于图形比较简单、视图和尺寸较少的零件可直接用零件视图上的尺寸或再加上尺寸线的箭头来表示加工面。

（3）工序内容的表述　对一个工序内容的表述，往往随设计人员而定，需要加以规范。例如，表 4-9 给出了规范后的法兰类零件的划线工序内容示例，这里是以先中心后其他、先主后次的顺序，将加工型面出现少的放在最后，使得工艺的修改、编辑方便，工作量减少。

表 4-9　法兰类零件的划线工序内容示例

工序号	工序名称	工步号	工序内容
30	划线	1	按图划两端面中心十字线
		2	按图划周边孔加工中心线
		3	按图划径向孔加工中心线
		4	按图划各螺孔加工中心线
		5	按图划缺口槽加工线

四、工艺文件管理标准化

工艺文件的管理标准应包括工艺文件的会签制度、工艺文件的归档和发放办法、工艺文件的更改办法等。工艺文件的管理标准对于企业的技术管理十分重要，如果忽视了这些标准，在新产品的开发和产品的生产中就不可能做到井然有序，从而造成经济上的损失。

五、工艺装备标准化

开展工艺装备（简称工装）标准化的任务有以下两个方面：

1）采用标准工装和通用工装，减少专用工装数量，用尽量少的工装品种、规格来满足生产上的需要，从而可以避免重复设计，减少工装设计工作量，缩短生产准备周期，降低工装成本。

2）提高自制工装零部件的标准化程度，采用标准的零部件进行工装设计，以保证工装质量，缩短设计和制造周期。为了完成以上任务，必须制定相应的标准，如工装设计管理办法和工装的分类编号方法等，且必须贯彻有关量具、刀具、模具和夹具等方面的国家标准和行业标准。

六、日常的工艺文件标准化审查工作

除了制定一系列工艺标准外，还要搞好日常的工艺文件标准化审查工作，它包括工艺文件的齐套性、正确性和统一性的审查。标准化审查参见 JB/Z 338.7—1988。

（1）齐套性审查　工艺文件的齐套性要求可按产品的技术复杂程度、生产规模和组织管理形式来确定，且必备的工艺文件为：产品零部件工艺路线表、零件工艺规程、装配工艺规程、协作件明细表、材料消耗定额、工时定额、各种工装明细表。工艺文件的齐套性参见有关手册。

（2）正确性审查　各类工艺文件填写内容是否正确，工艺要素使用是否正确，工艺典型化引用以及其他有关标准引用是否正确等，这些都是正确性审查的工作内容。

（3）统一性审查　统一性审查包括产品工艺文件与设计文件的统一，以及有关工艺文件间的一致性和统一性等的审查。如书写格式、文件编号、会签的统一和文件中采用的名词术语的统一等。在进行上述审查中，当标准化人员发现问题时，除了要加以分析之外，还应提出相应的改进意见和要求。

综上所述，工艺标准化为企业科学地、有节奏地生产提供了可靠的依据，是实现优质、高产、低消耗，提高劳动生产率的重要保证，因此应进一步加强这方面的工作。

第四节　数控工艺及其标准化

一、数控工艺概念

随着计算机数控（CNC——Computer Numerical Control）机床，特别是加工中心的发展，为工序集中创造了条件。在加工中心上，一次装夹可以加工以前要用多台、多道工序才能加工完成的内容，有时甚至一次装夹就可以完成零件的全部加工内容，加工出合格的产品。NC 工艺是指在 CNC 机床上加工零件的工艺，它与在普通机床上加工零件的工艺最大的不同之处，在于加工顺序、刀具路径、切削参数等规定得特别详细。

NC 工艺是 NC 加工程序编制的依据。一般一台 CNC 机床上的 NC 零件加工程序都有相应的 NC 工艺与此对应。NC 工艺不仅包括详细描述的切削加工步骤，而且还包括工夹具型号、规格，刀具的主要参数，切削用量和其他特殊要求的内容，以及标有 NC 加工坐标位置的工序图等。为此，NC 工艺也是机床操作工人配置刀具、调整机床和观察加工是否正常的依据。因此，对于单件小批的大型零件的加工，详细的 NC 工艺文件就显得尤为重要。

NC 工艺的特点有两个：①工序少，工步多；②工序、工步内容特别详细，刀具每次切削过程都需详尽描述。例如将在第七章中介绍的 BCAPP—NC 系统中，NC 工艺过程写入两个文件，一个是工艺数据库文件，打印出后如表 4-10 所示，它供 NC 机床操作人员作为调整机床，观察 NC 加工过程用；另一个文件称为格式化工艺过程文件，是系统内部文件，该文件包括待加工表面类型代号、每次切削类型代号（如粗加工分三次，则要三个代号）、切削参数和切削行程长度等，详细内容请见第七章。此文件与待加工表面的几何坐标数据文件都是 NC 加工程序自动生成模块的输入，是 NC 加工程序生成的依据。在表 4-10 所示的工艺规程中，对切削加工描述只详细到粗、半精和精加工，这是按照企业实际要求设计的。

表 4-10　数控加工工艺规程示例

产品名称 6L42		数控加工工艺卡	设备名称	数控铣床		卡编号	W6L42-05-B102-13NC
			图号　1700619	名称	气缸体上平面	共 12 页	第 1 页
工序工步编号	工序内容	简图与操作说明	刀具编号名称	切削参数			
				n/(r/min)	v/(m/min)	F/(mm/min)	f/(mm/r)
1-1	第一次装夹加工	(1)加工准备:在机床工作台上,安装工夹具,放置等高垫块,机架下平面向上,下面板排气侧面朝向横梁正面,安装在机床上 (2)加工内容:机架下平面,下面板排气侧面,后端门框面,前端法兰平面,下面板凸轮侧面 (3)校调要求:在 *X* 方向校直已加工侧面误差小于 0.050mm,检查安装面与垫块的间隙小于 0.030mm,并垫实 (4)加工基准:以下面板凸轮侧面为基准,加工 *YZ* 平面,以前端法兰平面为基准,加工 *ZX* 平面,以机架上平面为基准,加工 *XY* 平面 (5)加工程序:主程序号为: 子程序号为: 程序编制人及日期:					
1-2		装 No.1 附件,用 45°ϕ315mm 粗铣刀盘,粗铣机架下平面按图样留余量 0.5mm,保证其到机架下平面尺寸 654.5mm	T84-JG-015 T84-JG-022	130	130.0	2.5	500.000
1-3		用 45°ϕ315mm 粗铣刀盘,半精铣机架下平面按图样留余量 0.200mm,保证其到机架上平面尺寸 654.8000mm	T84-JG-015 T84-JG-022	130	130.0	2.5	500.00
1-4		用 75°ϕ500mm 精铣刀盘,精铣机架下平面到图样尺寸,保证其到机架上平面尺寸 655.0mm	B-JG-007 B-JG-014	150	150.0	0.1	700.00
1-5		装 No.2 附件,用 88°ϕ400mm 直角铣刀盘,粗铣下平面板排气侧按图样留余量 0.5mm,保证其到下面板凸轮侧尺寸 449.5mm	T84-JG-011 T84-JG-009	130	130.0	2.9	500.00
编制		校对	审核		会签		

二、数控工艺设计标准化

如上所述，NC 工艺不仅是 NC 加工程序编制的依据，而且也是 CNC 机床操作人员调整机床，选用合适的刀具、量具、专用工具以及观察加工过程的依据。为了应用计算机实现 NC 工艺和 NC 加工程序生成一体化，实现 NC 工艺设计标准化和优化是先决条件。NC 工艺标准化就是应用相似性原理，对在较大范围中的相似零件的同一类型的表面加工，在相同的生产条件下实现工序、工步的标准化。标准化内容虽随不同的制造环境有所变化，但主要内容可归纳如下（以船用柴油机箱体零件 NC 工艺设计标准化为例）。

1. 待加工表面类型按切削过程相似性进行归类

表 4-11 和表 4-12 分别表示了船用柴油机箱体零件上的部分平面和米制螺孔类型及其代码。

表 4-11　部分平面类型及其代码

代　号	平面类型
N81	大平面，加工余量 >7mm，表面粗糙度 $R_a = 0.8 \sim 1.6\mu m$
N82	狭长平面（框形面），加工余量 ≤3mm，$R_a = 0.8 \sim 1.6\mu m$
N83	狭长平面，加工余量 >3mm，$R_a = 0.8 \sim 1.6\mu m$
N84	宽长平面，余量 >5mm，$R_a = 0.8 \sim 1.6\mu m$

表 4-12　米制螺孔类型及其代码

代　号	螺孔类型
10	通孔螺孔，无刮平面要求
11	通孔螺孔，要刮平面
12	通孔螺孔，要反刮平面
13	盲孔螺孔，无刮平面要求
14	盲孔螺孔，要刮平面
15	螺孔底孔孔底角度为 118° ±1°，无刮平面要求
16	螺孔底孔孔底角度为 118° ±1°，要刮平面
17	与螺孔同心的阶梯光孔

2. 被加工表面加工顺序优化

有些零件上的某些被加工表面的加工先后次序对零件的加工质量和生产率有决定性影响，为此加工顺序的优化极为重要。一般来说，可以采用两种处理方法：①在预定应达到的零件加工精度和生产率的要求下，根据实际生产条件提出加工顺序的优化规则，然后设计优化排序模块；②若提出优化规则较难，可以根据现场经验制定一个加工顺序表，这种加工顺序表中的内容可以随生产条件的变化而改动。这样的加工顺序表能为今后制定优化原则打下基础。

（1）加工顺序表示例　表 4-13 列出了柴油机机架类零件上部分表面的加工顺序表，该类零件简图如图 4-3 所示。

表 4-13　机架类零件待加工
表面加工顺序表（部分）

顺序	加工内容	顺序	加工内容
1	RMF 机架下平面①	5	钻下部内凸台平面上孔
2	RF 下面板排气侧面	6	翻身
3	RF 下面板凸轮侧面	7	⋮
4	RF 后端门框面		

①　R——粗加工；M——半精加工；F——精加工。

（2）优化规则示例　在某制造条件下，对孔加工顺序的优化规则为：低精度孔先加工，高精度孔后加工；同类精度中，普通孔先加工，阶梯孔后加工；在普通孔或阶梯孔中，小直径孔先加工，大直径孔后加工等。

待加工表面的加工顺序随不同的制造条件而变化，所以应由具体企业中有经验的工艺专家来总结提出。

3. 表面加工链及加工余量分配的确定

表面加工链是指某一类型表面分几步加工，每步加工又分几次切削。具体见如下示例：

示例 1：一个大平面（加工余量 >10mm），它的加工链可以制定如下：第一次粗加工留余量 7mm→第二次粗加工留余量 4mm→第三次粗加工留余量 1mm→半精加工留余量 0.2mm→精加工结束。

示例 2：一个精度比较高的螺孔加工链如下：钻中心孔→预钻→扩孔→锪平面→倒角→攻螺纹。预钻、扩孔、倒角尺寸等应另制定标准。

实际上，表面加工链和加工余量分配随着技术进步或生产条件的改变而变化，所以要考虑今后的变化是必需的。

4. 机床、刀具、工夹具的选择原则或方法的制定

在 CAPP 系统中，机床、刀具以及专用工夹具的规格和尺寸等，一般都以数据库表的形式存放。表结构可参照实际情况设计。制定选择原则或方法的目的是为了选择合适的设备、刀具和工夹具。若选择原则不易确定，则确定选择方法亦是可行的。

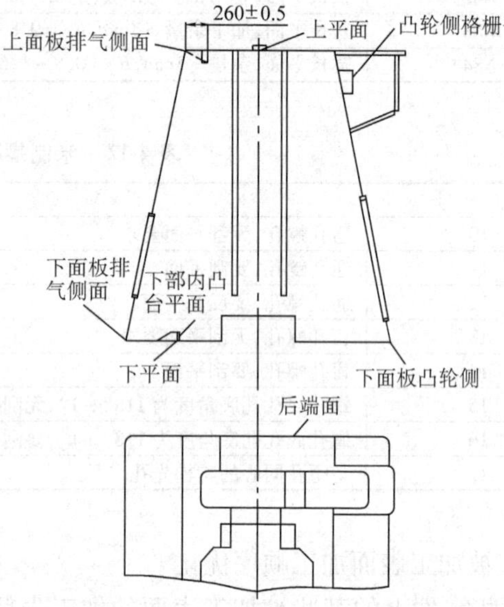

图 4-3　机架类零件简图

5. 常用切削参数的确定

切削参数是一个易变化的因素，其中受刀具材料和几何参数影响很大。若将切削手册上的参数都在 CAPP 中使用，显然是不合适的。确定常用的数据是很必要的，这样可大大缩短搜索时间。因为切削参数变化快，所以提供给用户一个方便修改、增删的途径极为重要。表 4-14 是孔加工用的部分切削数据，在具体 CAPP 系统中，用户可以修改此文件。

表 4-14　切削数据文件示例

被加工材料①	切削类型②	低速(小进给)③	高速(大进给)
10	11	8	8
10	12	0.04	0.06
20	11	10	10
20	12	0.03	0.05
10	21	18	20
10	22	0.35	0.55
20	21	22	24
20	22	0.30	0.50

①　10—铸件；20—钢件。
②　11—钻中心孔切削速度；21—钻孔切削速度；12—钻中心孔进给量；22—钻孔进给量。
③　切削速度（m/min）；进给量（mm/r）。

6. 待加工表面名称统一及代码化

为了使设计人员、工艺人员以及操作人员对同类零件上功能基本相同的待加工表面有一个统一的概念，表面名称统一是非常重要的。代码化是为了便于 CAPP 输入信息的输入和处理。表 4-

15 是柴油机气缸体某加工平面上部分孔的名称及其代码举例，它与相应的工序图对应。

表 4-15　气缸体某面上孔的名称及其代码

代　号	名　称	代　号	名　称
31	缸盖螺钉孔	34	贯穿螺钉孔
32	润滑油管道孔	35	冷却水孔
33	润滑油管道外周联接螺孔	36	冷却水孔两侧联接螺孔

7. 工艺规程格式统一化和规范化

数控工艺规程的格式（表 4-10），对不同的数控机床应力求统一。

8. 工序图格式标准化

对于某些零件来说，零件图非常复杂（如大型箱体零件），所以工序图绘制不能像简单形状的零件那样可用整体形状绘制方法，而采用简略画法。此时，工序图格式要求简明扼要，能用于调整机床和观察加工即可。同时使同类零件工序图的基本形式以及项目内容等标准化，以便于工序图绘制模块的设计。

9. 加工过程描述用语的规范化

加工过程描述用语规范化是使用计算机来生成工艺的一个重要的基础工作。同时用语规范化也能使工艺师、操作工人和生产管理人员之间不仅有比较文明的共同语言，而且也容易互相交流。

以上叙述了数控工艺标准化的步骤，对于不同的制造环境及不同的零件可能有所差别，应按实际情况具体考虑。

工艺设计工作是一个很细致，而且工作量又很大的工作。此工作做好了，能促进 CAPP 的应用，大大缩短工艺准备时间，使企业工艺设计及生产管理工作上一个新的台阶。

复习思考题

1. 工艺设计标准化的意义是什么？
2. 简述工艺设计标准化的概念。
3. 工艺设计标准化的目标是什么？为什么它是开发 CAPP 系统的基础？
4. 常规工艺设计的特点和存在的问题是什么？
5. 工艺设计标准化的内容有哪些？
6. 简述工艺设计标准化的方法。
7. 数控工艺的特点是什么？NC 工艺标准化的主要内容是哪些？

参 考 文 献

1　许香穗，蔡建国主编．成组技术．北京：机械工业出版社，1997
2　吴天林，段正澄主编．机械加工系统自动化．北京：机械工业出版社，1992
3　张纪真主编．机械制造工艺标准应用手册．北京：机械工业出版社，1997
4　王守旭，王维婷．谈谈工艺标准化问题．交通标准化，2000（1）

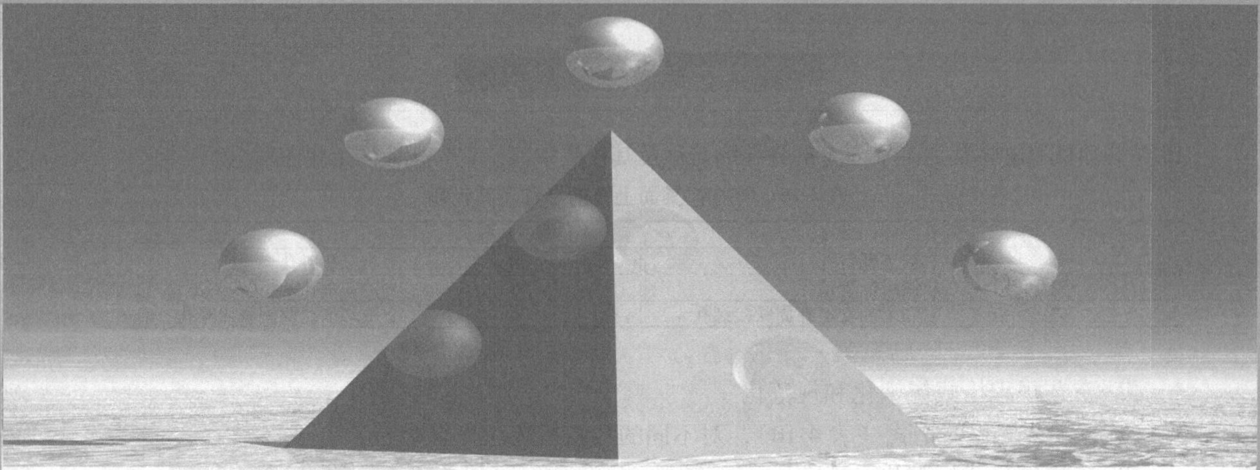

第五章

CAPP 系统的输入与输出

第一节　CAPP 输入信息概述

CAPP 的输入信息就是需要加工零件的制造特征信息，它是 CAPP 系统进行工艺决策生成零件加工过程的依据。

CAPP 所需零件信息最理想的方式是直接从 CAD 系统中提取，它也是 CAD/CAPP 集成的关键技术。CAD 特征建模技术和特征识别技术的研究正是为这一目的而发展起来的，藉以实现 CAD/CAPP/CAM 系统的集成，虽然这一技术已取得很大进展，已有商品化基于特征造型的 CAD/CAM 系统，且也有商品化的 CAD/CAPP/CAM 集成系统，但与真正意义上的集成仍有差距。

本章从制造特征角度来叙述 CAPP 输入信息的概念，并从实用角度介绍了几种常用 CAPP 零件信息描述方式。这些方法仍可在 CAD/CAPP/CAM 集成中作为从 CAD 中提取信息后的信息组织方式，同时也有助于理解集成中的信息传递。

一、特征概念

1. 特征的定义

为了完整地定义机械产品零件，简便的方法是把零件的结构和工艺信息按它们的性质划分成一些信息集合，这些信息集合就称为特征。当特征由设计者用来设计产品时，这些信息集合称为设计特征。例如图 5-1 所示零件，它包括长方体、槽、孔 1 和孔 2 四个设计特征。为了描述这些特征，必须给出每个特征的尺寸和形状、精度和表面粗糙度及材料（包括热处理等）信息，所以设计特征可以分为形状、精度和材料特征。

对于编制加工工艺规程来说，所关心的是零件上待加工表面的信息。若图 5-1 中的零件所有表面都由机械加工成形，则它们由六个平面，一个槽和两个孔构成；按特征概念，它们是零件的制造特征。将图示零件的制造特征与设计特征相比较，槽和孔是相同的，但设计特征长方体被分解成六个平面。为了描述这些制造特征，也必须给出每个特征的尺寸和形状、精度及材料特性，所以制造特征也分为形状、精度和材料特征。应指出的是，在编制工艺规程时，还需要待加工表面的名称、专用工具代号等，这些称为辅助信息集合，简称辅助信息。一个零件的制造特征大部分内容可以由设计特征转换而来，而制造特征中的辅助信息，则是制造特征所特有的。

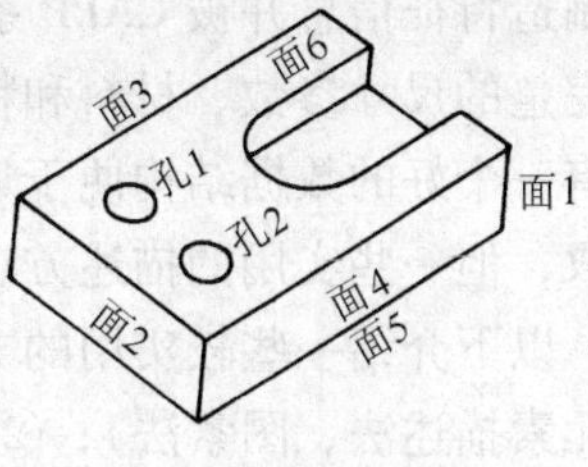

图 5-1　设计特征和制造特征示例

2. 特征技术

在目前的商品化 CAD 软件中，不论是线框造型、面造型和实体造型，都是以数学和几何为基础的，一般是只能输出底层几何信息，如点、线、面及其坐标位置信息。这样的 CAD 系统无法提供 CAPP 所需要的按特征输出的制造信息，特征建模（Feature Modeling）和特征造型技术经过多年研究与开发，目前已在 CAD 系统中普通应用。而特征识别（Feature Recognition）技术，即从 CAD 数据文件中提取制造特征的技术已取得很大进展，但仍需进一步努力。国际工业技术界对产品模型数据的交换标准（STEP）的研究开发也取得了很大进展，一些商品化 CAD/CAM 系统中已部分应用 STEP 标准。

由于特征本身的复杂性以及从设计特征向制造特征映射的复杂性，所以 CAPP 从 CAD 系统中获取输入信息，人工交互提取方法仍然比较普遍，自动提取方法也在研究应用，但仍不成熟。

二、输入信息的组成

由上述可知，CAPP 系统输入一个零件的信息，是由该零件的一系列制造特征所组成。具体如下：

（1）形状特征——待加工表面的形状、尺寸、几何坐标以及它与其他表面的相互关系。

（2）精度特征——待加工表面的尺寸公差、形位公差和表面粗糙度。

（3）材料特征——材料类型、性质和热处理等。

（4）辅助信息——包括表面在零件上的专用名称，以及零件名称、零件编号、专用工具、加工车间等，它根据用户的不同要求而有所差别。

以上制造特征的内容并不是每一个 CAPP 系统都要全部输入的。例如待加工表面的几何坐标只是在 NC 编程时采用，因此只有需要 CAPP 与 NC 编程集成时才需要输入。在为单独的 CAPP 系统输入信息时可以略去。材料特征在一些具体制造环境中有时也可以用简略方法表达；精度特征在许多情况下只要求表达一个精度等级或表面粗糙度值即可。

三、零件输入信息描述方法和输入方法简述

如上所述，某 CAPP 系统输入信息的详尽程度与具体 CAPP 系统的要求有关。对于检索式 CAPP 系统，一般只要求检索出某零件族的复合工艺，所以只需输入零件的 GT 代码即可，然后交互式对其进行加工内容、尺寸参数和精度等输入和修改。GT 代码通常只能定性地描述一个零件，所以用 GT 代码描述零件是一种简略方式。

对于功能齐全的半创成式或创成式系统，因为要按决策规则生成加工路线和加工顺序，选择机床、刀具和切削参数，并生成工序图等，所以需要详细的待加工表面制造特征信息。

为了将制造信息有效地加以描述并输入 CAPP 系统，对回转类零件和非回转零件，研究人员提出了许多描述方法。但无论哪种描述方法，为了能正确、清楚地表达零件所有待加工表面的制造特征信息并被 CAPP 系统识别，必须具有以下功能：①能区分待加工表面类型并能包括完整的尺寸参数、材料和精度特征信息；②能表达清楚各待加工表面之间的空间关系；③要有一个好的数据结构便于以上数据的存取。虽然当前的主流是 CAPP 输入信息从 CAD 中提取，但一些实用的描述方法对于组织已提取的制造特征信息仍是适用的。

以下介绍一些较实用的方法，它们是：①适合回转类零件的特征表面描述法（也称表面元素描述法、图素法）；②适合箱体零件的按零件各个方位面进行描述的方法（包括方位特征描述法、柔性特征描述法）。

第二节　回转类零件信息描述方法

CAPP 系统的最初开发是以回转类零件为对象的。迄今为止，已开发了很多回转类零件 CAPP 系统，当然也提出了与各种 CAPP 系统相适应的零件信息描述方法。正如上一节所述，不同要求的 CAPP 系统对零件输入信息要求的详细程度也不同，所以相应的输入信息描述方法也有简略和详细之分。对回转类零件信息描述方法，较常用的是 GT 代码描述法和对零件待加工表面进行详细描述的特征表面描述法。

一、GT 代码描述法

待加工零件的制造特征信息是 CAPP 系统生成零件加工工艺的依据。在一些简单的检索式 CAPP 系统中，没有工艺决策，它只要依据零件的 GT 代码检索出内存的零件族复合工艺，然后进行人机交互式修改就能生成零件工艺。在以成组技术为基础的半创成式（混合式）CAPP 系统中，系统首先要根据零件 GT 代码，确定零件所属族（组），并调用相应零件族的复合工艺路线；然后根据输入的待加工表面的详细特征信息，生成零件加工工序，进行工艺过程编辑和优化、计算工序尺寸以及生成工序图等。

如前所述，在用计算机对零件进行辅助编码时，零件 GT 代码生成后，即存在计算机中，所以 CAPP 系统可以直接调用，此时可把计算机辅助零件编码模块看成 CAPP 系统的一个部分。

二、特征表面描述法

特征表面描述法（也称图素法）能够详细描述零件各待加工表面的形状、尺寸、精度和材料等制造特征信息，以满足目前应用广泛的半创成式 CAPP 系统的需求。

1. 特征表面描述法原理

特征表面描述法是将特征分成主特征和辅助特征。主特征是指常用的主要外表面（外圆柱、外圆锥、外螺纹、外花键、齿形等外部特征）和主要内表面（内圆柱、内圆锥、内螺纹等内部特征）。辅助特征是指那些依附于主特征之上的特征（如：倒角、圆角、辅

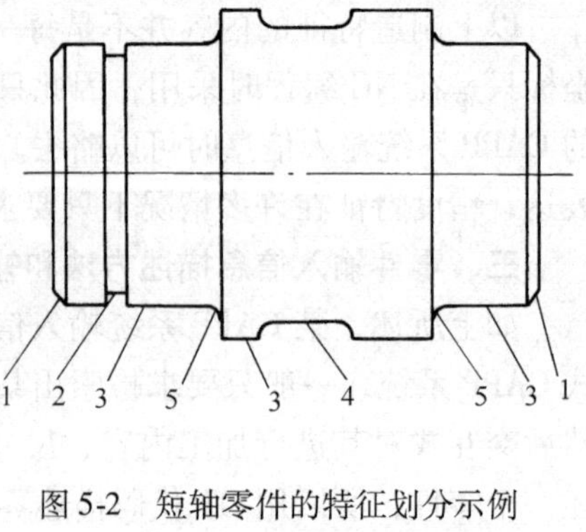

图 5-2　短轴零件的特征划分示例

1—外倒角　2—矩形环槽　3—外圆柱面　4—平面（二）　5—过渡圆弧

助孔、平面、环槽、直槽等)。表5-1给出了部分主特征和辅助特征的示例。将上述各种主特征和辅助特征组合，即可描述不同形状的零件。例如，图5-2所示的短轴零件可根据表5-1中的特征表面划分为三个主特征（都是外圆柱面特征）和外倒角、矩形环槽、过渡圆弧、平面（二）等辅助特征。

利用这种描述方法虽然比较繁琐，但它毕竟可以比较直观、完整、准确地表达零件信息。目前世界上已有不少CAPP系统采用这种方法描述零件特征信息，尤其适合于描述不太复杂的回转类零件特征。

表5-1 特征表面类型及代码示例

代码	表面特征名称		简图	代码	表面特征名称			简图
01	主要素	外圆柱面		53	辅助要素	孔类	轴向均布孔	
02		外圆锥面	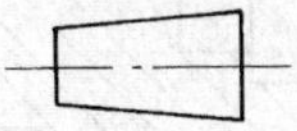	51			中心螺孔	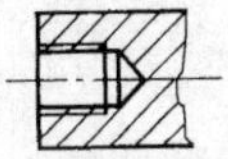
03		外螺纹面	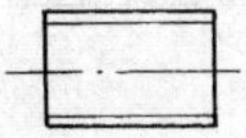	71		面类	六角头面	
12		内圆柱面	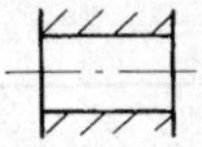	72			对称面	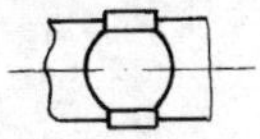
13		内螺纹面	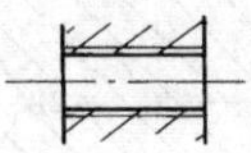	75			平面(一)	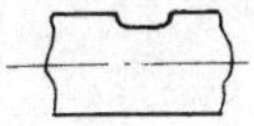
14		齿形	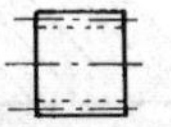	76			平面(二)	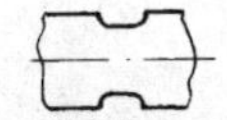
15		内锥孔	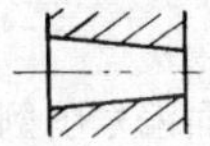	85		槽类	矩形环槽	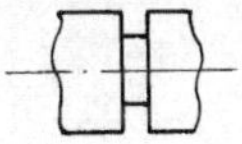
				83			平键槽	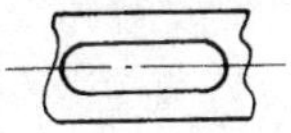
				77		倒角圆弧类	外倒角	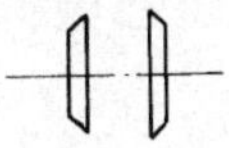
				81			过渡圆弧	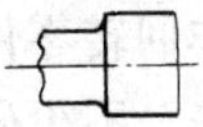

2. 主特征表面的划分与编号

为了组织信息的便利和满足CAPP系统处理信息的需要，在组织零件信息前，必须首先对零件进行预处理，其中包括主特征表面的划分及主特征表面、端面的编号。主特征的划分是按形状、尺寸、精度及表面粗糙度等特征信息把零件分成若干主要特征表面（各主特征还可能包括若干辅助特征)。为了便于CAPP系统的识别与处理，需对构成零件的主特征表面、端面进行编号，其编号的原则可事先约定。例如，对于回转体零件，可先编外表面，后编内表面；对外表面按图样从左到右顺序编号；对内表面仍与外表面连续进行编号，顺序也为从左到右等。对盲孔的情况可作些特殊处理，把内部不通的部分作为一个直径为零的虚拟内表面处理。端面的编号：各特征表面的左端面号与其表面号相一致，右端面号为表面号加1；对最左端的特征内表面其左端面号仍以1标识，最右端的特征内表面，其右端面号以特征外表面的最大右端面号标识。编号示例如图5-3所示，图中圆圈内数字为特征表面编号，不带圈的数字为端面编号，其中图5-3b中表面⑥和图5-3d中表面②为直径为零的虚拟内表面。

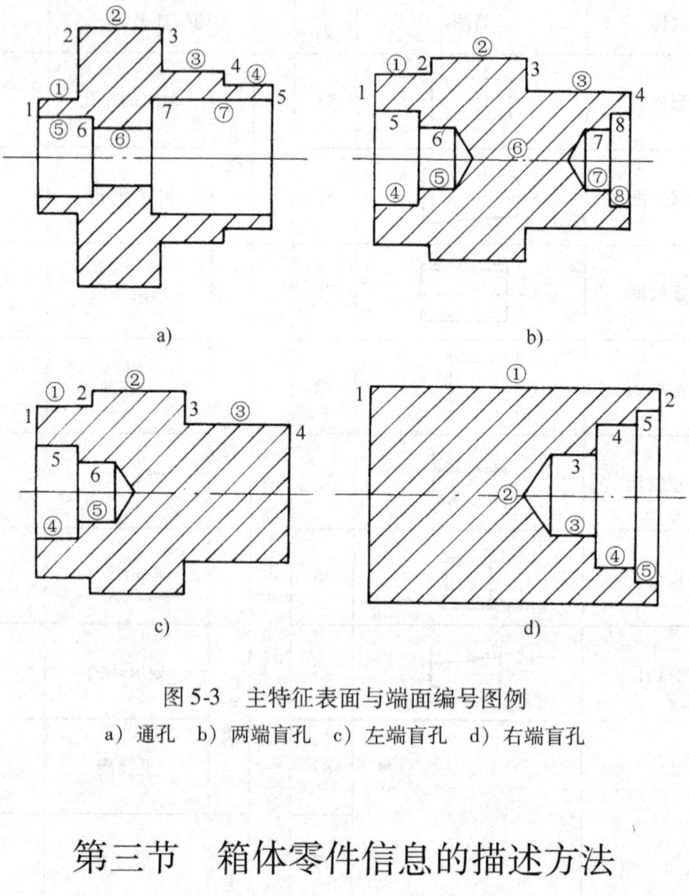

图5-3　主特征表面与端面编号图例

a）通孔　b）两端盲孔　c）左端盲孔　d）右端盲孔

第三节　箱体零件信息的描述方法

非回转零件信息的描述，特别是复杂箱体零件的信息描述，人们对此已作过许多研究，近年来，不少研究者又作了有效的探索，提出了一些描述方法。如十方位描述法、分层特征描述法、方位特征描述法[1]以及特征柔性描述法[2]等。这些方法大多数是用于箱体零件的，并有一个基本点，即从零件待加工表面特征出发，根据工艺生成要求，在保证能完整地描述零件信息的基础上，简化数据结构以达到简单实用的目的。本节将主要介绍方位特征描述法、特征柔性描述法[2]。

箱体零件形状很复杂，要全面描述零件信息相当复杂。但从加工角度分析，它的待加工表面是主要平面、孔、槽等。所以按零件各方位来描述可以简化描述难度，达到实用的目的。

一、方位特征描述法

方位特征描述法是针对箱体零件，特别是墙板零件的结构和工艺提出的。方位特征描述法的基本思想可以概括为三个方面。

1. 以零件各个方位作为基本描述单元

箱体类零件上需加工的表面多，且位置关系相当复杂，难以清晰而方便地描述，因此，简化表面间的复杂关系，以获得清晰的数据信息，是零件信息描述的首要任务。箱体类零件的外形一般呈多面体，其上需加工的表面大都分布在零件外表面上。若把零件分解开来，则每个方向可以单独形成一个“子零件”，每个“子零件”都有待加工表面的制造特征数据。因此，方位特征描述法并不试图从整体上描述零件，而是对零件进行分解，零件的每个方位自成一个描述单元，零件的待加工表面及其参数按照所在的方向进行单独描述，这样可以保证获取零件全部的待加工表面信息，同时也简化了不同方向上待加工表面的位置关系，避免了数据结构的复杂和混乱。

在三维空间坐标系中，任何一个立方多面体各表面所在方向，按其法线方向，不外乎有10 种情况，图 5-4 标出了其中最常见的 6 个方向。

D_1：法向指向 X 轴正向。

D_2：法向指向 Y 轴正向。

D_3：法向指向 X 轴负向。

D_4：法向指向 Y 轴负向。

D_5：法向指向 Z 轴正向。

D_6：法向指向 Z 轴负向。

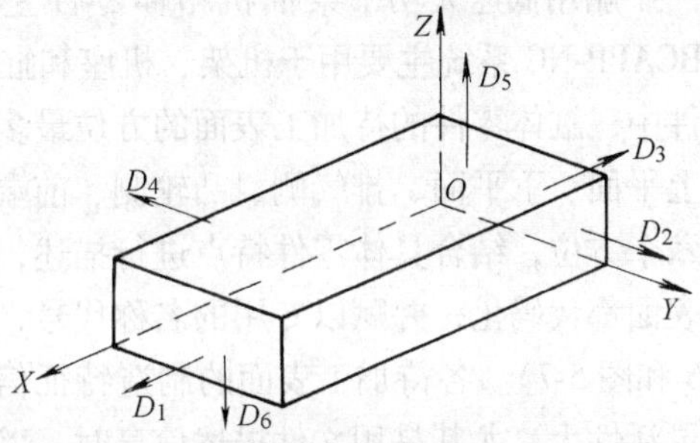

图 5-4 箱体零件的方位

除此之外，还有四个方向：

D_7：法向与 X 轴相垂直，亦即该方向上所有平面皆与 X 轴平行，用平面与 XOY 平面的正向夹角记其方位角。

D_8：法向与 Y 轴相垂直，亦即该方向上所有平面皆与 Y 轴平行，用平面与 XOY 平面的正向夹角记其方位角。

D_9：法向与 Z 轴相垂直，亦即该方向上所有平面皆与 Z 轴平行，用平面与 XOZ 平面的正向夹角记其方位角。

D_{10}：法向与 X 轴、Y 轴、Z 轴皆不垂直，用通过该方向上的平面与 XOY 平面的正向夹角记其方位角。

以上 10 个方向构成了方位特征描述法分解的基础，零件各待加工表面描述将按各个方向进行。

2. 根据直线和圆弧的拟合原理进行待加工表面轮廓描述

零件待加工表面的几何轮廓坐标数据对确定刀具的行程和切削轨迹是必需的。目前大多数非回转类零件的 CAPP 系统在进行零件描述时没有考虑轮廓的描述，其中重要的原因是这些系统没有考虑与数控编程联接的问题。从 CAPP 技术的发展考虑，必然是 CAPP/NC 和 CAD/ CAPP/CAM 一体化，这就要求 CAPP 输入信息中，必须包含有零件待加工表面的轮廓数据，为数控编程提供必要的信息。国外出版的有关 CAPP 的书[6]，已经将 NC 程序作为 CAPP 系统的输出之一。

通过对各种箱体零件轮廓进行分解后可以发现，它们都是由直线、圆弧及其拟合曲线所组成，因此，采用直线和圆弧拟合原理就可以进行待加工面的几何轮廓描述。

3. 采用面向零件特征描述的基本思想完成零件待加工表面特征信息的描述

待加工表面特征信息的描述，是整个制造信息描述的重点。对于箱体类零件，虽然其形状极其复杂，空间位置关系难以描述，但对于工艺设计，并不需要像 CAD 那样完整、准确地描述零件的所有几何结构，而只需要描述出零件那些需要加工的表面及这些表面的空间位置即可，这就是方位特征描述法采用面向零件特征进行待加工表面描述的基本出发点。通过对箱体类零件上各种待加工的表面进行分析，可以把它们归为四类，即平面、外圆柱面、孔、槽等形状特征，针对每种形状特征输入相应的特征参数，通过记录这些特征参数，即可完成零件表面信息的描述。

二、特征柔性描述法

特征柔性描述法[2]是针对船用柴油机箱体零件制造特征信息描述而提出的，已用于 CAPP/ NC 集成系统 BCAPP-NC 中（见第七章）。

船用低速大功率柴油机箱体零件主要有机架、机座、缸体、缸头及链轮箱体等。目前 BCAPP-NC 系统主要用于机架、机座和缸体三大类零件的工艺和 NC 程序生成。在这些箱体零件中，缸体零件的待加工表面的方位最多，所以按缸体零件划分为六个方位单位进行描述，即上平面、下平面、排气侧、凸轮侧、前端面和后端面，如图 5-5 所示。其他箱体零件参照以上六个方位，结合具体零件特点进行描述，其中一个示例见表 5-2、表 5-3 和图 5-7。所有待加工表面都代码化，并赋以专用的名称代号，以便在工艺中能写出实际的名称，方便操作者（图 5-6 和图 5-7）。各待加工表面的制造特征信息，采用字符串形式表达。字符串可以方便地增删，灵活性大，尤其是用文件描述信息时，以便适应各种环境和各种不同用户的需求。

由于同一型号规格的柴油机有很多变型产品，它们大同小异，相似性很大，因此若具有一种型号规格的柴油机箱体零件制造特征信息文件，其他变型产品零件只要对原数据稍作修改，即成为新零件的制造特征信息。我们称以上叙述的描述方法为特征柔性描述法。

1. 孔群加工信息描述

表 5-2 是对某缸体类零件上平面和下平面上孔群制造特征进行描述的例子。其中上平面上孔群与图 5-6 相对应。

由表 5-2 可见，左边部分是 CAPP 输入的有效信息，右边部分是信息注释。有效信息部分中，999 代表一个面上被加工孔描述结束，新的一个面上孔信息描述即将开始，1000 代表文件结束。491、492 是上下平面方位代号，后面的数值是工件调准允差。其他行数据是被加工孔的描述信息，每行描述一类孔，阶梯孔用两行数据描述，如表中第 6、

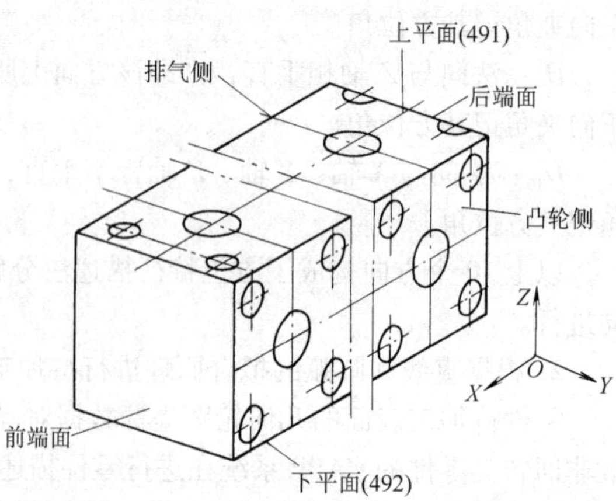

图 5-5　船用柴油机缸体类零件的六个方位单元

7 行描述的是阶梯螺孔。

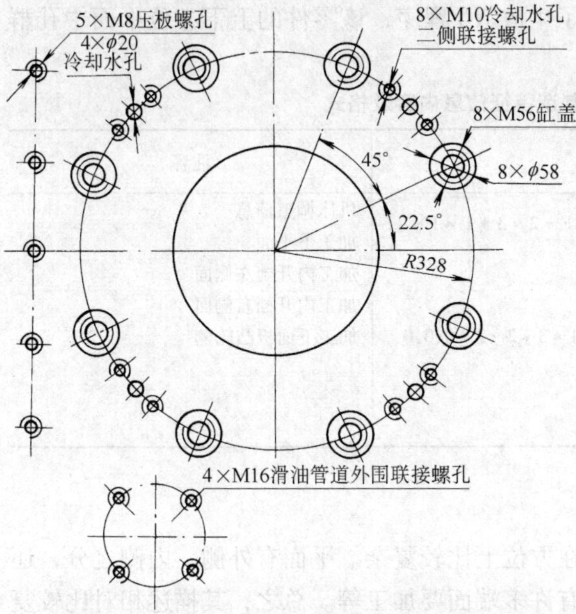

图 5-6 船用柴油机某缸体上平面上孔的分布

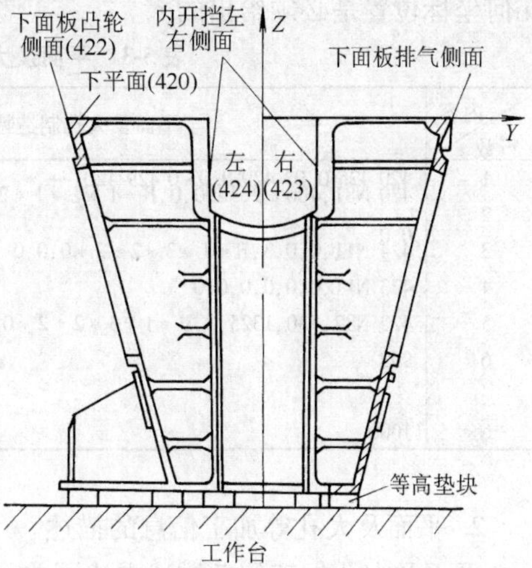

图 5-7 某机架类零件简图

表 5-2 孔群制造特征数据内容和格式

内容 行数	孔群制造特征数据	注释
1	491 0.05 0.03 0.05	上平面,C6L42 气缸体
2	13 8,5,16,0,8,0,0	5 * M8
3	13 10,8,17.5,0,6,0,0	8 * M10
4	13 16,4,26,0,3,0,0	4 * M16
5	53 20,4,50,12,5,0,B	4 * ϕ20
6	15 56,8,125,1.0,1,3 * 609;5 * 610,A	8 * M56
7	17 58,8,25,12,1,0,A	8 * M56(ϕ58)
8	999	上平面上孔群描述结束
9	492 0.05 0.03 0.05	下平面上孔群
10	13 12,8,21,0,22,0,0	8 * M12
11	13 16,6 * 2,33,0,28,0,0	6 * 2 * M16(12 个孔)
12	13 20,6 * 2,42,0,28,0,0	6 * 2 * M20
13	52 33 * 56 * 2.5,2 * 2,35,12,24,2 * 601 * 602,F	2 * 2 * ϕ33(4 个孔)
14	52 33 * 56 * 2.5,48,35,12,23,2 * 601 * 602,F	48 * ϕ33
15	999	下平面上孔群描述结束
16	1000	文件结束

每行数据中，第一项表示孔的类型，如表中 13，15，53，52，17 等；第二项是孔径和刮平面数据，以字符串形式表达；第三项表达孔数；第四项是孔深；第五项表示孔的精度和底径公差；第六项表示孔的名称代号；第七项表示专用工具代号；第八项是图样剖面号。以上信息内容是根据工厂具体情况提出的，对不同企业具体要求可以适当予以变化。

由表可知，主要用字符串描述的灵活性不仅在于数据项数可以增删，而且每项中又可以分成许多子项，信息容量、灵活性很大。为了生成 NC 程序，该零件的上下方位平面中孔群几何坐标位置是必须给出的。

表 5-3　平面及大孔制造特征信息内容及格式

内容 / 行数	平面及大孔制造特征	注释
1	420 425 0.03 429 0.03 0 429 420 一 * 二	机床调整信息
2	420 N81,400 * 2,1590,0,R * 1 * 2 * 1 * 2 * 0;F * 2 * 3 * 1 * 1 * 2,0,0	加工下平面
3	424 N11,0,0,3,R * 1 * 3 * 2 * 2 * 0,0,0	加工内开档左侧面
4	423 N11,0,0,0,0,0,0	加工内开档右侧面
5	422 N82,430,1325,2,R * 1 * 3 * 2 * 2 * 0,F * 1 * 3 * 2 * 2 * 0,0,0	加工下面板凸轮侧
6	999	
⋮	⋮	
N	1000	

2. 平面及大孔等加工信息的描述

平面及大孔加工信息描述方法同前，但在方位上比较复杂。平面有外侧、内侧之分，还有与基准面的尺寸关系；大孔除镗孔外，还有许多端面要加工等。总之，其描述相对比较复杂。下面以图 5-7 所示的零件平面加工信息描述为例作一说明。

表 5-3 与表 5-2 表达信息的方法相同，其左边部分是 CAPP 输入的有效信息，右边部分是信息注释。999 代表零件翻身加工，1000 代表文件结束。

在平面及大孔加工的有效信息中，第一行为调整信息共 9 项数据，其中 0 表示划线找正；小于 0.1 的数字表示调整允差；其他大于 100 的整数代表安装调整中校调和加工基准的代码；一 * 二代表参照简图 1 和简图 2。

其他行数据为待加工平面信息。每行 8 项，第一项为待加工平面代号；第二项为平面属性；第三项为基准面和平面方位；第四项为与基准面之间的尺寸；第五项为 NC 机床用的附件代号；第六项为刀具号；R 表示粗加工，F 表示精加工；第七项为专用工具代号；第八项为剖面号。

由于采用字符串描述，柔性大，所以不仅在系统开发中能适应随问题细化与深入而提出的新要求，也能适应以后因零件变化产生的新要求。

生成 NC 程序时，还需要平面的外轮廓和内腔轮廓的信息。BCAPP-NC 系统采用直线和圆弧以简化方式对以上轮廓进行描述。

第四节　从 CAD 系统中提取零件制造特征信息

目前 CAPP 发展的主流是 CAD/CAPP/CAM/PDM 集成，即 CAPP 系统需要的零件制造特征信息是直接从 CAD 系统中提取，提取方式是自动或交互式或二者的复合方式。

1. 交互方式

交互方式的操作过程是：①显示零件的二维或三维特征造型图，并弹出一个数据输入界面；②工程师根据零件的形状，选取特征后部分信息就自动存入数据表；③补充一些其他信息。

TIPPS（TIPPS——Totally Integrated Process Planning System）是由美国普渡大学开发的 CAD 与 CAPP 集成系统，它用于非回转体零件的工艺过程生成，是一个较早开发的系统，但它的交互方式比较清晰。在 TIPPS 中，待加工表面识别由工艺师完成。TIPPS 能显示轴测零件图形（图 5-8a）和一个表面类型代码表（图 5-8b）。用户首先将光标移至表中，选取一个表面，如 Slot（直槽）代码为 203；然后将光标移至零件上，并让光标落在代码表相对应的表面上。光标移动以及通知计算机已选中的回答信号由鼠标（Mouse）控制完成。一个表面被识别后，相应的代码及其几何和属性数据就被取出并存在数组中。通常还要补充一些其他信息，这视 CAD 系统不同而异。当所有待加工表面被识别之后，这些取出的待加工表面制造特征信息将按一定的格式存在一个数据文件中，供工艺生成时调用。

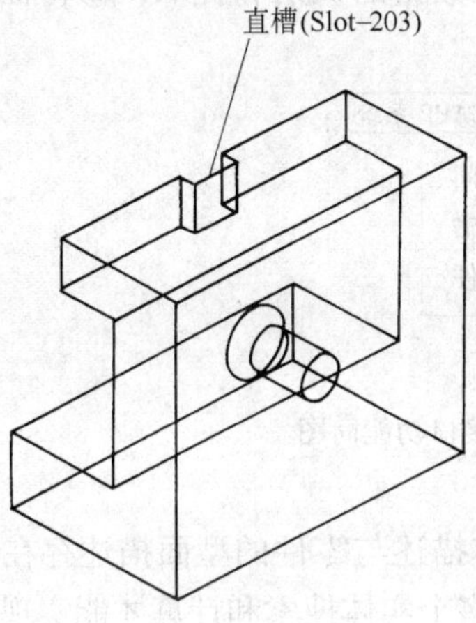

a)

第一码位		第二码位		第三码位	
1	圆柱表面	1	外表面	1	光滑圆柱面
				2	环槽
				3	花键
				4	键槽
		2	内表面	5	螺纹
				6	直槽
				7	内圆角
				8	外圆角
2	非圆柱表面	0		1	平面
				2	台阶面
				3	直槽
				4	燕尾
				5	V 形面
				6	T 或 Y 形槽
				7	型腔表面
				8	方孔
				9	曲面

b)

图 5-8　交互方式从 CAD 中取信息示例

a）零件显示　b）表面类型代码表

2. 自动提取（生成）方式

虽然目前的 CAD 系统都具备了特征造型的功能，但仍需进一步改善。同时设计特征向制造特征的映射研究虽已取得进展，但要实用仍需进一步完善，为此自动提取方式也只能在一些专用系统中有效。

3. 复合方式

由于产品的特征千变万化，所以由设计特征向制造特征的映射比较困难并还需进一步完善，目前从 CAD 系统中提取零件制造特征信息采用自动与交互二者相结合的方法比较实用。下面以从零件特征造型的 STEP 文件中提取信息与交互相结合方式为例加以说明。

从 CAD 系统中基于 STEP 提取制造特征信息，无论从文献还是从实际应用分析有两种方案：①在商品化 CAD 软件（如 Pro/E 等）中进行二次开发形成适合于具体产品零件的基于 STEP 的特征造型系统的情况[3,4]，将特征设计和特征识别技术相结合，通过映射将设计特征转换成制造特征；②对引进产品，由于直接在商品化 CAD 软件（如 UGII）中进行特征造型形成零件，且目前输出的STEP文件也只有几何信息，因此需要开发制造特征专用提取软件来获取CAPP的输入信息[5]。

（1）基于特征映射的方式　参考文献[3、4]介绍了适合纺织机械零件的基于STEP的CAD/CAPP/CAM集成系统。参考文献[3]叙述了专门开发的基于STEP的特征造型系统；而参考文献[4]叙述了设计特征向制造特征映射。基于特征的设计采用并行工程的思想，在设计阶段就开始考虑工艺与制造阶段特征的划分，有利于集成接口的特征映射。为了在工艺设计时能考虑各种工艺因素（部分在设计中是没有的），引入了“型面特征”概念，型面是几何和工艺信息的载体，以型面特征建立的工艺模型为CAD/CAPP的特征映射奠定了基础。THJWDPM系统的CAD/CAPP集成接口功能简图如图5-9所示。由图可见，接口（STEP中性文件后置处理器）包括：①特征数据的预处理；②特征数据的识别和提取；③特征数据格式转换与输出。

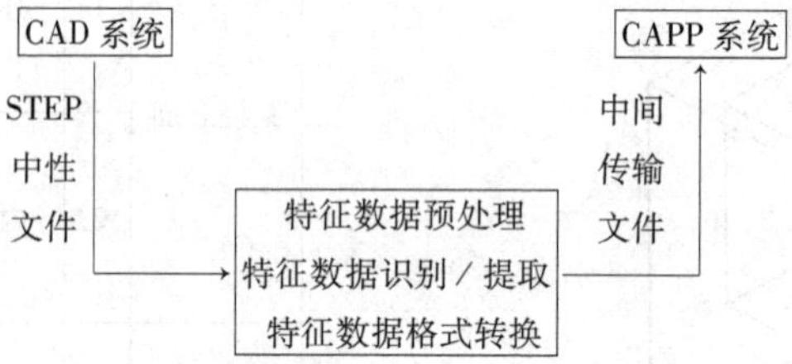

图5-9　THJWDPM系统CAD/CAPP集成接口功能简图

STEP中性文件对特征的描述是层层嵌套的，特征实体描述与零件的型面描述存在着一定的映射关系——直接和间接映射。间接映射则必须通过多个实体搜索和计算才能实现，如平面法向量等。由于相同的特征具有相同和固定的映射关系，集成接口根据制定的JW-AP专用协议采用建立特征映射命令集字典的方法，严格按数据字典操作，可以准确地实现零件特征的提取。该系统能提取通孔、平面和直槽类制造特征。

（2）专用制造特征提取软件方式[5]　商用化CAD软件所输出的船用低速柴油机机架等零件STEP文件中的数据量庞大，关系复杂。面的表示在STEP文件中极其复杂，产品模型的任何微小的更改反映到STEP中性文件的变化也很显著，此外，平面的内、外轮廓的形状也是没有统一性的，故对于平面的信息则不能从STEP中性文件中直接提取。因此，为了既能提取正确有效的数据，又能实用方便，而采用了在UG中通过二次开发、以人工交互的方式给出关键的点来解决平面的几何信息和工艺信息提取问题。

对平面上各种大大小小的各类孔群，其几何信息在STEP中表达的规律性强，一致性也很好，零件的更改对孔群在STEP中的组织结构表达结果几乎没有影响，因此通过从STEP中直接提取孔群的几何数据是非常可靠的。至于工艺信息，由于在商用化CAD软件输出的STEP中性文件中目前仍没有包括，因此也必须通过UG软件的二次开发来提取。

获得各个平面和大量单个孔的几何数据和工艺信息后，就需要匹配平面的几何数据和工艺数据、孔的几何数据和工艺数据，以及匹配孔的信息与面的信息，以确定各个面上待加工孔的类型和数量。基于STEP的平面和孔的制造特征提取流程如图5-10所示。

1）平面的信息提取。由于平面的形状各异，同时对于加工而言，大量平面的细节是不重要的，而重要的就是待加工平面的轮廓范围及其工艺要求，因此以实用为目的，必须进行简化。如：对于机架上平面，其详细的平面形状如图 5-11 所示。由图可见，除孔群（许多小孔）、一个大孔和两个方形腔外，中间一个大的内腔平面是由许多折线组成，比较复杂，所以如果要详细地表达面上每个小细节，其数据结构就极其复杂且对于数控加工来讲也是没有必要的。本系统用矩形、圆形、竖饼形和横饼形作为型面的基本组成元素来简化平面内外轮廓的表达，此例仅出现矩形和圆形。

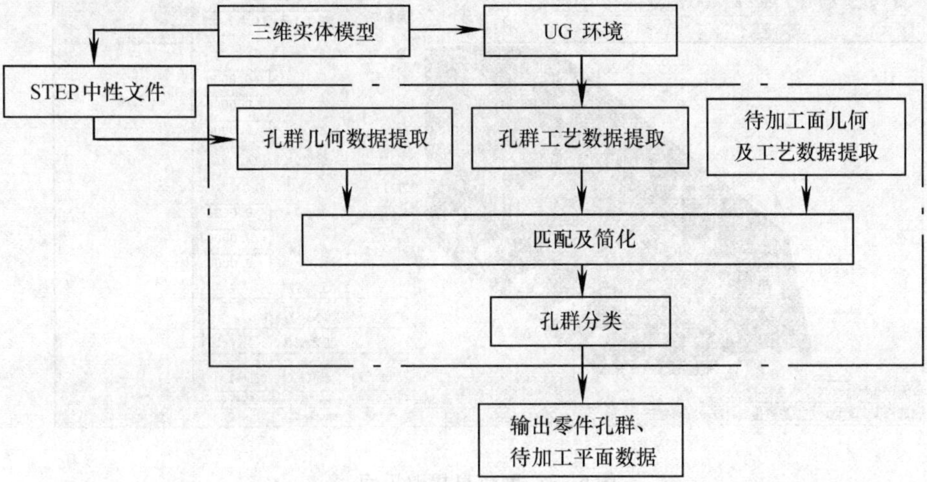

图 5-10　基于 STEP 的平面和孔的制造特征提取流程

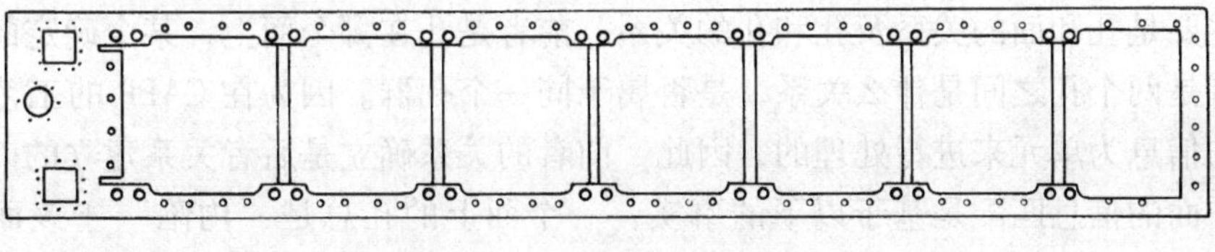

图 5-11　机架上平面轮廓图

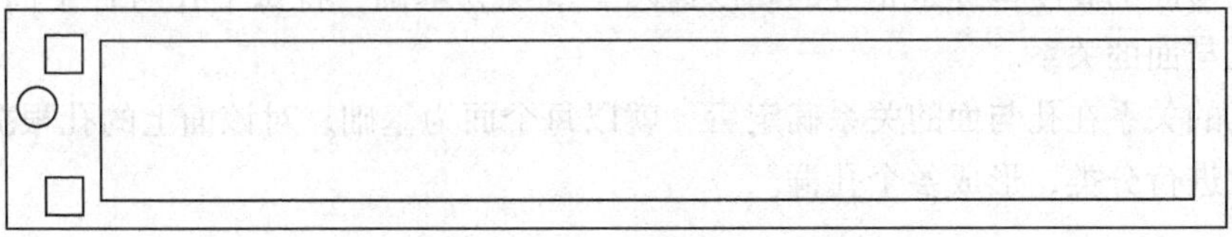

图 5-12　机架上平面轮廓简化图

机架平面轮廓简化后表达如图 5-12 所示。由图 5-12 可见，图 5-11 中的机架外轮廓用一个矩形、内轮廓用三个矩形和一个横饼形表示。在 UG 系统中按先外轮廓后内腔，内腔则先左后右和先下后上的原则将简化后的各个基本几何图形数据交互拾取，并与工艺信息一同存入数据库中，就得到各个面信息的完整表达。在 UG 中进行平面信息提取的示例如图 5-13 所示。

2）平面上孔群信息提取。根据对 STEP 中性文件的分析，现将它对实体的描述分成概念描述层、几何元素描述层 2 个层次。在这样的分类中，几何元素描述层描述纯粹的几何元素数据（例如：笛卡儿点、线、方向等）；而概念描述层是针对一个具体实在的对象（如：实体的某个特定的面、线边界集合等），因此它的结构要随着描述的对象的变化而改变，而本质上描述的是结构。通过概念描述层可以提取出各个孔的形状特征，通过几何描述层可以提取各个孔的几何参数及其孔位数据。

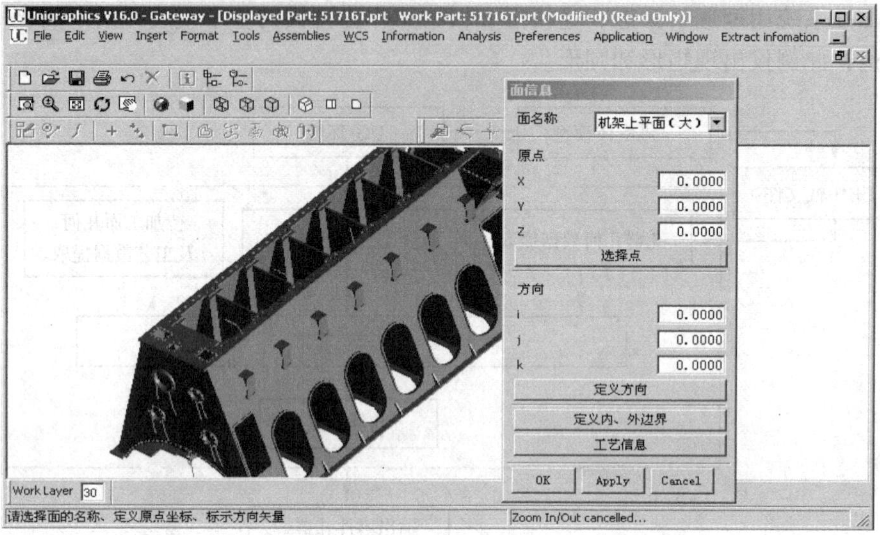

图 5-13　面信息提取界面

平面和孔的几何及工艺信息从 CAD 中获取后，这些信息之间还需要完成关系的建立。这些关系主要是孔和面的关系及孔和孔的关系。前者是孔在哪个面上，某个确定的面上有哪些孔；后者是两个孔之间是什么关系，是否属于同一个孔群。因为在 CAPP 的工艺规程中是以各个面的信息为单元来进行处理的，因此，前者的关系确立是后者关系建立的前提。

孔和平面的信息匹配是基于以下的事实：一个面上的孔总是“内陷”于该面，因此面的法向矢量和该面上的孔的“内陷”方向是相反的；此外，该面上的孔的位置坐标在面的法向矢量上与面的高度坐标是相等的。以这两个事实为基础，将每个孔与各个面进行比较，从而建立孔与面的关系。

孔与孔的关系在孔与面的关系确定后，就以每个面为基础，对该面上的孔根据孔的几何和工艺参数进行分类，形成各个孔群。

第五节　CAPP 系统的输出简述

一般 CAPP 系统输出为工艺规程文件，它是专用格式的表格文件，大多数的输出文件中还需要包含工序图，形成图文并茂的输出。对于 CAPP/NC 集成系统，还要输出零件的数控加工程序。

一、工艺规程

工艺规程的内容一般包括表头信息和零件加工过程描述两部分。表头信息一般包括零件的名称、图号、材料（有时还有零件的 GT 代码）等。零件的加工过程描述包括较详细的加工步骤叙述、工序尺寸、工具、切削参数和机床调整信息等。

工艺规程的格式，通常由企业按具体要求制定，由于对常规工艺和数控工艺要求不一样，所以这两类工艺规程格式也不同，具体示例见第七章。

二、工序图

不同的用户对工序图提出不同的要求，一般来说，工序图应能清楚地表达被加工表面的类型、名称、定位基准、夹紧位置、工序尺寸、对刀点及坐标系统等。目前工序图生成方法一般是用 CAD 系统交互式生成。

三、其他输出文件

从零件工艺数据中，根据企业的不同要求，还可以进行各种数据的汇总，常见的有工夹具汇总、工时定额汇总、物料清单和 NC 刀具汇总等，见图 5-14、图 5-15 和图 5-16 所示。

工夹具清单

产品名称	16PC26 3#-6#	卡编号	GHD 16PC26 3#-6#-087A. 0 A06	部件图号	087A. 0	部件名称	整体机架加工	共 3 页	第 1 页

序号	零件图号	零件名称	工具图号	工具名称	工序	工步		工种	合用零件图号	备注
1	261505-00	整体机架	PC25KJ-133	V 形铁	06	01	3	15 龙铣		
2	026849-00		PC25KJ-134	22. 5°斜铁		02	7			
3	026413-01		PC25KJ-135	13. 5°斜铁		04	2			
4	026416-01		PC25KJ-133	V 形铁	08	01	1	12 龙铣		
5	026414-00		PC26KN-41	接杆	09	01	1	NC 钻床		
6	026415-01		PC-JG-02	M68 * 3 丝锥						
7	026417-00		PC25KL-27	M68 * 3 塞规						
8	026804-00		PC25KL-295	M68 * 3 检验芯棒						
9			W50KR-110	ϕ20. 5 扩孔钻			2			
10			PC25KR-37	ϕ64. 8 扩孔钻						
11			B&W-JG-	ϕ39 高速钻		02	1			
12			PC25KW-93	主轴承螺柱拼纳子	10	03	2	中钳		
13			W60KN-281	测力扳手		04				
14			PC26KN-24	主轴承吊环螺钉		05				
15			PC26KN-242	测力扳手		06				
16			PC26KN-241	增力扳手		07				
17			PC26KN-240	套筒		08				
18			PC26KN-201	液压拉伸器		09				
19			PC25KL-57	照光工具	11	01	6	14 龙铣		

编制		校对		审核	

图 5-14 工夹具清单汇总

工时定额汇总清单

产品名称	16PC26 3#-6#	工程编号	D1187A-90A	部件图号	087A.0	部件名称	整体机械加工	共1页	第1页

序号	生产号	图　号	零件名称	材料	数量	备件	来源	工艺路线								备注
								工序1	工时	工序2	工时	工序3	工时	工序4	工时	
1	10	261505-00	整体机架	组件	1	0	东进厂	划线	42.14	钻床	27.6	东进	0.00	外协	0.00	
		026849-00						划线	35.11	15 龙铣	115.17	NC160	59.30	12 龙铣	54.24	
		026416-01						NC 钻床	43.12	中钳	55.6	14 龙铣	105.36	NC 钻床	106.12	
		026414-00						NC160	130.10	中钳	107.59	打磨	0.00			
		026415-01														
		026417-00														
		026804-00														
2	21	026850-00	支承板	A42AP	1	0	零星	划线	7.02	落地镗	6.00	龙刨	20.00			
3	27	157370-00	底板	CL. B	2	0	零星	划线	1.46	龙刨	10.00	160 镗	6.59	中钳	1.6	
4	36	156964-00	横隔板	A42AP	9	0	东进	划线	0.53	立车	7.22	检验	0.00	划线	0.53	
								钻床	1.08	127 镗	7.36	插床	8.06	划线	2.38	
								160 镗	27.00	龙刨	7.00	127 镗	6.43	11 中心	6.10	
								中钳	1.21	划线	0.53					
5	36	026850-00	横隔板/支承板	焊接件	1	0	东进	划线	22.00	15 龙铣	144.07	划线	19.48	中钳	13.30	
		D1000675-9.1														
		026850-00（组件）	支承板	焊接件	1	0	东进	划线	7.16	龙刨	52.00					

编制		校对		定额	

图 5-15　工时汇总清单

（2003-j810/H/EZF01）　**批生产　物料消耗清单**

序号	产品件号	产品名称	物料牌号	类别	规格	备料尺寸	数量	重量	备注
1	GB/T5781-1986/M8×50	螺栓		标准	M8×50		1		
2	GB/T67-1985/M2.5×20	螺钉		标准	M2.5×20		12		
3	GB/T3452-1992/φ400×5.3	O 形圈		标准	φ400×5.3		1		
4	GB/T93-1987/φ6	垫圈		标准	φ6		18		
5	GB/T93-1987/φ10	垫圈		标准	φ10		6		
6	GB/T97.2-1985/φ10	垫圈		标准	φ10		1		
7	GB/T68-1995/M4×12	螺钉		标准	M4×12		5		
8	GB/T6170-1996/M2.5	螺母		标准	M2.5		12		
9	GB/T848-1985/φ5	垫圈		标准	φ5		2		
10	GB/T848-1985/φ6	垫圈		标准	φ6		18		
11	BG/T93-1987/φ2.5	垫圈		标准	φ2.5		12		
12	GB/T93-1987/φ5	垫圈		标准	φ5		2		
13	GB/T93-1987/φ8	垫圈		标准	φ8		1		
14	GB/T70-1985/M10×50	螺钉		标准	M10×50		6		
15	GB/T67-1985/M6×12	螺钉		标准	M6×12		18		
16	GB/T67-1985/M6×5	螺钉		标准	M6×5		4		
17	GB/T5287-1985/φ8-100HV	垫圈		标准	φ8-100HV		1		
18	GB/T6175-1986/M8	螺母		标准	M8		1		
19	GB/T848-1985/φ2.5	垫圈		标准	φ2.5		12		
20	GB/T67-1985/M5×12	螺钉		标准	M5×12		2		
21	0302-3	T 型板	2A12	原材	t10	230×260	1		
22	0301-15	行程杆	1Cr18Ni9Ti	原材	φ35	385	1		

图 5-16　物料清单

复习思考题

1. 什么是 CAPP 输入信息?

2. 特征的定义是什么? 什么是制造特征? 简述制造特征与设计特征的关系?

3. 什么是特征技术?

4. CAPP 输入信息由哪几个部分组成?

5. 对 CAPP 零件输入信息描述的主要要求有哪些? 常用的描述方法有哪些? 与从 CAD 提取零件制造特征信息的关系如何?

6. 简述目前 CAPP 输入信息直接从 CAD 系统提取的主要方法? 各自的特点?

7. 基于 STEP 的 CAD/CAPP 集成的特点是什么?

8. CAPP 系统输出包括哪些主要内容?

参考文献

1 马卫东, 李培根. CAPP 中箱体类零件信息描述的一种新方法. 械工业自动化, 1991, (2): 24~30

2 赵良才主编. 计算机辅助工艺设计——CAPP 系统设计. 北京: 机械工业出版社, 1994

3 孟明辰, 杨玲, 白连科. 基于 STEP 的特征造型系统. 计算机集成制造系统——CIMS, 1997, 3 (1): 34~38

4 段广洪, 刘丹, 王君英. 基于 STEP 标准的面向对象的 CAD/CAPP/CAM 集成系统的研究与实现. 计算机集成制造系统——CIMS, 1997, 3 (6): 40~44

5 张勇. 基于 STEP 和 Web 的船用柴油机关键零件 CAD/CAPP/CAM 集成关键技术研究: [学位论文]. 镇江: 华东船舶工业学院, 2002

6 H. P. Wang and J. K. Li. Computer Aided Process Planning. Elsevier Science Publishers , 1992

第六章 CAPP 中常用的决策推理和人工智能技术

在 CAPP 集成化、工具化和智能化的发展过程中，工艺方案（或路线）的决策推理和智能技术是关键。工艺过程设计中决策逻辑的常用表达方式是决策树和决策表；而 CAPP 专家系统涉及知识表达、管理和应用以及推理技术；常用的推理技术是指正向和反向推理。由于工艺过程设计中存在许多不确定的因素或存在多工艺方案等，因此近来模糊评价和推理技术、神经网络和遗传算法，以及智能体（Agent）技术也正在应用于 CAPP。可以相信，多种智能技术的综合应用是今后智能化 CAPP 的发展方向。

在工艺过程设计中，主要工作不是计算，多数问题的求解过程，难以用数学模型表示。其求解过程是逻辑、判断和决策过程，这正是人工智能技术的特长所在。所以如何将工艺专家们的经验上升为知识，将其存储在知识库中，并开发 CAPP 智能系统进行决策也是当前 CAPP 系统研究的一个重要内容，其中以专家系统形式较为普遍。

第一节　决策表和决策树

逻辑推理技术是指从已有的事实推出新的事实（或称结论）的过程。创成式 CAPP 系统的设计，其核心内容主要是各种逻辑的表达和实现。系统的决策逻辑是创成式 CAPP 系统的核心，它引导程序的走向。在各种 CAPP 系统中，工艺过程设计决策逻辑的表达方式用得最多的是决策表和决策树。

一、决策表

决策表技术被用来协助人们进行决策已经很久了。但作为一项设计技术，是在 20 世纪 70 年代初期开始被广泛地应用于软件工程之中。在软件系统的开发阶段，决策表技术为系统设计活动中条件与动作之间复杂关系的描述提供了一种分析、表达以及转化为计算机程序的方法。一个条件动作对，是事物活动的一条逻辑判断，我们通常称之为一条规则。决策表技术与专家系统问题领域的知识表达（如产生式系统的规则表达法）相比具有相似的一些特点，在一定的条件下它们可以相互转换。一个关于车削加工的决策可以描述如下：

“如果该圆柱表面有螺纹，还有退刀槽，则进行车外圆、车退刀槽、车螺纹工序”；

“如果该圆柱表面有螺纹，没有退刀槽，则进行车外圆、车螺纹工序”；

“如果该圆柱表面没有螺纹，但有功能槽，则进行车外圆、车功能槽工序”；

“如果该圆柱表面没有螺纹，也没有功能槽，则进行车外圆加工”。

上面的工序计划可以用决策表来表达，如表 6-1 所示。

表 6-1　圆柱表面加工决策表的表示方法

有螺纹	T	T	F	F
有功能槽①			T	F
有退刀槽	T	F		
车退刀槽、车外圆、车螺纹	×			
车外圆、车功能槽			×	
车外圆				×
车外圆、车螺纹		×		

① 指不作为退刀槽用的其他功能槽。

一个决策表通常由四个部分组成（表 6-2）：条件根、条件项、动作根和动作项，它们由十字交叉线划分开。在条件根中，罗列着与解决问题有关的条件。而在动作根中，则列举着所有可能采取的动作。在表 6-2 的右上角，即条件项区域中，划分出许多列。每一列中条件项包含一组对条件根所列的所有条件的回答。其中，T 表示条件为“真”，F 表示条件为“假”，而空格则表示“无关”（即此条件不是影响因素）。在动作项中，“ × ”表示执行该动作，而空格则表示不执行，只有这两种可能的结论。只有在条件项一列中的所有条件都得到满足时，才采取动作项中标识的那些动作。回顾一下表 6-1，我们可以看到左上角有关螺纹、功能槽和退刀槽等条件就是条件根，而左下角有关车槽、车螺纹、车外圆等加工方法就是动作根。与此相对应右上角表示条件项，右下角则表示动作项。决策规则可以在决策表中按列找出。

类似于表 6-1 的决策表，条件根部分准确地给出了条件是什么，而条件项只能是真、假或无关。这样的决策表，可称之为基本型决策表，或者称为限定表。

表 6-2　决策表的基本结构

条件根	条件项
动作根	动作项

表 6-3 给出的是一个比较复杂的决策表，它是用来选择利润率的简表。在这张表中，条件项不只是“T”、“F”或空格（无关）这两种取值可能。其中条件根中有两个条件是“批量（件）”和“利润率”，其给出的条件是一个范围，并不是确切的数值或结论。我们把这种决策表称为扩展型决策表（非限定表）。对于扩展型决策表，可以把它变换成表 6-1 形式的基本决策表。如表 6-4 所示，我们可以把“批量和利润率”条件改为明确的条件，从而转换成基本形式的决策表。

表 6-3　利润率选择决策表（非限定表）

是重要箱体零件吗?	T	T	T
螺孔是深孔吗?	T	T	T
批量(件)	≤30	≤30	>30
利润率	>15%	≤15%	<10%
采用进口丝锥	×		×
不采用进口丝锥		×	

表 6-4　利润率选择决策表（限定表）

是重要箱体零件	T	T	T
螺孔是深孔	T	T	T
批量(件)≤30	T	T	
批量(件)>30			T
利润率 >15%	T		
15%≥ 利润率 ≥10%		T	
利润率 <10%			T
采用进口丝锥	×		×
不采用进口丝锥		×	

在决策表中，如果条件部分都是“T”或“F”，并且不含无关的一条规则称为简单的规则，否则称为复杂规则。一条复杂规则可以化简成两个或更多的简单规则，如图 6-1 所示，规则 1 可分解成规则 11 和规则 12，规则 2 也同样可以分解。

规则 1	规则 2
T	T
T	F
	T
F	

分解→

规则 11	规则 12	规则 21	规则 22
T	T	T	T
T	T	F	F
T	F	T	T
F	F	T	F

图 6-1　复杂规则的化简

在建立一个决策表时，必须考虑其中规则的独立性和一致性。如果有两条规则，除了一个条件项两者分别取了“T”和“F”之外，其余的条件项和动作项都相同。这样的两条规则就是冗余规则，或称为重叠规则。对冗余规则，就应该考虑将这两条规则合并，合并后的规则在那个有不同条件的地方变成无关。如图 6-2a 中，规则 A 和规则 B 就存在冗余，即当条件 1 和条件 2 为真时，按规则 A 或 B 都可导致动作 1 和动作 2 的执行。合并后的规则如图 6-2b 所示。其实在图 6-2b 中，还存在另一个问题。当条件 1 和条件 2 为真时，由规则 A′推出动作 1 和 2，而规则 C 则推出动作 2 和 3。这种矛盾称为不一致性，有时也称为二义性，即在相同的条件下，可能导致不同的动作。这也说明有二义性的规则不具备精确度，往往会作出错误的决策。为此，在建立决策表时，必须使表中的任意两条规则都具有独立性，使得惟一的一组条件对应惟一的一组动作，即任两条规则，都不含有相同的简单规则。如图 6-1 所示，虽然左边有两条复杂规则，但化简后可见它们不含有相同的简单规则，即它们相互独立，在运行中就不会发生矛盾。

	A	B	C
条件 1	T	T	T
2	T	T	
3			
4		F	
动作 1	×	×	
2	×	×	×
3			×

a)

合并 A、B →

	A′	C
条件 1	T	T
2	T	
3		
4		
动作 1	×	
2	×	×
3		×

b)

图 6-2　冗余规则的合并及规则的不一致性

在建立决策表时，应注意的另一个问题就是死循环。如果一种动作被用来改变条件，并且重复调用该表时，就可能产生死循环。例如，加工一个圆柱形零件，技术要求是：圆柱面直径 80mm，表面粗糙度 $R_a = 1.60\mu m$，尺寸公差 0.030mm。使用表 6-5 所示的决策表，并且采用反向推理法设计时（成品→毛坯），就会出现死循环的情况。当第一次调用该表时，规则 C 的各项条件首先得到满足，精车被选为"最终工序"，并且表面粗糙度 R_a 改变为大于 $1.60\mu m$，小于 $4.5\mu m$。当第二次调用该表时，规则 B 被选用，所示半精车作为倒数第二步的加工方法。由于规则 B 中没有取半精车的改变表面粗糙度的动作，所以规则 B 在以后的调用中总是被选用，于是便无限次地执行下去，不会得出任何结果。若是在规则 B 的动作项中加上相应的改变表面粗糙度的动作，例如：$6.4\mu m >$ 表面粗糙度值 $R_a > 4.5\mu m$，则表 6-5 便可正确运行，从而按照有关条件顺序地推断出："精车→半精车→粗车"这样一个反向的工艺过程，而实际加工中的顺序正好相反。

决策表的输入是系统获取知识的过程。在输入之前，应把专业领域内的知识归纳抽象成类似于表 6-1 形式的一张或多张决策表。这时决策表的大小变得重要起来。因为太大的决策表，不仅使人们在阅读或解释时不方便，而且会占用过多的计算机存储器，决策效率也降低了。所以，对于复杂的实际问题，决策表可以采用分级结构，一级决策表可以调用一张或多张较低级的决策表，从而使决策表以嵌套式结构实现。

现在国内外的工艺过程设计系统大都采用了决策表技术。由于大部分加工知识都能以"IF…THEN…Process（加工），AND…"规则来表示，因而这种工艺设计可用决策表来执行。一个选择圆柱面加工方法所用的部分决策表如表 6-6 所示。

表 6-5　死循环示例

	A	B	C	D
位置度 >0.2mm	T			
公差 >0.25mm	T	F	F	
4.5μm > 表面粗糙度值 R_a >1.6μm	F	T	F	
6.4μm > 表面粗糙度值 R_a >4.5μm	T	F	F	
表面粗糙度值 R_a >6.4μm	F	F	F	T
粗车	×			
半精车		×		
精车			×	
4.5μm > 修改后表面粗糙度值 R_a >1.6μm			×	
6.4μm > 修改后表面粗糙度值 R_a >4.5μm				
修改后表面粗糙度值 R_a >6.4μm	×			结束

注：零件直径 80mm；表面粗糙度 R_a ≤1.6μm；公差≤0.030 mm。

表 6-6　圆柱面加工决策表

公差≥0.10 mm	T	T	F	F	F	F	T
0.035mm < 公差 <0.10mm	F	F	T	F	F	T	F
公差≤0.035 mm	F	F	F	T	T	F	F
1.25μm < 表面粗糙度值 R_a < 2.5μm	F	F	T	F	F	T	F
2.5μm≤表面粗糙度值 R_a <6.3μm	F	F	F	T	T	F	F
有键槽	T	F	F	T	F	T	T
要求表面处理	T	T	T	T	F	T	F
粗车	1	1	1	1	1	1	1
半精车	2	2	2	2	2	2	2
精车			3	3	3	3	
铣键槽	3			4		4	3
表面处理	4	3	4	5			

注：圆柱直径为 80 ~120mm。

决策表中的一条规则同后面将要介绍的产生式专家系统中的规则有许多共同点，这种技术也是一种典型的表达方法。按动作组相同划分的所有规则集中，任一条规则都可以表示为逻辑系统中的一条操作。由此可见，决策表结构同产生式表示、逻辑表示有许多相似之处。作为表格形式的知识表达，决策表技术有如下几个特点：

（1）自然性　表格形式直观，易于理解，它适合于知识工程师同专家之间的交流。

（2）模块性（易修改性）　决策表结构的系统中，一般都容易建立知识库的检测机制，从而表中的各规则之间易于实现相互独立。这是除了规则结构的独立之外，规则的内容又实现了独立，从而同产生式系统相比较，决策表结构更易于实现规则的增、删和修改。

（3）一致性　决策表结构易于检测各规则之间的冗余和矛盾，知识库易于维护。

二、决策树

决策树是一种带有单个根，并从此根发出多个分支的图。当用于决策时，它的每个分支都传送一个数值或者表达式，如图 6-3 所示。每个分支都表示一个"IF"语句，而一连串的分支则表示一个逻辑"AND"或"OR"。所以，由根到终点的一条路径可以表示一条类似决策表中的规则。动作则列于每个最终分支的末端。

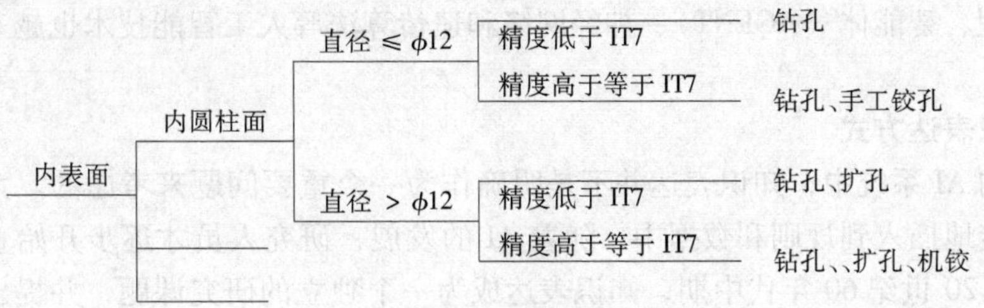

图 6-3 决策树

决策树由一个根和一些节点、分支组成，如图 6-4 所示。根是树的源，且每个树只能有一个根。可是节点可以有若干个，节点的性质与根相类似，只不过它的前面有分支。根和节点都有从它们出发的分支。分支只能有两个逻辑值——真或假。当一个分支在特定情况下为真时，它可以通往下一个节点。节点有两类：互斥的和非互斥的。互斥的节点允许在其后继的分支中至多有一个为真，而非互斥的节点则允许所有的后继分支同时打通。通过运用这两类节点，可以建立一棵决策树来选择动作。图 6-5 表示一个机械加工知识的决策树示例。

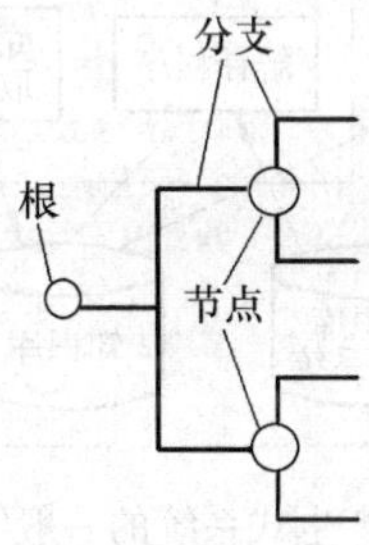

图 6-4 根、节点和分支

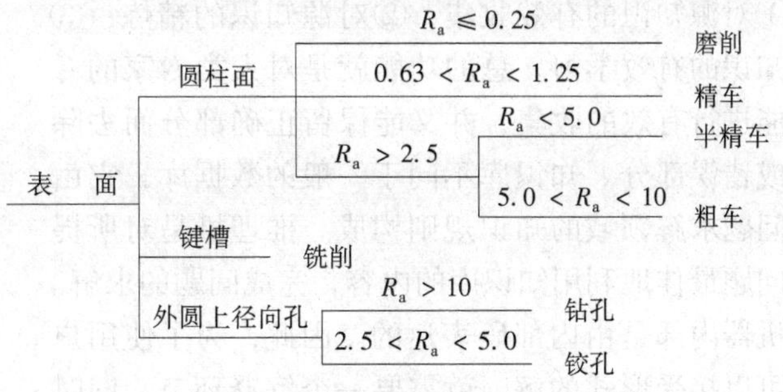

注：R_a 表示表面粗糙度，以 μm 为单位。

图 6-5 选择最终加工方法的决策树

第二节 人工智能技术

人工智能（AI——Artificial Intelligence）是一门新兴的边缘科学，它已引起许多学科的日益重视，并且显示出越来越重要的实用价值。众所周知，无论是问题和系统的任务描述或是知识经验的表示以至推理决策，都离不开知识，因此，研究知识的表达是人工智能的中心任务之一。对于 CAPP 专家系统，需要工艺领域的专门知识，以便让该专家系统能生成具有专家水平的工艺。为此，如何表达、处理和应用知识便成为一个专家系统的关键问题。第四节将对 CAPP 专家系统作进一步叙述。

工艺知识表达方式目前主要采用产生式规则、语义网络和框架。其中产生式规则比较简单易懂，适合人的直觉，是本节重点介绍的内容。所谓推理就是按照某种策略从已有事实和知识推出结论的过程。基本推理技术中的正向推理和反向推理技术广泛地应用于创成式CAPP系统和产生式专家系统中。

工艺过程设计中存在许多不确定的因素和多工艺方案等问题，为了更好地解决这些问题，模糊推理、智能体（AGENT）、神经网络和遗传算法等人工智能技术也越来越多地应用于CAPP。

一、知识表达方式

在早期的AI系统中，知识表达并不是明确作为一个重要问题来考虑的。大多数的系统是将知识间接地插入到规则和数据中。随着AI的发展，研究人员才逐步开始直接考察知识表达的问题。20世纪60年代中期，知识表达成为一个独立的研究课题，并提出了许多不同的表达，从而导致了今天所运用的各种不同形式。其中最著名的是语义网络、一阶谓词逻辑、框架和产生式系统。

产生式系统最初由Post提出，并由Newell和Simon等人进行了深入的研究。最初的产生式系统是作为人类推理模型提出的。它的最大特点是将知识表示成“IF <条件>→THEN <结论>”这样简单的形式。目前，这种方法正广泛地用于构造专家系统。

产生式系统主要由知识获取环节、知识库、推理机、解释环节和知识库管理系统等组成。知识获取环节主要负责收集有用的知识，因此它具有三个功能，即：①对源知识的有效收集；②对源知识的精炼；③对源知识的有效学习。总的功能就是对人类专家的专业技能进行有效的收集，并又能保留正确部分而去除多余或错误部分。知识库不同于一般的数据库，它由描述问题求解领域的知识规则构成。推理机是对所提出的问题最佳地利用知识库的内容，完成问题的求解。解在机器内部是由内部码表达的。因此，为了使用户得到可以接受形式的解，就需要一个解释环节，同时也可以对推理过程中应用的知识进行说明。尽管这个环节没有多少智能而言，但却是专家系统不可缺少的一部分，为了对知识库中的知识进行建立、增、删、修改等，需要有一个知识库管理系统来完成这些功能。典型的产生式系统如图6-6所示。

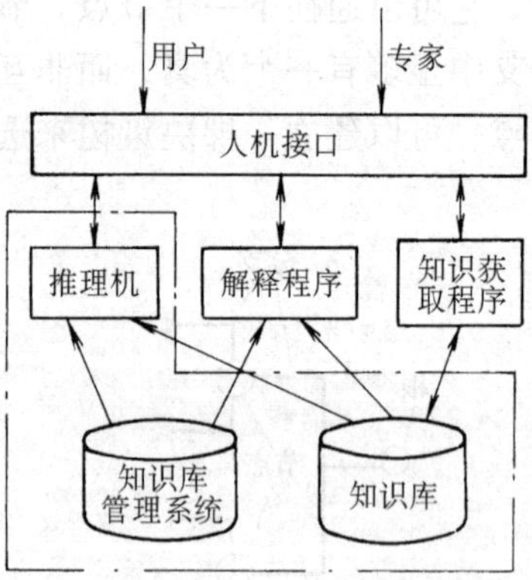

图6-6　产生式系统的一般结构

产生式系统是用规则表达知识，规则的一般形式为：

IF　　〈条件1〉
AND　〈条件2〉
⋮　　⋮
AND　〈条件n〉
THEN　〈结论1〉
　　　⋮
　　　〈结论m〉

在这种形式的每一条规则中，都说明了如果一定的条件得以满足，那么与它相对应的结论就会产生，它也可以称作假设与现实的连接桥梁。目前，国内外的许多专家系统都是采用这种产生式规则来构造知识库，并且取得了成功。产生式规则的应用具有以下几个优点：①这种规则的结构很接近人类思考问题的方式，所以用此方式比较容易从人类专家那里获取专业领域的知识。②由于这些规则是独立的，所以很容易被用户检查、修改和扩充。这就比较容易使系统能从一种环境下去适应另一种环境。③很容易添加一些解释功能，以便观察系统是如何进行推理并得出结论的。这一功能可以方便地用来调试程序，并为用户学习专家的知识提供了帮助。④具有描述不确定知识的能力。一些知识难以定量化，运用置信度的概念，就可以对这些不确定的知识进行描述。

产生式系统的研究是目前AI中的一个重要问题。其他知识表达方式可参考文献［1］。

二、工艺知识表达

工艺设计不仅要用到许多常识性知识，更需要经验知识的支持。工艺经验知识是一种领域（专业）知识，它和待加工零件的种类、设计要求以及生产条件有关。工艺经验知识常用框架或产生式系统表示，后一种方法由于构造简单、便于扩展而得到了广泛的应用。

在产生式系统中，工艺知识可以表示成两部分：

（1）工艺事实　这主要是指零件表面的名称、材料、精度和表面粗糙度以及刀具、量具、机床型号规格等。

（2）工艺规则　它是工艺知识的主体。在工艺设计中，依据工艺事实按规则进行推理，最终能得到加工工艺路线和工序内容等。

下面就工艺事实表达和相互联系加以说明。

1. 独立工艺事实的表达

在产生式系统中独立工艺事实可用（特征、对象、数据）三元素组表示为：

(IDENT	S	CYLINDER)	表面S的名称是圆柱面
(IDENT	S	PLANE)	表面S的名称是平面
(MATERIAL	S	STEEL)	表面S的材料是钢
(ROUGHNESS	S	N)	表面S的表面粗糙度为N
(ACCURACY	S	IT7)	表面S的精度为IT7
(GREAT	S	100)	表面S的主尺寸大于等于100mm

2. 工艺事实之间的联系

独立工艺事实只表示了一部分工艺知识。更多的是组成工艺知识的工艺事实之间相互有联系。而这种联系可以是事实之间联系，或者是组成事实的各元素之间的联系。产生式系统常用关系树表达不同层次的联系。

依据工艺事实或组成工艺事实各元素之间的联系，便于从一些事实查到另一些有关的事实。这对于完成工艺设计过程中的推理、决策是十分重要的。

关系树可用来表示各个事实中对象之间的组成层次关系或过程层次关系。在关系树中，任一节点朝上都只归属于一个相邻节点，但朝下可以分散为若干个相邻节点。由于这个特点，用关系树表示各对象之间存在交叉联系的知识时，可采用多个关系树。图6-7所示为数控（NC）铣削工艺过程设计中部分过程的关系树。

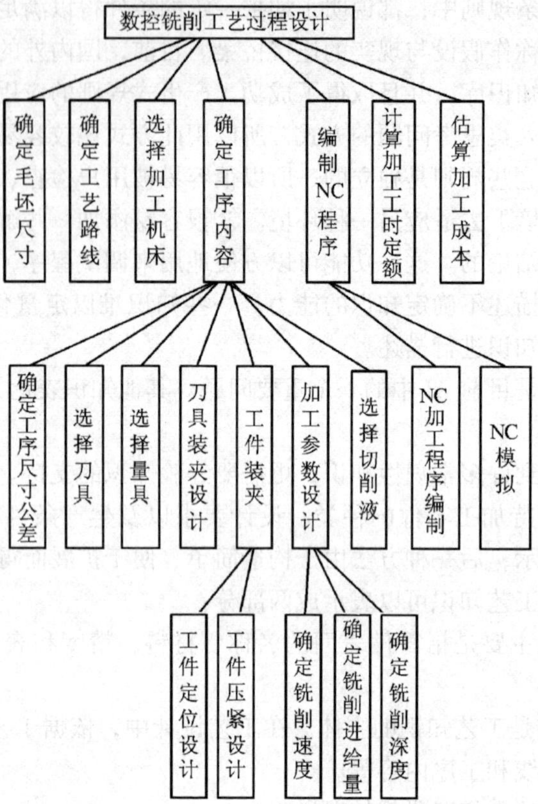

图 6-7　NC 铣削工艺过程设计关系树

三、正向推理技术和反向推理技术

目前，人工智能的研究领域已经极其广泛。在解决复杂的现实世界问题中，人工智能的理论和方法，主要是以专家系统的形式获得了实际的应用。专家系统是一种计算机软件，它能模仿人类专家去解决实际问题。这就要求专家系统具有推理能力，还要有存储专家知识的知识库。前者被称为推理机，它是一组程序，用来控制、协调整个系统工作的。它可根据当前输入的数据（如零件的制造特征、患者的病症等），利用知识库中的知识，按一定的推理策略去解决需要解决的问题。

专家系统的功能来自于对所存储的大量专门知识，恰当地应用有效的推理技术。推理方法不可能完全独立于所要解决的问题种类。但同时推理过程又不能针对某一特定问题，以致在其他场合不能适用。我们所要寻求的推理方法应该是很有效的，同时又可普遍地应用于描述和解决广泛的问题。

因为专家系统是模仿人类专家进行工作，所以在设计推理机时，应使其推理过程和专家的推理过程相类似，最好是完全一致。专家系统中的推理方式有：

1. 正向推理

它是由原始数据出发，按一定的策略运用知识库中专家的知识，推断出结论的方法。这种推理方式，由于是由数据到结论的策略，所以也称“数据驱动策略”。在 CAPP 中，正向推理是指由毛坯推向成品零件，即由毛坯如何一步一步通过加工，最后变成零件。

在正向推理中，所设计的推理机至少要能做如下几件事：①能根据数据库中的数据，知道如何运用知识库中相关知识；②能将运用知识库中的知识进行推理后得到的结论存入数据库，并将用过的知识记录下来（以备解释之用）；③能判断何时结束推理；④必要时向用户提问。

请看下面一条工艺设计中的规则：

IF　　〈表面为外圆柱面〉

AND　　〈等级为 IT8 ~ IT10〉

AND　　〈表面粗糙度为 $R_a \leqslant 0.8\mu m$〉

THEN　　〈选用加工过程为：粗车→半精车→精车〉

可以看出，依据有关数据（表面特征、精度、表面粗糙度），采用这条规则就可以推出加工链。得到的结论加入数据库，并更换有关信息。若是输入的数据不够完整时，可以向用户提问，用户回答后，继续完成推理工作。

2. 反向推理

它是先提出结论（假设），然后去寻找支持这个结论的证据。这种由结论至数据的策略，称为“目标驱动策略”。在 CAPP 中，则是由成品零件通过逐步给各零件表面及中间表面叠加精加工、半精加工及粗加工余量的方法，最后变成毛坯的推理过程。

在反向推理中，所设计的推理机至少要有下述功能：①能提出假设，并能运用知识库中的知识判断假设的真假；②若真，记录下用了什么知识（以备解释之用）；③若假，系统应能重新提出新的假设，再进行判断；④能判断何时结束推理；⑤必要时能向用户询问情况。

在创成式和专家系统的工艺过程设计中，常常是采用反向推理方法。例如，依据零件表面的精度、表面粗糙度和外形，可以确定它的最终加工（如磨削、精车等），这就可以定出最后一道工序的有关数据（如加工余量、公差等）。然后，再推断出前一道工序可能是半精车并确定该工序的有关数据。依次一直倒推下去，直到毛坯，从而选出毛坯材料的有关数据（尺寸、公差等）。通常，工艺设计人员设计工艺时，就是按此过程进行的。

综上所述，我们可以看出正向推理和反向推理在 CAPP 中应用的差别：前者对毛坯进行推理加工，逐步获得所需零件；而后者则是对所需的零件逐步进行添加加工余量，最终获得毛坯尺寸。在实际使用中，也可以把正、反向推理技术混合运用。

应指出的是：在应用规则进行推理过程中，由于工艺过程受多种因素的制约，同时工艺过程是多方案的，为此，规则的冲突和消解是推理过程中需解决的比较突出的问题。简单的推理方法在找到一个适合的规则后就不再进行下一步的搜索，但这样就不可能获得优化的方案。很多的研究人员为获得优化的方案做了许多工作，其中包括将其他人工智能技术应用于 CAPP[3~18]。

四、模糊推理技术

1. 模糊数学基础[1,3]

模糊数学是研究和处理模糊现象的科学，它通过隶属度函数来描述事物的渐变过渡。自从 1965 年扎德（L. A. Zadeh）提出了模糊集合的理论以来，模糊理论及其应用的研究发展很快，其应用领域几乎包括了自然科学、社会科学和工程技术的每一个分支。1978 年扎德又提出了模糊逻辑和可能性理论，立即引起了人工智能领域的广泛关注。经过众多研究者的不断努力，模糊逻辑和可能性理论已经得到进一步发展，并在专家系统不确定性推理模型的设计中显示了很强的生命力。

（1）模糊集合的概念及基本运算

1）模糊集合和隶属度函数

设论域为 $X=\{x\}$，对于 $\forall x\in X$，给定了如下的映射：

$$\mu_{\tilde{A}}:X\mapsto[0,1]$$

$$x\mapsto\mu_{\tilde{A}}(x)\in[0,1]$$

则称集合 $\tilde{A}=\{x|\mu_{\tilde{A}}(x),\forall x\in X\}$ 为 X 上的模糊子集合，简称模糊集合。称 $\mu_{\tilde{A}}(x)$ 为 x 对模糊集合 $\tilde{A}$ 的隶属函数，$\mu_{\tilde{A}}(x)$ 在闭区间 [0，1] 中的取值称为 x 属于模糊集合 $\tilde{A}$ 的隶属度，若隶属度越接近于1，则 x 属于 $\tilde{A}$ 的程度就越大，反之就越小。

2）模糊集合的运算

设 $\tilde{A}$、$\tilde{B}$ 为 X 上的模糊集合，则 $\tilde{A}$ 与 $\tilde{B}$ 的并、交、补运算如下：

①并：$\tilde{C}=\tilde{A}\cup\tilde{B},\mu_{\tilde{C}}=\max(\mu_{\tilde{A}}(x),\mu_{\tilde{B}}(x))=\mu_{\tilde{A}}(x)\vee\mu_{\tilde{B}}(x)$

②交：$\tilde{D}=\tilde{A}\cap\tilde{B},\mu_{\tilde{D}}=\min(\mu_{\tilde{A}}(x),\mu_{\tilde{B}}(x))=\mu_{\tilde{A}}(x)\wedge\mu_{\tilde{B}}(x)$

③补：$\tilde{E}=\tilde{A}^{C},\mu_{\tilde{E}}=1-\mu_{\tilde{A}}(x)$

（2）模糊关系、模糊映射、模糊变换

1）二元模糊关系

设 X，Y 为两个论域，在 $X\times Y=\{(x,y)|x\in X,y\in Y\}$ 上的模糊子集 $\tilde{R}$ 称为 X 与 Y 之间的模糊关系，$\tilde{R}$ 的隶属函数表示为 $\mu_{\tilde{R}}(x,y)$。

若 $X=\{x_1,x_2,\cdots,x_m\}$，$Y=\{y_1,y_2,\cdots,y_n\}$，隶属度 $\mu_{ij}=\mu_{\tilde{R}}(x_i,y_j)$ 表示 X 中的元素 x_i 与 Y 中的元素 y_j 的关联程度，则二元模糊关系 $\tilde{R}$ 可以表示成：

$$\tilde{R}=\begin{pmatrix}\mu_{11} & \cdots & \mu_{1n}\\ \vdots & & \vdots\\ \mu_{m1} & \cdots & \mu_{mn}\end{pmatrix}$$

2）模糊关系的合成

设 X，Y，Z 是三个论域，$\tilde{Q}$、$\tilde{R}$、$\tilde{S}$ 分别是 $X\times Y$、$Y\times Z$、$X\times Z$ 上的模糊关系，如果 $(x,z)\in\tilde{S}\Leftrightarrow$ 存在 $y\in Y$，使得 $(x,y)\in\tilde{Q}$ 且 $(y,z)\in\tilde{R}$，则称 $\tilde{S}$ 为 $\tilde{Q}$ 与 $\tilde{R}$ 的合成模糊关系，记作 $\tilde{S}=\tilde{Q}\circ\tilde{R}$。它的隶属度函数为：

$$\mu_{\tilde{S}}(x,z)=\bigvee_{y\in Y}(\mu_{\tilde{Q}}(x,y)\wedge\mu_{\tilde{R}}(y,z))$$

3）模糊映射

设 X，Y 为非空集合，如果存在一个法则 $\tilde{f}$，对于 X 中的任意元素 x，有 Y 的惟一确定的模糊子集 $\tilde{B}$ 和它对应，则称 $\tilde{f}$ 是从 X 到 Y 的模糊映射。记作：

$$\tilde{f}: X \mapsto F(Y)$$

$$x \mapsto \tilde{f}(x) = \tilde{B}$$

4）模糊变换

设X，Y为非空集合，如果存在一个法则$\tilde{T}$，通过它，对于X的任意一个模糊子集$\tilde{A}$，都有Y的惟一确定的模糊子集$\tilde{B}$和它对应，则称$\tilde{T}$是从X到Y的模糊变换，记作：

$$\tilde{T}: F(X) \mapsto F(Y)$$

$$\tilde{A} \mapsto \tilde{T}(\tilde{A}) = \tilde{B}$$

5）模糊映射、模糊关系、模糊变换之间的关系

任给一个从X到Y的模糊映射$\tilde{f}$，可以诱导出一个从X到Y的变换：

$$T_{\tilde{f}}: F(X) \mapsto F(Y)$$

$$\tilde{A} \mapsto T_{\tilde{f}}(\tilde{A}) = \tilde{A} \circ \tilde{B}_{\tilde{f}}$$

其中$\tilde{R}_{\tilde{f}}$是由$\tilde{f}$诱导出的从X到Y的模糊关系。

（3）模糊推理　多维模糊推理的一般模式是：

规则：$if(x_1 \ \ is \ \ \tilde{A}_1) \wedge (x_2 \ \ is \ \ \tilde{A}_2) \wedge \cdots \wedge (x_n \ \ is \ \ \tilde{A}_n) \ \ then \ \ y \ \ is \ \ \tilde{B}$

证据：　$x_1 \ \ is \ \ \tilde{A}_1'$　　$x_2 \ \ is \ \ \tilde{A}_2'$　　$\cdots$　　$x_n \ \ is \ \ \tilde{A}_n'$

结论：　$y \ \ is \ \ \tilde{B}'$

其中，$\tilde{A}_i$与$\tilde{A}_i'$是论域X_i上的模糊集合，$i=1, 2, \cdots, n$；$\tilde{B}$与$\tilde{B}'$是论域Y上的模糊集合。

（4）隶属度函数的确定方法　隶属度函数的确定多带有较浓重的主观色彩，一般都不是惟一的，正确构造隶属度函数是应用模糊数学的关键所在，其中比较实用的方法为[25]：专家确定法、函数分段法、模糊统计法、对比平均法、综合加权法和基本概念扩充法等。

1）函数分段法。若模糊集定义在实数域上，可根据问题性质采用函数分段表示模糊分布，通常隶属度函数的形式为：

$$\mu_{\tilde{A}}(x) = \begin{cases} f_1(x) & x_1 \leqslant x < x_0 \\ f_2(x) & x_0 \leqslant x \leqslant x_2 \\ 0 & \text{其他} \end{cases}$$

其函数$f_1(x)$和$f_2(x)$的确定有赖于实际经验，常用的模糊分布有阶梯形、指数形、正态形、线性形、幂函数形等。

2）综合加权法。对于一个由若干模糊因素复合而成的模糊概念，可以先求出各个因素的模糊集的隶属度函数，再用综合加权的方法复合出模糊概念的隶属度函数。

（5）模糊决策过程　模糊决策过程由模糊化、模糊推理和去模糊化三个部分组成。模糊化是将精确输入转化为模糊输入集合，是通过隶属函数来实现的。模糊推理是通过一定的传播计算来实现模糊输入集合到模糊输出集合之间的映射，一般采用模糊规则推理、模糊综合评判、模糊统计判决等方法来完成。去模糊化则是将模糊输出集合转化为精确输出集合，

其方法有最大隶属度法、模糊质心法、最大关联隶属原则和高斯变换法等。

2. 模糊推理技术在 CAPP 中的应用

从分析参考文献[2～5]可知，模糊推理技术在 CAPP 中的应用主要在工艺方案决策方面，特别是多工艺方案的评价和决策，更显得有效。以下就加工特征与典型加工方案的模糊映射作为应用的具体示例[3]加以论述。

平面加工方案选择时主要应考虑加工材料的性质、形状精度、位置精度和表面粗糙度要求。平面加工的形状精度和位置精度不仅与加工方案有关，而且与机床的几何精度和运动精度有着密切的关系。因此，加工方案决策时，按照被加工材料性质、形状精度和位置精度要求，将不合适的加工方案剔除，然后根据表面粗糙度要求，选择经济的加工方案。

设 M 为加工材料集合，箱体零件常用的材料归纳起来主要有钢、铸铁和有色金属（包括铝合金、镁铝合金等）三大类，$M=\{M_1、M_2、M_3\}=\{$钢，铸铁，有色金属$\}$，加工特征的形状精度等级为 FP，位置精度等级为 PP，表面粗糙度值为 R_a，X 为平面典型加工方案的集合：

$$X=\{X_1, X_2, X_3, X_4, X_5, X_6, X_7\}$$

X_1 = 粗刨

X_2 = 粗刨——精刨

X_3 = 粗刨——精刨——宽刃刀精刨

X_4 = 粗铣

X_5 = 粗铣——精铣

X_6 = 粗铣——精铣——精磨

X_7 = 粗铣——半精铣——粗磨——精磨

建立平面加工方案的模糊映射模型如图 6-8 所示。

其中，$\widetilde{R}_{M\times X}=[r_{M_i(X_j)}]_{3\times7}$、$\widetilde{R}_{FP\times X}=[r_{FP(X_j)}]_{1\times7}$、$\widetilde{R}_{PP\times X}=[r_{PP(X_j)}]_{1\times7}$、$\widetilde{R}_{R_a\times X}=[r_{R_a(X_j)}]_{1\times7}$，$r_{M_j(X_j)}$、$r_{FP(X_j)}$、$r_{PP(X_j)}$、$r_{R_a(X_j)}$ 分别代表按工件材料以及加工特征的形状精度、位置精度、表面粗糙度选择某加工方案的可能性或合理性。

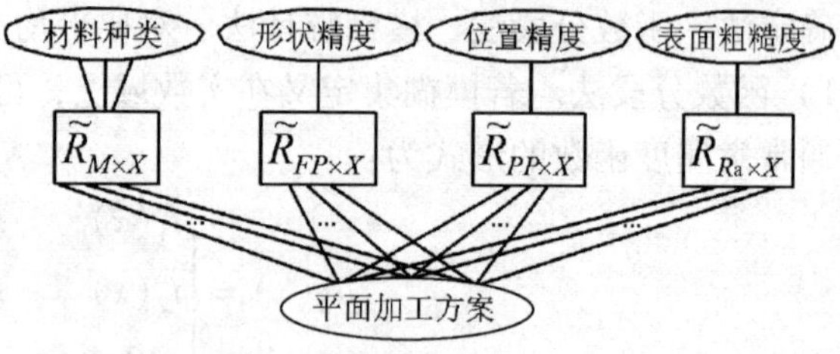

图 6-8 平面加工方案模糊映射模型

（1）材料种类与面加工方案之间的模糊映射　根据典型加工方案的适用范围，加工材料与平面加工方案之间存在如表 6-7 所示的对应关系。

表 6-7 加工材料与平面加工方案之间的关系

方案号	1	2	3	4	5	6	7
钢	✓	✓	✓	✓	✓	✓	✓
铸铁	✓	✓	✓	✓	✓	✓	✓
有色金属	✓	✓	✓	✓	✓		

根据工件材料与平面加工方案之间的关系，定义其模糊映射的隶属度：

$$\tilde{f}_{M\times X}\ (M_1)\ =\frac{1}{X_1}+\frac{1}{X_2}+\frac{1}{X_3}+\frac{1}{X_4}+\frac{1}{X_5}+\frac{1}{X_6}+\frac{1}{X_7}$$

$$\tilde{f}_{M\times X}\ (M_2)\ =\frac{1}{X_1}+\frac{1}{X_2}+\frac{1}{X_3}+\frac{1}{X_4}+\frac{1}{X_5}+\frac{1}{X_6}+\frac{1}{X_7}$$

$$\tilde{f}_{M\times X}\ (M_3)\ =\frac{1}{X_1}+\frac{1}{X_2}+\frac{1}{X_3}+\frac{1}{X_4}+\frac{1}{X_5}+\frac{0}{X_6}+\frac{0}{X_7}$$

由 $\tilde{f}_{M\times X}$ 诱导出 $M\times X$ 上的模糊关系 $\tilde{R}_{M\times X}$ 为：

$$\tilde{R}_{M\times X}=[\,r_{M_i(X_j)}\,]_{3\times 7}=\begin{pmatrix}1&1&1&1&1&1&1\\1&1&1&1&1&1&1\\1&1&1&1&1&0&0\end{pmatrix}\tag{6-1}$$

式中，$r_{M_i(X_j)}$ 表示了工件材料为 M_i 时选择加工方案 X_j 的可能性或合理性程度。

（2）形状精度与面加工方案之间的模糊映射　形状公差等级越大，要求越低，加工中越容易保证。依据加工经验，当被加工特征的形状精度要求高于某加工方案所能达到的形状精度上限时，该加工方案不能保证加工精度要求，该方案被选择的可能性为零；当被加工特征的形状精度要求低于某加工方案所能达到的形状精度下限时，选用该加工方案可以很好地保证加工质量，因此，该加工方案被选择的可能性或合理性为 1；当被加工特征的形状精度要求处于加工方案形状精度下限时，可以很好地保证加工精度要求，那么选择该加工方案的可能性或合理性为 1；当被加工特征的形状精度要求处于加工方案形状精度上限时，需要较好的加工技能，才能保证加工要求，该加工方案可以选用，但选择的合理性应小于 1 。考虑典型加工方案经济精度范围相差不超过 3 级，因此，当加工特征的形状精度要求处于某加工方案的经济精度范围内时，该加工方案被选用的可能性或合理性可在［0.8，1］区间范围内选取。

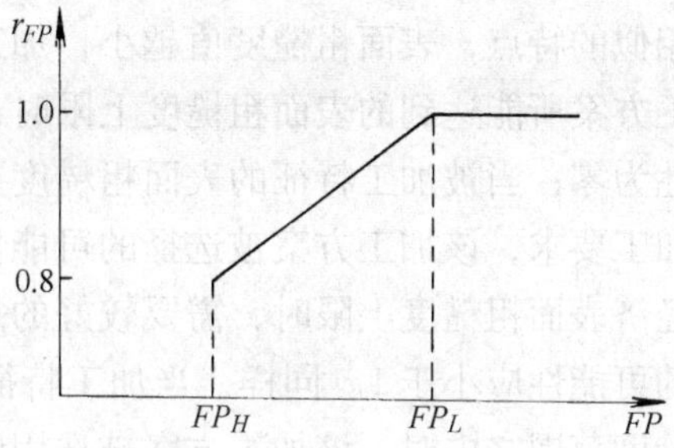

图 6-9　形状精度对加工方案的隶属度函数曲线

设被加工特征的形状公差等级为 FP，某加工方案所能达到的经济形状公差范围为 $FP_H\sim FP_L$，按分段函数法定义形状精度与加工方案之间的模糊映射的隶属函数：

$$\tilde{f}_{FP\times X}:\ r_{FP(X_i)}=\begin{cases}0 & FP<RP_{H(X_i)}\\ 1-\dfrac{FP_{L(X_i)}-FP}{5(FP_{L(X_i)}-FP_{H(X_i)})} & FP_{H(X_i)}\leqslant FP\leqslant FP_{L(X_i)}\\ 1 & FP_{L(X_i)}<FP\end{cases}\tag{6-2}$$

$r_{FP(X_i)}$ 的分布曲线如图 6-9 所示。

由 $\tilde{f}_{FP\times X}$ 可诱导出 $FP\times X$ 上的模糊关系 $\tilde{R}_{FP\times X}$：

$$\tilde{R}_{FP\times X}=[\,r_{FP(X_i)}\,]_{1\times 7}\tag{6-3}$$

式中，$r_{FP(X_i)}$ 表示根据加工特征的形状精度选择加工方案 X_i 的可能性或合理性程度。

（3）位置精度与面加工方案之间的模糊映射　位置精度与形状精度具有相同的特点，设被加工特征的位置公差等级为 PP，某加工方案所能达到的经济位置公差范围为 $PP_H \sim PP_L$，同样可以定义位置精度与加工方案之间模糊映射的隶属函数：

$$\tilde{f}_{PP\times X}:\ r_{PP(X_i)}=\begin{cases}0 & PP<PP_{H(X_i)}\\ 1-\dfrac{PP_{L(X_i)}-PP}{5(PP_{L(X_i)}-PP_{H(X_i)})} & PP_{H(X_i)}\leqslant PP\leqslant PP_{L(X_i)}\\ 1 & PP_{L(X_i)}<PP\end{cases} \tag{6-4}$$

同样，由 $\tilde{f}_{PP\times X}$ 可诱导出 $PP\times X$ 上的模糊关系 $\tilde{R}_{PP\times X}$：

$$\tilde{R}_{PP\times X}=[r_{PP(X_i)}]_{1\times 7} \tag{6-5}$$

式中，$r_{PP(X_i)}$ 表示了按加工特征的位置精度选择加工方案 X_i 的可能性或合理性程度。

（4）表面粗糙度与面加工方案之间的模糊映射　表面粗糙度与形状精度、位置精度具有相似的特点，表面粗糙度值越小，加工要求越高。当被加工特征的表面粗糙度要求高于某加工方案所能达到的表面粗糙度上限时，该加工方案不能保证加工要求，该方案被选择的可能性为零；当被加工特征的表面粗糙度要求处于加工方案表面粗糙度下限时，可以很好地保证加工要求，该加工方案被选择的可能性为1；当被加工特征的表面粗糙度要求处于加工方案经济表面粗糙度上限时，需要较好的加工技能，才能保证加工要求，那么该加工方案被选择的可能性应小于1。同样，当加工特征的表面粗糙度处于某加工方案所能达到的经济表面粗糙度范围之内时，该加工方案被选用的可能性或合理性可在［0.8，1］区间范围内选取。

设被加工特征的表面粗糙度值为 R_a，加工方案所能达到的经济表面粗糙度范围为 $R_{a_H} \sim R_{a_L}$，按分段函数法定义表面粗糙度与加工方案之间的模糊映射的隶属函数：

$$\tilde{f}_{R_a\times X}:\ r_{R_a(X_i)}=\begin{cases}1 & R_a>R_{a_L(X_i)}\\ 1-\dfrac{\log R_{a_{L(x_i)}}-\log R_a}{5(\log R_{a_{L(X_i)}}-\log_{R_{aH(X_i)}})} & R_{a_{H(Xi)}}\leqslant R_a\leqslant R_{a_{L(X_i)}}\\ 0 & R_a<R_{a_{H(X_i)}}\end{cases} \tag{6-6}$$

由于表面粗糙度标准系列近似成等比数列，因此式（6-6）中对粗糙度值取对数。

类似地，由 $\tilde{f}_{Ra\times X}$ 可诱导出 $Ra\times X$ 上的模糊关系 $\tilde{R}_{Ra\times X}$：

$$\tilde{R}_{Ra\times X}=[r_{Ra(X_i)}]_{1\times 7} \tag{6-7}$$

式中，$r_{Ra(X_i)}$ 表示按加工特征的表面粗糙度选择加工方案 X_i 的可能性或合理性程度。

五、智能体（Agent）技术及其在 CAPP 中的应用

（一）智能体理论和技术研究

1. Agent 的历史

自从20世纪90年代以来，网络发展的需求和计算机技术的不断提高，一定程度上为Agent技术的发展和应用提供了良好的基础。人们发现把一些简单的信息系统集合起来，使

之相互作用，可以产生集团智能。这种系统并不提高个体模块的处理能力，而在模块的相互作用上下工夫，以提高整个系统的处理能力，这就是为什么 Agent 迅速兴起的原因。

2. Agent 理论和技术

（1）概述　目前，尽管 Agent 一词被广泛引用，但由于它内涵丰富，其概念叙述仍有争议。Agent 理论和技术涉及 Agent 的定义、特性及其应用领域，参考文献[11～14]对此作了较详细的叙述。由于 Agent 处于多学科交叉领域，它涉及人工智能、分布式计算、网络、数据库等多方面的知识。因此，可以从不同的角度来深入研究 Agent 的特性。

（2）Agent 的定义　关于 Agent 的定义，不同领域的研究者根据各自的需要，对 Agent 提出了不同理解，同时国内表示 Agent 的中文名称有代理和智能体两个。目前关于 Agent 的定义可分为以下几种：

1）代理是持续自主地行动的实体。在人工智能中，代理通常是指在一定的环境中持续自主运行的实体。“自主性”是指代理是其所处环境的主动参与者，由其自身直接控制其行动，并在无意中影响环境；“环境”是一个允许多个代理同时存在不同的过程或同时发生的环境。

2）具有精神状态的实体。Yoav Shoham[15] 认为，智能体是持续自主地运行的实体，这个定义仅是比较清楚而已，不能说明其实质所在。于是他采用拟人的描述，将智能体定义为：智能体可看作是由一系列的精神因素，比如信念、能力、选择、承诺等构成其精神状态的实体。

3）是能够正确使用代理通信语言的实体。在分布式人工智能中，人们提出多代理系统，在多代理系统中，不同的代理相互之间能够使用某种通信语言进行信息交换。代理就是能够正确读写这种通信语言，并且遵守一定的行为约束的实体。

上述三种定义，分别从某种侧面来给出 Agent 的定义：第一种观点可看作 Agent 的特点；第二种观点源于机器人理论的研究；第三种观点主要针对多 Agent 系统中单个 Agent 应具备的功能。

（3）Agent 的特性　如前所述，Agent 的特性也与不同的应用研究领域有关，现从代理和智能两个角度来分析其特性。

1）从代理角度来分析。代理是将 Agent 的作用集中在从用户得到一定的权限委托后，能主动地代理用户处理工作而言的。同时 Agent 作为“计算机社会”的“代理人”应不同于以往被动式的、沉默的技术方式，而应具有人格化的特点。它的人格化特性表现在：

①交互性。这是 Agent 作为代理应具备的首要特点，它包括与用户的交互和与其他 Agent 的交互两方面。Agent 作为代理应具备与用户交互的能力，从用户那里接受指令，根据自己的“经验”为用户提供建议；同时在进行资源查找时，充分与其他 Agent 进行交互，利用已有情况进行判断，以增加灵活性和效率。这种交互本身内涵了一个定义，即 Agent 必须具备主动性。

②自主性。这是 Agent 具有人格化特征的第二个方面，也是为了适应巨大、复杂的分布式网络环境，Agent 作为用户代理而具有的一项基本能力。它的含义包括 Agent 应该能够感知环境，对于预知和非预知的事件作出适时的反应，而且这种反应应属于自身的计算资源和控制机制，由内部机制决定自身的行为。

③适应性。因为网络资源在不断地发展、变化，所以 Agent 应具有适应动态网络、调整自身规程的能力。这也是预知具有人格化的第三个方面。

2）从智能角度分析。Yoav Shoham[15] 认为：行为、信念、义务、决定或选择、能力等精神因素，组成了 Agent 的精神状态。

①行为：行为是预知在某一特定时刻依据其自身信念和当时的精神状态采取的行为；

②信念：信念是 Agent 拥有的信息处理的观点；

③义务：义务是 Agent 之间的承诺或责任；

④决定或选择：决定或选择指 Agent 对几种可能的行为进行判断并从中进行抉择；

⑤能力：能力是 Agent 实施行为的集合。

对信念、决策和承诺的定义以及它们之间的关系叙述如下[11]：

a. 信念（Belief）：对于某一智能体 a 而言的信念是其相信事件 σ 会发生。

b. 承诺（Commitment）：承诺是表达两个智能体之间的关系，如智能体 a 对智能体 b 关于 σ 事件的承诺。

c. 决策（Decision）：决策是对某一智能体而言，如智能体 a 关于 σ 事件的决策等于智能体 a 对自己关于事件 σ 的承诺。

d. 某智能体 a 具有的决策和信念之间的关系：智能体 a 的决策蕴含智能体 a 的信念；反之不成立。

e. Agent 仅仅允诺它相信自己有能力作的义务。

f. Agent 承诺它所采取的包括通信在内的行为。

由此可见，信念和承诺是 Agent 的最基本的精神因素。

从认知的观点分析[16]，知识和信念的概念是有区别的，它是认知的两个不同的阶段，即信念可视为未被证明的知识，具有主观判断的含义，不能继承和传递，而知识是经过实践证明的信念，它能被继承和传递。

在以上的 Agent 特性叙述中，信念是 Agent 的基本特性，它是决策的基础。但从实际应用 Agent 进行决策时，可以调用知识进行直接决策，也可以调用各种知识和数据进行处理，作出分析判断后再进行决策。后者带有“主观”的因素，可视为信念，有待被证明。但前者的决策是前人总结经验知识的继承，无“主观”因素。因此，需对 Agent 的基本特性之一的信念进行细分，即细分为知识（Knowledge）和信念（Belief）两个特性。

通过在 CAPP 开发工具和零件制造性评价中应用 Agent 的实践[10][17]，证明知识和信念两个特性的细分是正确的，是有实际意义的。

（4）Agent 技术　Agent 技术包括硬件和软件技术，但目前绝大多数是指软件技术，即软件 Agent。

1）按 Agent 为代理的定义来划分。软件代理是指具备交互功能、自主性和适应性的程序，它们具有可以进行对话、协商、自我调节的功能。将 Agent 看成“代理人”，从自身、与周围环境的关系和参考准则三方面来划分，结果如图 6-10 所示。

①合作技术。合作技术较复杂，与环境关系不大，此处不作分析。

②构造语言

● Agent 语言是一个用来编制符合 Agent 理论家们所给出的硬件和软件的计算机系统的

语言，在产品设计制造方面还未见应用。

● 传统语言是指 Pascal、C 等语言，目前应用很少。

● 面向对象语言是指 C++、Java 等。因为 Agent 的概念与对象的概念较相近，Agent 与对象共享某些属性，如包装、继承、消息传递。因此，在产品设计制造领域应用广泛。

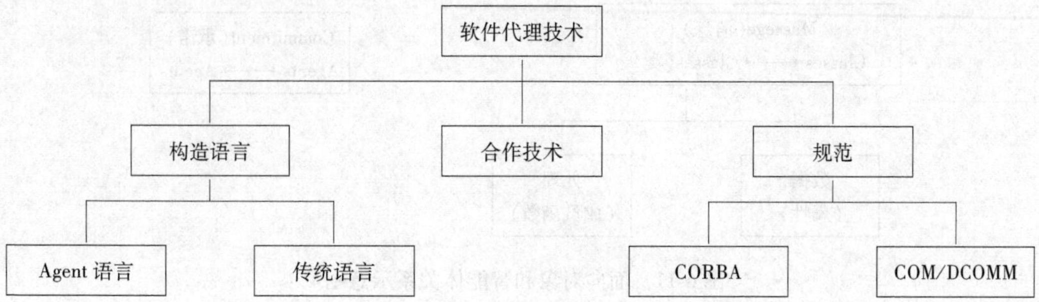

图 6-10 软件代理的分类

③规范。现在，WAN（广域网）和面向对象技术引起了第二代客户服务器变革，它们为大规模客户服务器计算产生了一项新的强有力的方法——分布式对象。分布式对象允许将定义好的接口软件包装进组件，而且组件和对象易于移动，可以在不同的操作系统上运行。

为了使 Agent 更好地适应异构的分布式网络，摆脱服务于特定环境的限制，应该制定相应的规范。目前存在两种规范：CORBA（公共对象技术请求代理体系结构）和 COM/DCOM（组件对象模型/分布式组件对象模型），其中 COM 规范是 Microsoft 推出的。COM 规范定义并提供了客户应用程序和服务器对象的连接机制，连接建立后，客户和服务器可直接通信而不需要 COM 介入。

2）按 Agent 为具有精神状态的实体的定义划分。此时 Agent 是智能体，如前所述它具备承诺、决策等特性。有三种方式可以构造基于 Agent 的计算机系统：传统的基于符号表达方式、反应式及前两者的复合方式。当 Agent 称为智能体时，更侧重于人工智能，所以 Agent 系统构造方式主要是反应式和复合式。

反应式 Agent 构造时强调：①智能性。它由智能体之间相互作用产生，而单个 Agent 是无思考的。②单个智能体是认知主体。它通过动态的对环境的反映来自我学习，以达到积累经验知识的目的[11]。

（二）Agent 的理论和技术应用

由于 Agent 有多种定义，为此研究和应用 Agent 技术的侧重点也有所不同。从应用领域看，主要应用在计算机通用软件开发、产品协同设计、智能数据管理、分布式制造系统和车间控制器构造以及 CAPP 等 。以下就 Agent 在设计制造集成和 CAPP 中的应用作以介绍。

1）认知过程分信念和知识两个阶段，知识是被实践证明了的信念，它可以被继承。我国学者将认知的两个阶段引入 Agent 的特性中，并将智能体和面向对象之间建立了关系，如图 6-11 所示，并将其应用于 CAPP 开发工具中[10]。

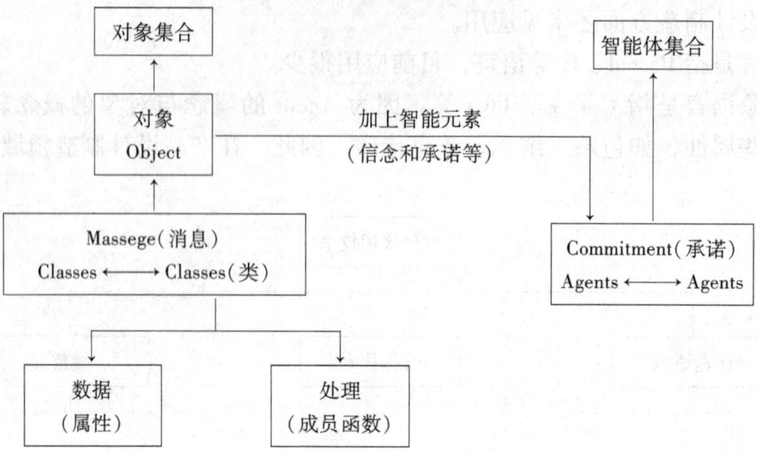

图 6-11　面向对象和智能体关系示意图

当用 CAPP 开发工具构造新一类零件的专用 CAPP 系统时，需生成复合工艺和针对具体制造环境的制造特征的加工链。此外，当某一类零件的制造条件或零件特征有较大变化时也需对原有的复合工艺和加工链进行较大的变动。如图 6-12 所示的智能体组件就是针对这些需求进行设计的。

图 6-12 中的组件由五个智能体组成，即它们是特征加工性能评价、工序排序、工步排序、设备和工具选择以及切削用量选择，用 VC ++ 开发，其工作流程如图 6-12 所示。它们与传统的对象或类的不同之处在于它们具有智能。由图 6-12 还可见，本组件将知识和信念分开处理，使之更符合认知规律，这是与传统的专家系统所不同的。当用经验知识不能处理时（即 If-not deal），反应（Reactivity）触发，智能体用信念进行处理和决策（Decision, Self - commitment），处理结果存入信念库，待验证后就成为新的经验知识并转入知识库。各智能体之间的承诺（Commitment）通过连接进行传递。五个智能体之间的连接一般是一个智能体工作结束就启动另一个，如图 6-12 所示。但是工艺生成过程是很复杂的，所以各智能体之间还需建立其他连接，例如工序排序时采用的加工方法在设备选择时无法实现，此时就要重新激发工序排序智能体进行调整，此过程是反复的。

以上所叙述的智能体组件已用于船用柴油机箱体零件的复合工艺生成等。该组件的输入是某类箱体零件的加工特征数据文件，输出是复合工艺和特征加工链文件，它们都是 VFP 数据库文件。知识库存有特征加工性能评价、工艺排序、设备和刀工具及切削参数等的经验规则；信念库存一些当经验规则不能处理时，要使用的对特征可加工性评价、工艺排序的模糊推理方法和对切削参数的估算方法，以及用这些方法生成的结果（以规则存放）。当这些结果被验证后，它们就转入知识库。上述组件的工作界面如图 6-13 所示，由图可见智能体组件的各种功能。一旦用经验知识不能处理时（即 If not deal），反应（Reactivity）触发，信念库将被调用（图 6-14）。生成的复合工艺如图 6-15 所示。

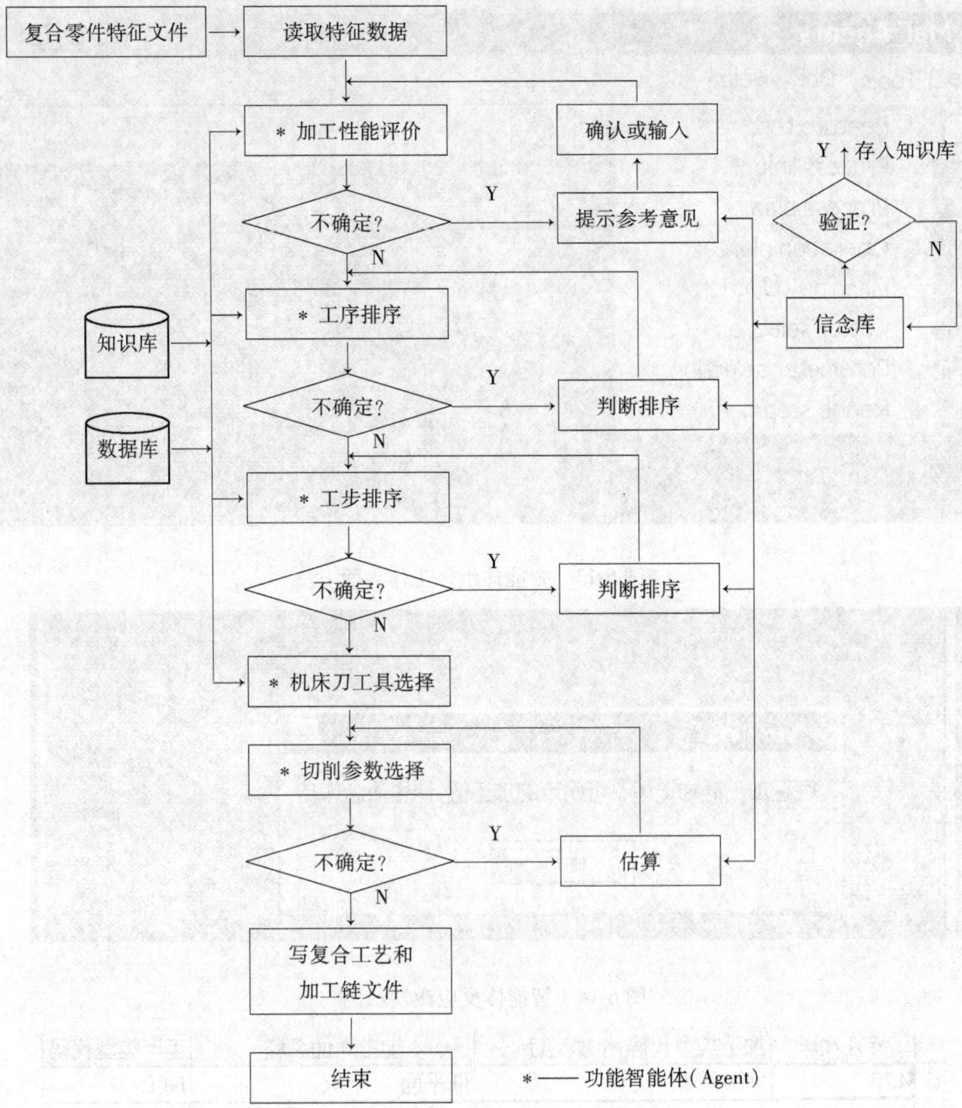

图 6-12 智能体组件在 CAPP 中的工作框图

2）智能体技术在零件制造性能评价中的应用，应与零件设计集成，原型系统的结构如图 6-16 所示[17,18]。

此系统由多个 Agent 组成，采用任务共享的合作模式。采用面向对象的方法可将对象分为协调 Agent 与执行 Agent，执行 Agent 包括产品设计 Agent 和评价 Agent，产品设计 Agent 是指与本研究相连的减速箱变型设计系统。其中评价 Agent 包括：工艺评价 Agent、制造可行性 Agent、经济评价 Agent。协调 Agent 将问题进行初步地划分为多个子问题，并将这些子问题对执行 Agent 进行招标，由执行 Agent 分别完成各个问题，并在协调 Agent 的协调下，系统完成评价任务，系统结构框图如图 6-16 所示。设计 Agent 中的特征建模 Agent 的建立应满足并行设计的零件信息模型，不仅能够接收咨询信息，而且可以接收可制造性评价的反馈信

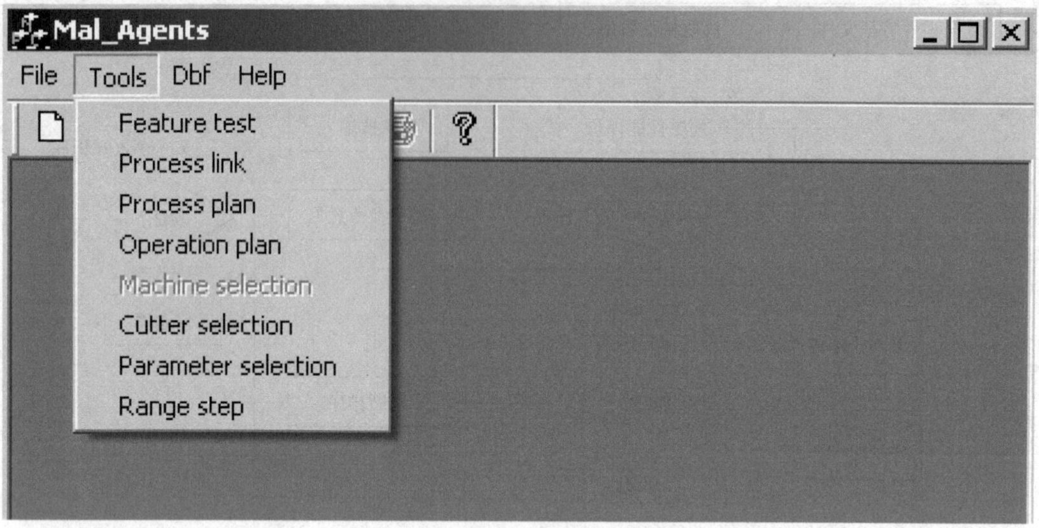

图 6-13 智能体组件工作界面

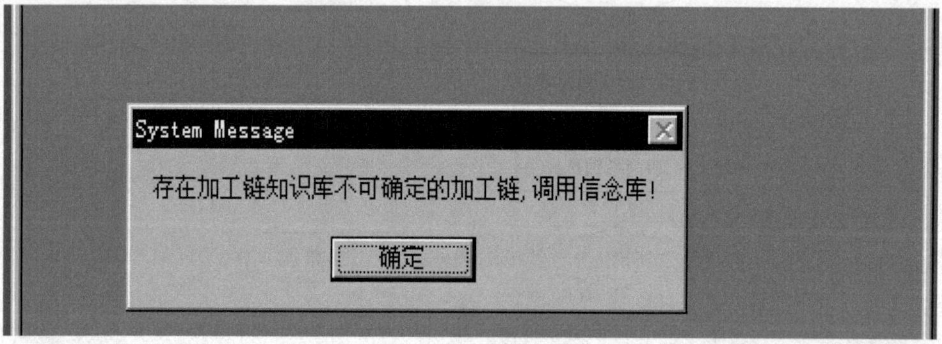

图 6-14 智能体反应激发示例

特征代码	加工类型代码	加工标识	加工表面名称	工产类型代码
420			低平面	N00
400	p14	0	上平面	X00
400	p14	0	上平面	X00
400	p14	0	上平面	X01
405	p10	0	上面板前端面	X00
405	p10	0	上面板前端面	X01
404	p10	0	上面板排气侧面	X00
404	p10	0	上面板排气侧面	X01

图 6-15 生成复合工艺示例

息，同时还可进行零件模型的修改。评价 Agent 其功能之一是对工艺结构的合理性进行评价，并提出修改意见；功能之二是对所生成的多种工艺路线进行时间、成本的综合评价，推荐优选方案；功能之三是对所生成的工艺方案检查在有限的资源下是否可以加工。由图 6-16

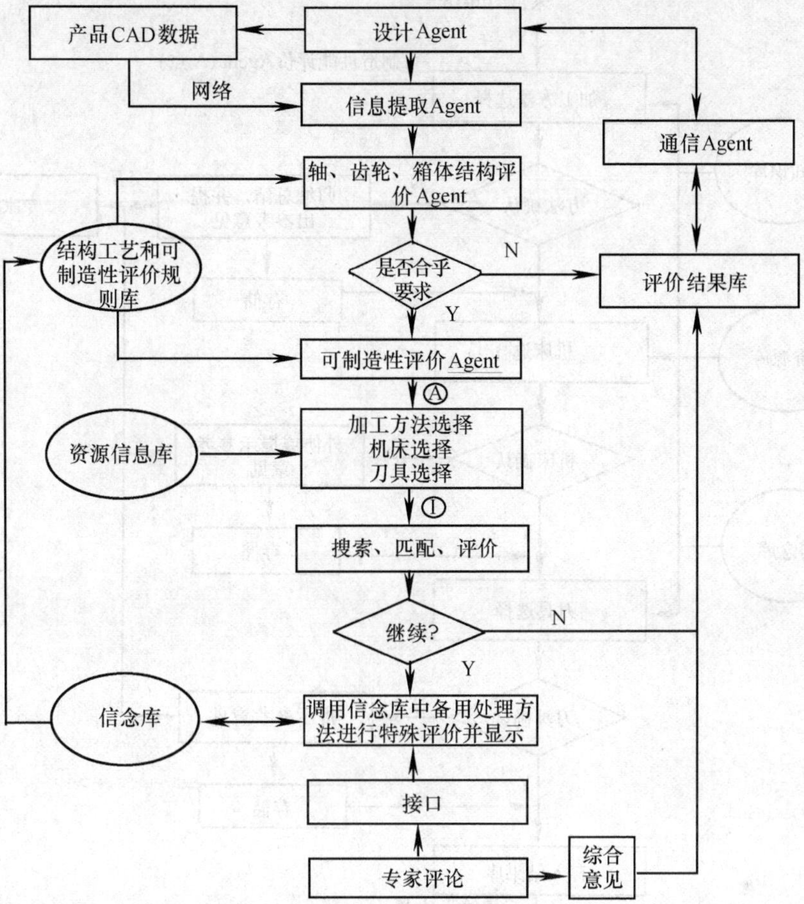

图6-16 原型系统工作流程

可见，对产品的评价需求来自产品设计系统，由通信智能体完成此工作，评价结果也能自动返回设计系统。此外，当产品的复杂程度或制造条件等超出范围时，评价系统可以允许使用信念库中备用方法进行评价，提出建议，同时，制造专家也可通过接口进行干预，综合意见同样可反馈给设计者，专家的意见可以存入信念库，以提高系统的处理能力。知识是经过实践验证的信念，可以继承；而信念是待证明的知识。在原型系统中，规则库中的规则是针对有限的零件和具体制造条件而制定的，所以一旦超出范围后，进行的评价结果，只能作参考，是否有用还有待确认。当然，随着情况的变化，信念和知识（规则）库之间的一些内容可以进行相互转换。

制造可行性评价过程如图6-17所示，是对图6-16中可制造性评价的进一步细化。由图可见，可制造评价主要是加工方法、机床和刀具的选择。如果加工方法、机床和刀具选择都在制造条件范围之中，则结果立即输出并反馈给设计系统。若因条件因素必须采用其他备用方案，则意见显示于屏幕上，由制造专家进行交互干预，用人机交互智能评价方式以确认最好的方案，供设计人员参考。同时系统也可在人机交互中不断积累新信念（或知识）并完善自己。

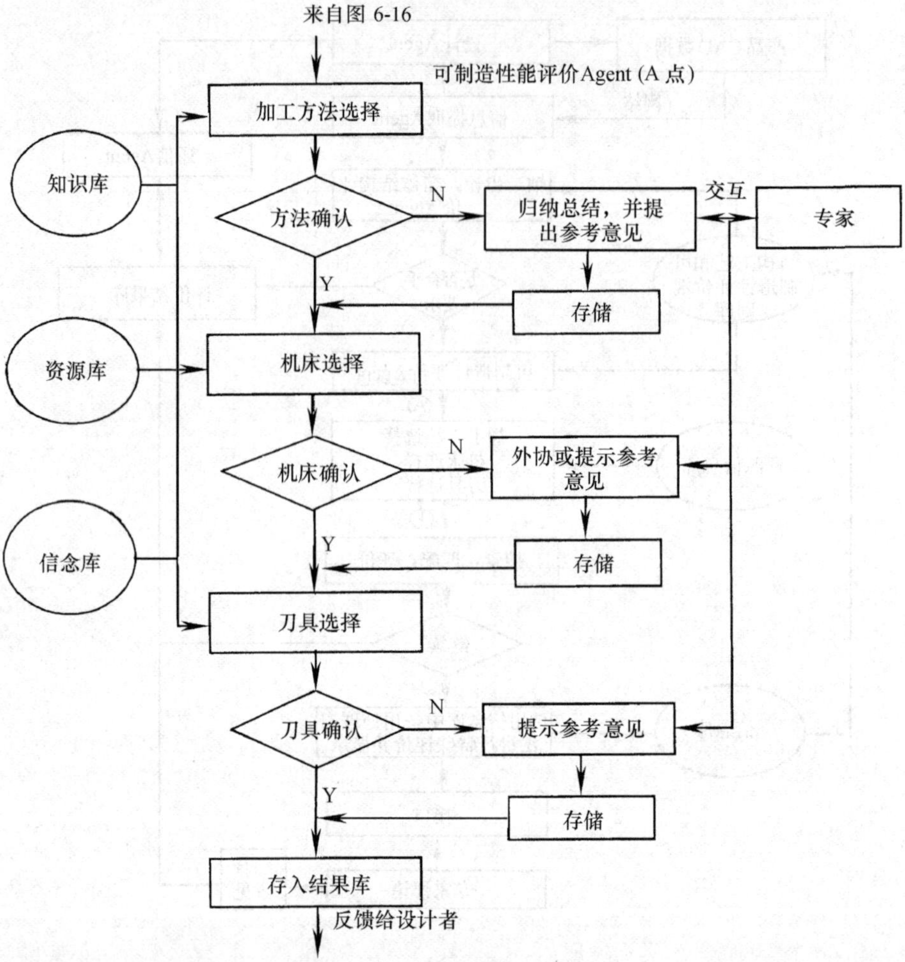

图 6-17　可制造性评价工作过程

3）一个基于智能化的多主体的工艺设计系统 DES-CAPP 能构造具有不同工艺规划知识类型的智能主体，并且可通过这些智能主体之间的相互作用，完成对复杂机械零件工艺规划的设计［9］。

六、遗传算法等其他人工智能技术及其在 CAPP 中的应用

1. 遗传算法的基本原理及其在 CAPP 中应用简述

遗传算法采用模仿生物进化的适者生存原则指导搜索并改进目标，每一个解的质量通过目标函数适应值（Fitness）进行评价，适应值大则遗传的概率高。遗传算法通过三种基本算子——复制（Copy）、交叉（Crossover）、变异（Mutation）实现模拟进化。复制是把种群（Population）的个体（Individual）直接复制到下一代，遗传的概率取决于个体的适应值，个体适应值大则遗传的可能性大；交叉是两个种群的染色体基因通过一定的杂交方法重新组合，一般基因以二进制码来表示；变异是改变某一基因，达到种群的多样性，争取更大的搜索空间。应用遗传算法解决实际问题可归结为以下几点：①设计染色体；②构造问题的适应值；③设计基本算子；④确定算法参数即确定种群规模，复制、杂交和变异的概率，终止原则等的设定。遗传算法作为一种快捷、简便的算法，在各类对象的优化过程中显示出了明显的优势。

基于遗传算法的工艺决策方式和基于遗传算法的加工路线排序方法等方面的研究均已取得一定成果[3,8]，但是，遗传算法在 CAPP 中的应用仍属研究的初期阶段。

2. 人工神经网络技术基本原理

人工神经网络（ANN——Artificial Neural Networks）技术是模仿人脑智能工作方式而设计的一种机器，它可用电子或光电元件实现，也可用软件在常规计算机上仿真。目前已有 BP 网络等商品化软件，所以其应用领域也在不断扩大，其中也有很多应用于 CAPP 中的实例[2,7]。

第三节　人工智能语言与专家系统工具简述

一、Prolog 语言及在 CAPP 中应用简述

到目前为止，Prolog 和 LISP 是两种最重要的人工智能程序设计语言，本节对 Prolog 语言进行简要介绍。

1. Prolog 语言概述

（1）Prolog 语言的发展　Prolog（Programming in Logic）语言是一种以逻辑推理为基础的逻辑型程序设计语言。它是陈述性语言而不是过程性语言。它的思想最早（20 世纪 70 年代初）在英国爱丁堡大学由 R. Kowalski 首先提出，并由 M. Van Emden 作了模型示范。1972 年，Alain Colmeraner 及其研究小组在法国马赛大学研制成功了第一个 Prolog 系统。1977 年，英国爱丁堡大学的 D. Warren 开发了 DEC－10 Prolog 语言，使之进一步完善。

虽然一直想把 Prolog 语言移植到个人计算机，但无论哪个个人计算机版的 Prolog 语言都离真正的 Prolog 语言相差太大，而且执行速度相当慢。然而，自 1986 年美国的 Borland International 公司向个人计算机软件市场推出了 Turbo Prolog 软件，形势急转，受到了个人计算机用户的欢迎。随后，与 Turbo Prolog 语言相配套的 Turbo Prolog Toolbox 也被开发出来，它使 Turbo Prolog 用起来更加便利。现在，Prolog 语言已广泛应用于符号计算的许多应用场合，其中包括关系数据库、专家系统、数理逻辑、抽象问题求解、定理证明和语义学、自然语言理解、结构设计、位置规划和逻辑学、符号方程解决、编译程序编制、生物化学结构、生理学分析和药物设计，涉及了许多人工智能领域。

（2）Prolog 语言的特点　作为一种程序设计语言，Prolog 语言无论是它描述求解问题的方式，还是其语言本身都与一般的程序设计语言有很大的差别。

大家都很熟悉，用一般的程序设计语言，如 FORTRAN、C 甚至 VB、C ++ 等来解问题时需要指明算法，即对一给定的问题要规定一系列计算机执行的计算步骤，告诉计算机“如何做”，而 Prolog 语言求解问题时，要求程序员描述所解问题中的对象和反映它们之间关系的某些已知事实，描述和定义各对象和它们之间关系的某些规则。它强调描述对象（事实）之间的逻辑关系，程度员一般不必要告诉计算机运算执行的先后次序。因此，从只须描述问题本身，而不必描述求解问题的详细计算步骤这一点上来说，Prolog 语言是更高级

的语言。

Prolog 语言是一种不寻常但又非常简单的语言。刚学习 Prolog 语言的人会发现编写 Prolog 程序的方式与用一般的程序语言说明一个算法不同。使用 Prolog 语言的程序员对要解决的问题将考虑两个方面：①在问题中会出现什么形式的事实和关系？②与回答有关的哪些关系为真？

Prolog 语言所用的方法是规定与问题有关的已知事实和关系，并无必要把问题的解看成是一步接着一步的指令序列。实际上，当在计算机上采用 Prolog 语言编写程序时，计算机如何进行计算，从某种程度上取决于 Prolog 语句中所固有的逻辑关系和从给定的事实中可以推论出来的新事实，以及由使用者提供的直接的控制信息。

Prolog 语言提供了一种统一的被称为“项”的数据结构。不但所有的数据，而且 Prolog 程序都是由项构成的。Prolog 程序由一组子句组成，其子句表示关于给定信息的事实，或者表示规则。规则说明问题的解与给定事实如何相关，或者说明如何从给定事实中推论出解。因此，可以把使用 Prolog 语言看成是朝着按逻辑编写程序的最终目标前进的第一步。

Prolog 语言具有如下特点：

1）Prolog 语言是一种描述性语言，用 Prolog 语言求解问题时，只须程序员描述待解问题中的对象及它们之间关系的一些已知事实和规则。它强调描述对象之间的逻辑关系，而不必告诉计算机运算执行的先后次序，即告诉计算机“做什么”，而不是像普通程序设计语言那样告诉计算机“如何做”。

2）Prolog 语言的数据和程序结构统一，Prolog 语言提供了一种统一的数据结构，称为“项”。所有的程序和数据均由项构成，并且都是树型结构。

3）Prolog 语言能够自动实现模式匹配和回溯。这些是人工智能系统中常用的基本操作。用户在 Prolog 语言这一级上不必考虑这个问题。

4）递归是 Prolog 语言的重要特点之一。由于这一特点，一个大的数据结构常常能由一个小的程序来处理。

5）语法简明。Prolog 语言仅有三种句型，语法规则比较简单。

2. Prolog 在 CAPP 中的应用

用 Prolog 编写 CAPP 专家系统，可以首先编制一个输入（或称用户接口）模块，这可以充分利用 Prolog 语言所提供的窗口功能以及色彩功能，使得用户在输入零件信息时十分便利。然后，可以设计知识库，即建立所有本系统要用到的制定工艺过程的规则集。这里可以利用 Prolog 语言的谓词，对每一类规则定义一个规则名称（如用 roughing 代表粗加工、用 finishing 代表精加工、用 aid－i 代表辅助工序等），把相同谓词的规则放在一起，这样在匹配时就可以提高搜索的效率。至于推理机，则是另一组程序，它控制系统运行的进程。例如，对于圆柱类零件的 CAPP 专家系统，其推理机可以包括下列内容：清除动态数据库；调入零件原始信息；安排粗加工、热处理、半精加工、精加工及辅助工序等。也就是说推理机指定了系统利用已知的数据进行规则匹配（寻找答案）的步骤。动态数据库是随机的，仅在每次运行中有效，存放一些中间结论及数据。而推断出的有用结论则放入预定名称（例如以图号命名）的数据文件，以便后续模块调用。

下面列举了几条实现精加工的规则，此规则是用 Turbo Prolog 语言编写的。这些规则是取自一个实用的轴套类零件的 CAPP 专家系统。此处以精加工规则为例简要进行说明。其中 “finishing _ i _ 1 （10，27，11，30）：-” 表示规则名称，如果各有关条件得到满足，则第 10 道工序的代码为 27、第 11 道工序的代码为 30。下面的谓词 Face _ num （N） 表示调入表面的序号；第二个谓词 Border _ value 则判断该表面是否处于外左段；第三、第四个谓词分别判断该表面有无螺纹和沟槽。推理机在运用这些规则时，总是依据已知的零件信息，逐个与精加工规则匹配。如果成功，则记下以备输出。否则，继续和下一条精加工规则匹配，直到成功或得出失败的结论。部分精加工规则示例如下：

```
finishing _ i _ 1(10,27,11,0) :-          /* nop(10) = 27,nop(11) = 0 */
    Face _ num(N),
    Border _ value(_,Nw,Nmin,_),N > Nw + 1,N < = Nmin
    Screw _ i _ 1(X),X = 0,               /* no screw from nw to nmin */
    Slot _ i _ 1(Y),Y = 0.
finishing _ i _ 1(10,27,11,0) :-          /* nop(10) = 27,nop(11) = 0 */
    Face _ num(N),
    Border _ Value(_ Nw,Nmin,_),N > Nw + 1,N < = Nmin,
    Screw _ i _ 1(X),X = 0,
    Slot _ i _ 1(Y),Y = 0.
finishing _ i _ 1(10,27,11,30) :-         /* nop(10) = 27,nop(11) = 30 */
    Face _ num(N),
    Border _ Value(_,Nw,Nmin,_),N > Nw,N < = Nmin,
    Screw _ i _ r(X),X = 0,
    Slot _ i _ 1(Y),Y = 0.
finishing _ i _ r(12,27,13,0) :-          /* nop(12) = 27,nop(13) = 0 */
    Face _ num(N),
    Border _Value(_,_,Nmin,NN),N > Nmin,N < = NN,
    Screw _ i _ r(X),X = 0,
    Slot _ i _ r(Y),Y = 0.
```

二、专家系统的开发工具

专家系统的研制和开发是一件复杂、困难、费时的工作。为了提高专家系统设计和开发的效率，缩短研制周期，就需要使用专家系统开发工具，以便提供系统设计和开发的计算机辅助手段和环境，提高专家系统开发的效率、质量和自动化程度。

专家系统开发工具是用来简化专家系统工作的程序系统。从目前已有的开发工具来看，可分为以下四种主要的类型：用于开发专家系统的程序设计语言、骨架系统、通用型知识表达语言及专家系统开发环境，具体可参考有关文献[1]。

第四节　CAPP 专家系统设计简介

虽然 CAPP 专家系统研究已经历了很长的时间，但近几年国内对 CAPP 专家系统的研究仍在继续，特别是CAPP知识库设计和动态管理以及面向对象的CAPP专家系统的研究，使得CAPP专家系统的研制具有了新技术的特征[19~24]。有关其他人工智能技术的应用见第八章。

如上所述，专家系统求解问题的过程是逻辑判断和决策过程，即工艺过程设计中，主要的任务不是计算，而是逻辑判断和推理决策，因此，开发CAPP专家系统的前景非常广阔。

一、CAPP专家系统的概念

实际上，专家系统就是一种智能计算机软件，它具有如下两个特性：

1）处理现实世界中提出的需要由专家来分析和判断的复杂问题；

2）应用专家推理方法的计算机模型来解决问题，并且应使专家系统得到的结论和某领域专家得到的结论一致。

第一点说明要解决的是一个现实问题。它本来需要由经过高级训练的、具有某个领域专门知识的专家来解决。专家是解决某些专门问题的能手，他们的能力来自于他们所具有的丰富经验，以及处理问题所需的广泛专门知识。为了能像专家那样解决问题，专家系统就要力求收集足够的专门知识。

第二点要说的是专家系统通过推理的方法来解决问题，并且具有人类专家同等的推理能力。专家系统的重要部分是推理。正是由于这一点，使得专家系统不同于一般的资料库系统和知识库系统。因为在这些系统中，只是简单地存储答案，以便用户直接搜寻，而在专家系统中，所存储的不是答案，而是进行推理的逻辑与知识。

工艺过程设计就是一个比较复杂的实际问题。在进行设计时，工艺人员不但要分析和处理与产品和零件本身有关的各种信息（如零件结构、材料、工艺性、批量等），还需要分析和处理与企业具体生产条件及技术条件有关的技术信息（工厂的技术水平、生产设备、环境、传统习惯等）。所以，要做好这项工作，必须是在制造方法和工艺方面有渊博知识和丰富经验的工艺师，才能全面而周密地对这些信息加以分析处理，作出合适的选择和决定。据美国的资料分析，一个称职的工艺工程师应是40岁以上并具有在机械加工车间工作20年以上、有大量经验的工程师。另有资料记载，英国成熟的工艺工程师平均年龄为55岁。

通过建立CAPP专家系统，可以达到以下几个目的：

（1）继承和传播宝贵的工艺设计知识　培养高水平的工艺师需要许多年时间，且花费大量的费用，这就远远不能满足社会生产的需要。另外，随着年龄的增长，老工艺师的退休是不可避免的，造成工艺知识损失。因此，专家系统可汇集和复现前辈丰富的工艺知识，使之传播下去，在时空上为工艺知识的继承和传播提供了一条途径。

（2）使工艺师的知识形式化　专家因为具有丰富的专业知识，所以才有很强的解决问题的能力。按照常规，专家向学员传授知识需要通过多年的讲课和训练。另一方面，专家通常还拥有在出版物中未出现的专门知识。这些专门性知识，是属于个人的，未经讨论的，其中大部分由被称为直观推断的经验所组成，通常认为缺少“严格性、准确性和条理性”。如果从专家那里吸取知识并把它转化为形式化的表达方式，就可以明显地降低学习和使用知识的成本。同时，通过向专门化的知识提供公共测试和评价的机会，又可以加速知识的改进。在工艺过程设计中，很难用一个或几个数学模型来算出一个零件的工艺过程，必须加入工艺人员的经验及其他因素。通过使工艺师的各种知识形式化，以便于学习、改进和推广，从而满足生产的需求。

（3）汇集各种来源的知识　专家的经验往往带有一定的局限性，不同的观点、不同的学派各有千秋。在任何指定的研究领域内许多专家会对如何解决他们的问题持有不同的意见，工艺设计也是一样。对于同一个零件，不同的专家可以排出多种工艺过程。通过建立CAPP专家系统，就可以集中多个高水平的工艺师的经验知识，使它具备的经验知识可以比任何具体的某一位工艺师的知识更加丰富、完善。

此外，专家系统和人类专家相比也还有其他许多优点，如工作效率高、全面、迅速、稳定，不受个人情绪或身体状况影响等。但另一方面，还要注意到，由于专家系统的知识来源于人类专家，又是模仿人类专家的思维、推理方法，所以同人类专家一样，专家系统也不可避免地要犯错误。在这里，我们强调“吻合性”，即专家系统推出的结果和人类专家的结论相一致，而不是“精确性”。因此，专家系统从设计角度考虑是允许在少数情况下得出不正确的结果。

二、CAPP专家系统的结构

专家系统的结构如图6-18所示，CAPP专家系统也具有同样的结构特点。

专家系统的第一个重要组成部分是知识库，其中存储的是从专家那里得到的关于某个领域的专门知识。对于CAPP专家系统，知识库中存储的应是关于工艺过程设计的知识，最主要还是工艺专家的经验知识。专家系统的第二个组成部分是推理机，它应具有推理的能力，即能根据事实和知识导出结论，而不是简单地去搜索现成的答案。此外，专家系统还应包括数据库、解释部分和知识获取与管理等几个部分，下面分别予以介绍。

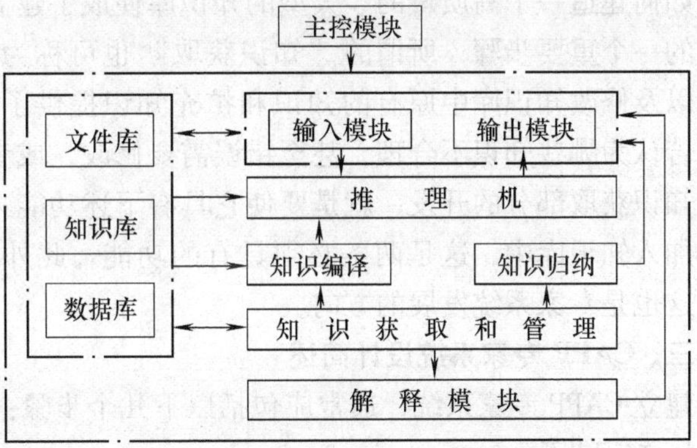

图6-18　专家系统的结构

1. 知识库

工艺知识是CAPP专家系统的核心，它包括：第一类是广泛共有的知识，也就是写在书上的工艺知识及常识，这类知识虽然容易获得，但并非不重要，有时会起很大作用，例如工件上有一圆孔待加工，稍有工艺常识的人就不会安排刨削加工；第二类是启发性知识，它是在工艺设计中正确的实践和正确的判断的结晶，这是凭经验得到的知识，其条理性差，适用范围窄，但效果却很显著，是工艺专家经过多年的工作而积累的，这类知识是专家系统力量的主要源泉。如果把第一类知识称为普通知识的话，那么第二类知识则是特殊的知识。所以，我们所收集的工艺知识的可用性、确切性和完善性就成为决定一个CAPP专家系统的性能是否优越的主要因素。

2. 数据库

它用于存储用户输入的有关零件的原始数据和推理过程中得到的各种中间结果。对一般的专家系统而言，这种中间结果，就是在计算机上划出一部分存储单元，存放以一定形式组织的该系统的当前数据。这两部分数据的存储就形成了专家系统的数据库。

3. 推理机

推理机是一组程序，或是一组组件（类），用于控制整个系统的运行。它采用一定的推理策略，如正向推理和反向推理等，并利用知识库中的知识和根据用户输入的数据进行推理，解决工艺过程的设计问题。因为 CAPP 专家系统是模拟工艺师进行工作的，所以设计推理机时，应使其推理过程和工艺师的推理过程相类似。

需指出的是专家系统的知识库和推理机是完全分离的，这就使得知识库和推理机的修改可相互独立，互不影响。这是一般创成式 CAPP 系统难以做到的。

4. 解释部分

它负责对推理过程给出必要的解释，为用户了解推理过程、向系统学习工艺过程设计方法和系统维护提供了方便，使用户容易接受。在设计解释部分时，应根据工艺设计的特点，设计一些问题并决定如何回答。

5. 知识获取部分

前面已指出：专家系统的知识库质量越高、知识库越大，则该专家系统的功能就越强。那么如何建造一个高质量的、大型的知识库便成了建立专家系统的关键。知识获取是建立知识库的一个重要步骤，所谓的“知识获取”也可称为学习功能，它为建立知识库中最初的知识以及修改知识库中原有的知识和扩充知识提供了手段。在工艺专家同系统的交互过程中，若认为哪些知识不合理，甚至错误需要修改，或者需要加入新知识，都要利用这部分功能。知识获取部分的开发，就是要使它具有下述功能：能删除知识库中原有的知识，能将新知识加入知识库中，这是两条必须具有的功能。此外最好能够根据实践结果总结出新的知识，这也是专家系统发展的方向。

三、CAPP 专家系统设计简述

建立 CAPP 专家系统，通常应包括以下几个步骤：

1. 知识获取

目前，计算机获取知识是非常困难的，还没有一个专家系统可以直接从专家那里获取知识并存入知识库，这就需要人（知识工程师）来完成。知识工程师本人要熟悉计算机，他首先通过阅读有关书籍、文献等，初步地了解工艺设计问题；然后找出一些有代表性的问题，提交给工艺专家解答。通过和工艺师多次交谈，记录和整理工艺设计的知识，使之条理化、概念化，再加上教科书、资料手册上的公有知识以及本人的知识，将这些知识以适当的形式存储到工艺知识库中。存入知识库中的知识一般不是专家谈话的直接引语，而是经过加工、整理的结果，而且这些结果一定是专家可理解的、认可的、无二义性的。由于工艺专家所掌握的知识和能存储于计算机的知识形式之间通常存在较大的差距，所以要建立一个成功的 CAPP 专家系统，知识工程师和工艺专家之间要反复交换意见，使得知识库能正确地反映专家的知识。知识工程师就是这样通过与专家接触——概念化——形式化——验证——修改的循环过程，最后得到一个可靠的、完善而又适应于推理机使用的高质量的知识库。除此之外，知识工程师还要选择最佳的推理方法。知识获取是建立专家系统过程中最为困难的阶段之一。

2. 选择知识表达方法

经过多次和工艺专家交谈及阅读有关的资料，知识工程师在逐渐熟悉了工艺设计的知识后，就可以选择合适的知识表达方法。所选择的知识表达方法应具有以下两条性质：①具有表达专家知识的能力；②能简单和方便地描述、修改和解释系统中的知识。其中第二点是很重要的。因为工艺专家在描述模型时经常改变，特别是在描述模型的初期更是如此。要适应这种情况，灵活性是最基本的。通常的产生式系统所使用的产生式规则就符合上述两条性质，因而在各种专家系统中广泛运用。此外，还有其他知识表达方法，如逻辑表示法、语义网络表示法、框架表示法、特性表示法和单元表示法等。

3. 具体构造CAPP专家系统

在这一阶段里，知识工程师要将获取的知识、研究的推理方法、系统的解释部分、知识的获取部分等用程序进行编码。编程的语言和工具通常是选用Prolog语言、专家系统开发工具或面向对象的编程语言等。一般说来，要成功地建立一个CAPP专家系统的关键是从一个较小的系统开始，然后逐渐地扩大成一个具有相当规模的、可以进行试验的系统。在系统的改进过程中，必须不断地进行实验验证。

当系统建成之后，首先运行典型事例，考察系统的性能，进行必要的修改，最后通过大量实例的执行和多个专家的评估，可以发现概念的遗漏、因果关系之错误、结构不合理等问题。这部分工作是由知识工程师和工艺专家共同完成的。总之，CAPP专家系统的构造过程是一个逐渐扩充知识、强化推理机的反复过程。

4. 示例

以某回转体零件的CAPP系统为例（用Prolog语言开发，程序示例见第三节），用以说明CAPP专家系统开发的有关问题。系统的结构如图6-19所示。

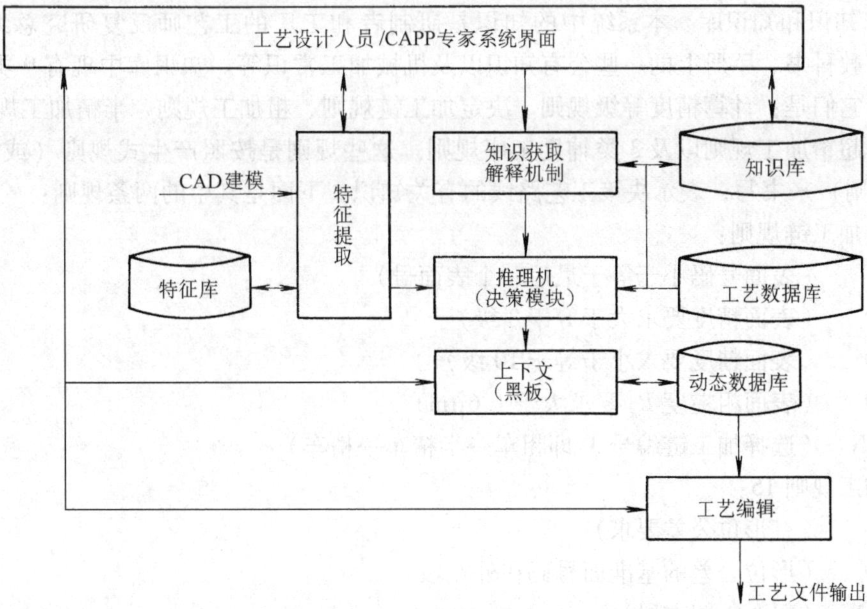

图6-19 回转零件CAPP专家系统结构

（1）零件特征信息提取 本系统的对象是某企业的镜筒类零件，如图6-20所示。如何将这类零件的工艺信息完整、准确、方便地从CAD中提取是实现CAPP专家系统的首要问题。需要提取的信息是回转零件的内外表面的特征数据并给以编号（包括尺寸、公差、材料、零件名称、批量等）。

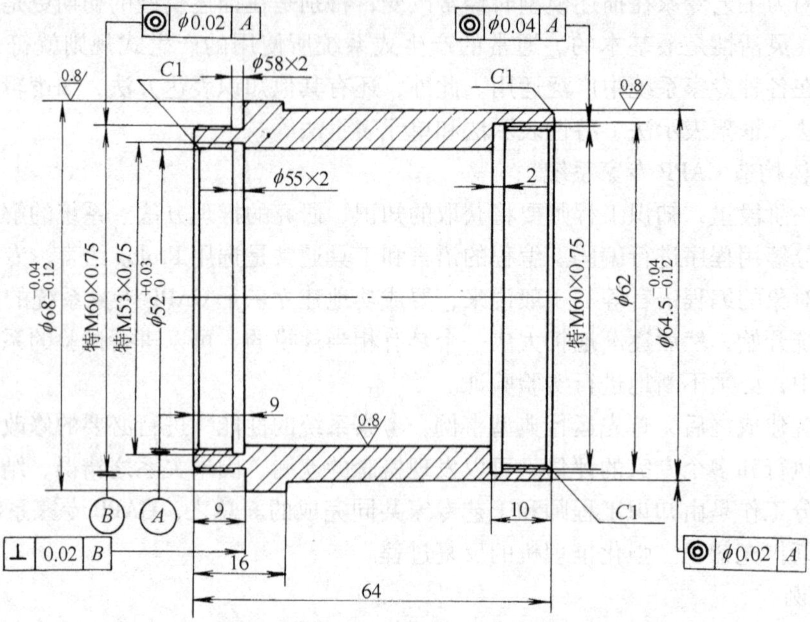

图 6-20　典型镜筒类零件图

（2）知识和知识库　本系统中的知识是研制者和工厂的工艺师反复研究总结出来的，另外还有教科书、手册上的一些公有知识以及机械加工常识等。知识库中现有 9 类、250 多条规则，它们是：计算精度等级规则、决定加工链规则、粗加工规则、半精加工规则、精加工规则、超精加工规则以及 3 类辅助工序规则。这些规则是按照产生式规则（或称为 IF - THEN 规则）来书写，表示决策工艺路线的有关知识。下面是其中的两条规则：

决定加工链规则：

IF　　（表面号码小于等于最后一个表面号）
AND　（表面精度要求大于等于 8 级）
AND　（表面精度要求小于等于 10 级）
AND　（表面粗糙度 R_a 要求大于 1.6μm）
THEN　（选择加工链编号 3，即粗车→半精车→精车）

粗加工规则 15：

IF　　（有形位公差要求）
AND　（形位公差的基准面号码在外左段）
THEN　（粗车外圆左段）
　　　（粗镗右段内孔，粗车右段外圆）
　　　（粗镗左段内孔）

在具体构造知识库时，基本上按照系统推理的过程来组织。首先是一些计算精度等级的规则，然后是决定加工链的规则，其后是决定加工方法的各项规则。为提高系统的推理效率，在某一类规则的排列次序上，取常用的、加工方法最为经济的规则排在前面。这样就可以在推理时很快找到合适的规则，不至于在匹配规则失败多次后才找到有用的规则。通过上述方法来确定规则的次序，可以实现规则的初步优化。更加高级的方法则是建立评判函数，以得分多少决定取用哪条规则。

（3）推理机（决策模块） 本模块是用于生成回转零件工艺过程的，其推理方式应尽量和专家的推理方式相一致。工程师在面对工件图进行工艺设计时，考察的因素大致有：工件待加工表面的组成及尺寸、工件材料及加工余量、工件批量、表面粗糙度、形位公差等。编排加工路线的步骤大体是按粗加工、半精加工和精加工安排，热处理工序和辅助工序穿插其间。系统的推理过程正是按照这样的决策特点，在每一个加工阶段从众多的规则中选出合适的规则进行决策推理，并将结果存入动态数据库，以备为后续模块调用。生成的工艺经过编辑后再输出，如图 6-19 所示。

此外，在专家系统中设计了一些解释语句，可以回答使用中的一些问题。例如："使用了哪些规则?"，"第××条规则的内容是什么?" 等。

复习思考题

1. 简述决策表和决策树两种逻辑表达方法的特点和主要区别。
2. 以示例说明决策表在 CAPP 中的应用。
3. 以示例说明决策树在 CAPP 中的应用。
4. 知识表达方法有哪几种?
5. 工艺知识包括哪两部分？举例说明如何用产生式规则来表达工艺知识。
6. 正向和反向推理技术的特点是什么？举例说明它们在 CAPP 系统中的应用。
7. 模糊推理技术的基本原理是什么？简述模糊推理技术应用于 CAPP 的特点?
8. 智能体（Agent）技术的特点是什么？分析应用于 CAPP 的优缺点?
9. 简述 Prolog 语言与其他通用高级语言之间的主要区别。
10. 什么是专家系统开发工具？它分为哪几种类型？目前在 CAPP 中的应用主要是哪几类?
11. 什么是 CAPP 专家系统？简述当前 CAPP 专家系统的发展趋势。
12. CAPP 专家系统由哪几个主要部分组成？它们的功能是什么?

参考文献

1 王士同编著. 人工智能教程. 北京：电子工业出版社，2001

2 肖伟跃著. CAPP 中智能信息处理技术，长沙：国防科技大学出版社，2002

3 秦宝荣. 智能 CAPP 系统的关键技术研究［学位论文］. 南京：南京航空航天大学，2003

4 杨志刚，王秀伦等. 基于模糊数的工艺方案模糊综合评价方法. 大连铁道学院学报，2002，23（1）：37 ~40

5 曹希彬，蔡力钢. 多工艺方案二阶模糊综合评价. 系统工程理论与实践，2000，20（6）：25 ~31

6 刘俊利，单联洁. 基于模糊人工神经网络的智能 CAPP 系统. 导弹与航天运载技术，1998，（4）：50 ~55

7 王杰 蒋玉明. 人工神经网络在 CAPP 定位基于选择中的应用. 四川大学学报 - 工程科学版，2000，32（4）：101 ~103

8 孙进平，吴瑞明等. 基于遗传算法的工艺决策模式的探索. 现代制造工程，2002，（1）：24 ~25

9 吴朝晖，褚凌昆．基于智能多主体的工艺设计系统 DES-CAPP．计算机辅助设计与图形学学报，1998，10（3）：266～272

10 赵良才，朱大群，唐文献．智能体技术在 CAPP 开发中的应用．华东船舶工业学院学报，2000，14（1）：55～59

11 J. Bento and B. Feijo, An Agent－based Paradigm for Building Intelligent CAD Systems. Artificial Intelligence in Engineering, 1997, 11（3）：231～244

12 Wooldridge M. J. & Jennings, N. R., Agent theories, architectures, and languages：a survey. Proc. ECAI94 Workshop on Agent theories, Architectures and languages, Amsterdam, 1999, P1～32

13 刘书昌，高波，郑明春．软件代理技术及其应用．山东师范大学学报，1999，14（2）：146～150

14 王颖，王汝传，邓玉龙．对软件 Agent 技术的研究．南京邮电学院学报，1998，18（6）：152～155

15 Shoham Y.. Agent－oriented programming. Artificial Intelligent, 1993,（1）：51～92

16 刘瑞胜，孙吉贵，刘金华．认识逻辑（1）：关于知识和信息的逻辑框架．计算机学报，1998，21（7）：627～637

17 杨春华，赵良才．基于智能体的可制造性评价系统的研究．华东船舶工业学院学报，2001，15（6）：69～73

18 赵良才，景旭文．基于智能体的零件制造性集成研究．机械与电子，2002，（5）：43～45

19 P. Gu and D. H. Norrie, Intelligent Manufacturing Planning. Chapman & Hall, 1995

20 刘志存，冯丽艳，宋玉银．CAPP 知识库动态管理系统．机械工艺师，1998，（1）：18～20

21 韩继曼．CAPP 专家系统智能推理机制研究开发．机械工程师，2002，（4）：11～13

22 高纯生，吴和平．面向零件特征的 CAPP 工艺知识获取．南方冶金学院学报，2000，21（3）：209～212

23 董红军，乔建明，邓修瑾等．面向对象的 CAPP 专家系统研究．西北工业大学学报，2000，18（4）：522～526

24 崔庆泉，汤文成．回转零件的 CAPP 专家系统研究．电气技术与自动化，2002，（1）：30～32

25 刘有才，刘增良编著．模糊专家系统原理与设计．北京：北京航空航天大学出版社，1995

第七章

CAPP 系统设计

计算机辅助工艺设计是应用计算机来自动或交互式生成工艺，而 CAPP 系统是自动或交互式生成工艺的软件，它能在读取零件加工信息后生成和输出工艺规程，以及供 NC 程序编制用的零件加工过程及部分参数（也可把 NC 程序作为 CAPP 系统的输出），见参考文献 [1、2]。

工艺分用于普通机床的常规工艺和用于编制数控机床 NC 程序的工艺。用计算机来生成这两种工艺时，CAPP 系统的设计是有差别的。为了实现从零件设计、工艺编制和制造整个过程自动化，CAPP 是 CAD 与 CAM 之间的桥梁；同时为了实现产品数据集成管理，CAD/CAPP/CAM/PDM 的有效集成仍然是 CAPP 系统研究开发的目标之一。

众所周知，工艺受制造环境的影响较大，同一零件在不同的环境下，工艺不仅有差别，有时甚至差别很大。此外，不同用户对零件工艺的内容要求也很不相同，所以 CAPP 系统使用的专用性很强。在一个企业中，随着设备、刀具及加工方法的更新改进，工艺也会随之变化，即随着技术的发展，对 CAPP 技术的要求也在提高，因此如何使 CAPP 系统有较大的通用性和适应性，以延长 CAPP 系统的更新周期，也是 CAPP 系统设计必须要考虑的很重要指标。

要推广应用 CAPP，必须使 CAPP 系统产品化。目前国内已有商品化 CAPP 软件，它们大都是基于派生原理并采用了一些方便使用的技术，使之具有了所见所得特征的 CAPP 系统。CAPP 系统是一个应用软件，需要随着技术进步不断更新版本，它的设计开发按照类型和功能是有差别的，并具有不同的特点，如专用 CAPP、商品化 CAPP、派生式、创成式和智能式 CAPP 系统，以及 CAD/CAPP/CAM/PDM 集成系统等。本章主要从软件设计开发和使用的视角来叙述共同的特征，并且主要以基于派生原理和半创成式系统为示例。

第一节　CAPP 系统设计步骤

计算机应用软件，按其程序量大小可以划分为小、中、大和特大规模几个等级。一般功能比较齐全的 CAPP 系统属中规模软件，程序量在一万到十万行之间。功能很齐全适用零件范围比较大的 CAPP 系统有可能达到大规模。计算机软件随规模大小不同，其开发难度也不同，并且在具体步骤划分以及每个阶段的设计内容也有较大差别，但是软件开发过程还是基本相同的。例如对简单的 CAPP 系统设计，可以将几个步骤合并成一个步骤。下面以中规模的 CAPP 系统开发过程为例加以说明。

图 7-1 是系统开发的流程图，它显示了 CAPP 系统开发可分为 11 个步骤或阶段。整个过程应贯穿从上向下和从外向内的设计方法。所谓从上向下的设计方法是指从抽象到具体的程序设计，即从用户要求到系统设计；从外向内是指先设计系统人机界面及输出与接口，然后再设计系统内部程序结构，也就是将用户要求放在首位，体现用户第一的思想。图 7-1 中的一些步骤可以交叉进行，但第 6 步以后的步骤不能在第 6 个步骤结束之前进行，以免引起大的返工。

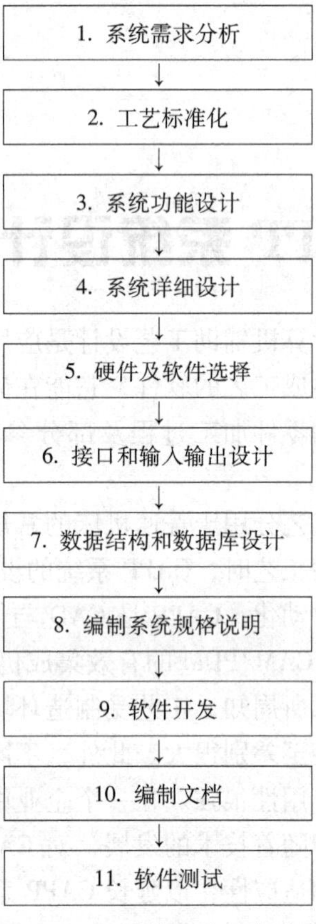

图 7-1　CAPP 系统开发的各个阶段

一、系统的需求分析

1）需求分析就是确定系统的设计目标，确定所设计的系统要完成哪些工作以及商品化还是较专用系统。对 CAPP 系统来说，就是要确定工艺生成方式、零件的种类、工艺类型以及用户的特殊要求等。例如 CAPP 系统适用的零件对象是箱体零件还是回转体零件；工艺是常规工艺还是数控工艺；对工序图和工艺规程的输出要求；是否需要 CAD/CAPP/CAM/PDM 集成；对系统的适应性、通用性和操作方便性的要求以及对系统易维护性的要求等。

2）按软件设计规范写出需求说明书。一般来说，系统越大，对需求说明书的要求也就越详细越严格。

二、工艺设计标准化

这是 CAPP 系统开发的基础工作，一般主要由用户来完成，工艺标准化具体方法见第四章。值得指出的是，当开发商品化的 CAPP 系统或开发工具时，开发者要收集许多用户的工艺标准化格式，以便适应不同的用户需求。

三、系统的功能设计

1. 功能设计

所谓功能是指计算机软件必须完成的工作，也就是为了满足系统需求以及用户的使用方便性所必须完成的所有工作。系统各功能模块的确定是功能设计的主要任务，例如本章第四节叙述的 BCAPP-NC 系统的主要功能模块为主控模块、平面加工工艺生成、孔加工工艺生成、孔群孔位坐标计算、NC 程序生成与 NC 模拟、工序图绘制以及输出模块等。当开发商品化的 CAPP 系统或开发工具时，功能模块的通用性设计是一个极为重要的目标。

2. 数据流向图

数据流向图是软件设计中的一个重要工具，它能清楚地给出各种数据在系统中的流向。

在功能设计基础上，按需求分析就可以绘制数据流向图，它可以清楚地表达出各个功能模块的数据输入，经过功能模块处理后的数据流向以及最终的输出，有了数据流向图就给下一步详细设计和编程带来很大方便，数据流向图示例见第四节。

四、系统详细设计

系统详细设计的任务是：

1）按功能设计结果，将 CAPP 系统划分成几个大模块，一般一个主要功能对应一个模块，每个大模块再划分为几个小模块，每个小模块再划分为几个子程序，即采用模块化设计方法。目前面向对象的软件设计方法已广泛采用，此时可用对象（类）来取代模块，并可用面向对象的 UML（Unified Modeling Language——统一建模语言）工具来进行设计；同时新一代编程语言也都实现了面向对象化，方便了可重构组件的设计开发。

2）画出各个模块，即对象（类）的逻辑框图，为软件设计提供依据。

3）按软件设计规范写出详细的设计说明书。对于中等规模的 CAPP 系统一般可以将需求分析、功能设计和系统设计几个部分综合起来考虑，最后写出需求分析和系统详细设计说明书。

五、硬件及软件的选择

1）硬件包括选用计算机（内存和外存容量）、打印机、绘图机以及显示器规格型号等，其中显示器分辨率很重要，它影响系统界面的显示。硬件选择时，应首先满足 CAPP 系统运行要求，其次才是方便性和经济性。对用于软件开发的计算机的性能应比使用软件的更好一些，此外如何适应网络制造的要求也应考虑。

2）软件包括系统软件及支撑软件，它们是计算机操作系统、编程语言、数据库以及绘图软件等。具体选择可参考第三章。

六、接口和输入输出设计

接口和输入输出是用户与 CAPP 系统交换信息、相互作用的手段，以及 CAPP 与其他相关系统集成的桥梁。接口的设计包括 CAPP 系统的输入输出和运行控制两个方面。有关输入输出详见第五章。所谓软件运行控制就是用户如何操作 CAPP 系统，如何控制计算机运行以及如何与其他有关系统的集成等。一般来说，在 CAPP 系统中采用产品结构树和菜单是比较好的系统运行控制方法，目前的实用和商品化 CAPP 软件都采用此种方法。

七、数据结构和数据库设计

数据结构的设计对 CAPP 系统的设计和软件开发有比较大的影响。它涉及到数据库数据的存取速度，是否方便对数据库数据进行修改以及发生某些灾难性错误的可能性。对 CAPP 系统来说，因为许多数据随工厂技术进步而变化，所以对所有数据用户应能方便地修改是极为重要的。

数据库数据结构的灵活性和通用性对商品化软件是极为重要的，具体见基于派生原理的

CAPP 系统设计。

八、编制系统规格说明

规格说明是一种用于尽可能详细地描述软件的组成及其工作原理的文件。书写规格说明是一种设计工作，是设计者将设计方案加以形式化和具体化，并明确地在规格说明中加以叙述。因此，它解决了大部分设计问题，使得留给程序员解决的问题已经很少了。有了完善的规格说明，程序员的工作是比较容易的；就像是进行一种从规格说明语言到程序设计语言的翻译。

规格说明包括了图 7-1 流程图中各阶段中所有的信息，具体如下：

1）系统设计目标的说明：第一阶段确定的软件能够完成的工作。

2）系统用户的定义：第二阶段确定的软件使用者是什么样的人。

3）描述功能模块和子模块：第三阶段和第四阶段所确定的系统结构。

4）系统软硬件：第五阶段确定的运行软件需要哪些设备，如计算机和显示器类型、随机存储器和永久存储器的规格、编程语言以及系统支撑软件等。

5）接口和输入输出的需求：第六阶段确定的系统输入、系统输出以及与其他系统集成和人机交互的描述。

6）数据结构和数据库：第七阶段所确定的数据结构和数据库的描述。

系统规格说明是系统的一个完整的描述，它将被用于对软件进行编程之前的最后审查，系统越大越复杂，规格说明的编写也就越重要。在实际工作中，一个好的规格说明将大大加快软件开发、软件调试和系统测试的进程，能节省时间和经费。对于由多人共同开发的软件来说，形式化的规格说明则更加重要。精心设计和完整的文件资料是保证软件产品达到预期目标的最好方法。

九、软件开发

软件开发的方法有两种：

1）一个个模块顺序开发。对于小的系统或一个模块程序由一个人负责开发时可以采用此方法。

2）同时开发几个模块，然后联接起来。此时，总体负责人应事先设计好联接方法（接口），一般规模较大系统的开发都是混合使用以上两种方法，如 BCAPP-NC 及 THCAPP 系统等。

十、编制软件文档

软件文档主要包括两种：一种是软件设计说明书，用于系统的维护；软件设计说明书的编写应和软件开发同时进行。另一种是使用说明书，用于向用户说明系统的功能和使用方法，以帮助用户了解系统，正确地使用系统。对这种文件，最常见的是系统用户使用指南。除此之外，使用说明还包括软件中的提示说明和解释信息等面向用户的内容，它们在 CAPP 运行中会按需要给用户提示。使用说明书的编制应在软件开发之后尽快进行；如有可能，也可以和系统开发同时进行。

对于维护软件的程序员和软件使用者，都需要有足够的文档资料。文档资料的编写质量和软件的质量同样重要，它也同样决定软件能否使用方便，是否易于维护。

十一、软件的测试

在所开发的软件被交付使用之前，必须对其进行全面的检查和测试。在软件开发的几个阶段中，都涉及到测试。首先是软件开发人员测试每个模块，最后是几个模块连在一起进行测试。这种测试虽然能发现不少错误，但仍是不系统的，与程序员本人的思想方法密切相关。程序员开发了软件，必然按照自己的思路测试软件，没想到的错误往往也没有测试到。所以，除了这种测试以外，还应由专门测试人员对各个模块和整个软件进行系统的测试。高级程序员能够发现其他人经常忽视的错误。其次，将由软件的使用者对软件进行严格的检查。使用者按照软件使用说明书，检查系统是否达到了设计要求，是否能够完成规定的各种功能。一般在用户使用一年之后，软件的使用功能才能得到比较好的验证。

第二节　基于派生原理并具有所见所得特征的 CAPP 系统设计

一、基于派生原理并具有所见所得特征的 CAPP 系统特点

CAPP 系统的所见所得特征实际上是采用了现代计算机技术而方便用户使用的特点，包括输入和输出界面基本一致的、实现 C/S 网络的、能实现资源共享的并能一定程度上实现 CAD/CAPP/CAM/PDM 集成等。目前已有此类型的商品化软件，如天河和开目的 CAPP 系统。其基本特点可归纳如下。

1. 基本特点

1）基本界面有产品树，可方便地对产品节点及其属性进行复制、增加、删除和修改等操作。

2）工艺生成基于派生原理并在工艺生成过程中，可方便地调用一些制造资源（如工夹具和机床、典型工艺、工艺标准语句等）。

3）工艺输入界面与工艺规程预览界面和打印输出界面一致。

4）商品化 CAPP 系统为了适应不同的用户，用户可自定义工艺表格格式并与数据集关联，而数据集再与数据表关联。

5）工艺数据表存储方式灵活，不受字段多少的影响，可适应不同工艺表格的设计。

2. 扩展特点

1）基于局域网络。基于网络的这类 CAPP 系统，为数据共享和 CAPP 系统与 PDM 集成奠定基础，当然也对数据库和系统运行提出了更多的要求。此时一般采用 SQL Server，Oracle 数据库等，其性能比较优越。

2）数据自动处理功能。主要处理各种数据汇总及数据共享。

3）与 PDM 集成。用 PDM 的管理功能来管理 CAPP 数据，并方便与其他数据集成管理。

4）与 CAD 系统集成。目前主要的功能是：①绘制工序图方便并与 CAPP 运行在一个集成环境中；②CAD 的 BOM 表可用于生成产品树；③其他。

二、系统设计开发的主要关键技术和设计步骤

1. 系统设计开发的主要关键技术

（1）产品树技术（节点及其属性的复制、更改、刷新等）　关键是当节点非常多时，如何提高显示刷新速度。目前普遍采用的是产品树逐步展开的处理技术，有助于提高显示刷新

速度。

（2）所见所得特征的实施技术　包括：①如何实现输入界面与输出界面一致；②对查询到的资源数据（机床和工夹具等），点击后可自动填入工艺表格中预定的位置。

（3）用户权限管理技术　在商品化 CAPP 系统中，由 PDM 来管理。

（4）通用数据技术平台　在商品化的 CAPP 系统中，用户可自定义工艺卡片格式，即可自己绘制。此时，需将工艺卡片、数据集和数据存储表在系统内部进行绑定，实现如图 7-2 所示的通用数据技术平台。此外，数据表的存储方式也要非常灵活，以便适应不同工艺卡片格式的要求。由图可见，因为数据表的存储方式的灵活性（数据层）和工艺表格与数据集能实现绑定（中间层），所以虽然面对用户的应用层在按用户的要求可以进行一些变化，但是中间层和数据层可以保持不变。当然要实现此目标，需要软件开发者付出比较大的代价。

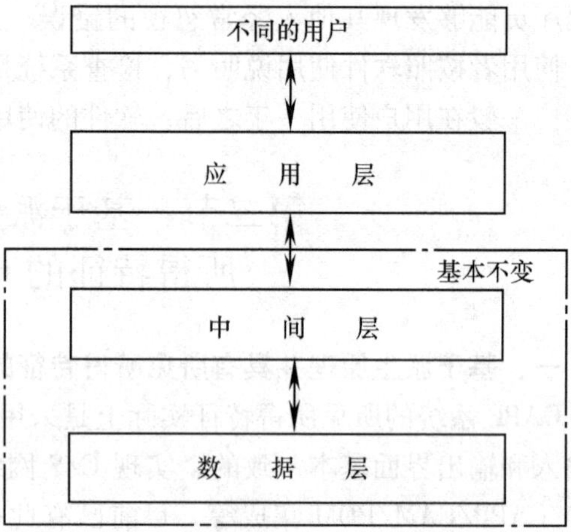

图 7-2　基于派生原理并具有所见所得特征的商品化 CAPP 通用数据技术平台示意图

2. 设计开发步骤

1）收集用户的工艺卡及其相关的其他卡片格式（如工艺卡、工艺定额配套卡和工夹具汇总卡等），对商品化系统的设计，需要收集相当数量的各种类型工艺卡及各种用户的要求，然后分析整理用户的需求。

2）按用户的要求进行方案的详细设计并广泛征求用户意见。

3）解决关键技术并按设计方案进行软件开发。在开发过程中，还需经常与用户交流，以便适应用户的各种需求。

4）软件测试。

5）交付使用。

6）收集使用中的反馈意见并进行改进，更新版本。

三、基于派生原理并具有所见所得特征的 CAPP 系统示例

1. 实用型系统示例

本示例是一个实用的 CAPP 系统，与商品化系统相比有差距，特点是能与生产计划等软件集成。

（1）产品树（基于 SQL Server 网络）　产品树的显示界面如图 7-3 所示，由图可见其分为产品、部件和零件等层次，当然还可细分如组件、部件、小部件、零件等。对节点及其属性的操作用右键菜单，可进行增加、删除、复制和刷新等。节点的属性存储在属性数据表中，包括项目代号、零件名称、零件号和毛坯类型等。节点属性可复制给另一个节点，也可随节点一起复制。当光标在某节点时，该节点的部分属性或工艺数据可以显示在产品树的右侧（见图 7-3）。

（2）输入与预览　对自制的零件节点可以点击该点，即出现工艺输入界面，如图 7-4 所示。为了方便输入，对毛坯材料、工序、加工单元等采用了列表选择方式，如图中所示。通过选择菜单项，可进行工艺卡的输出预览或打印输出（见图 7-5）。

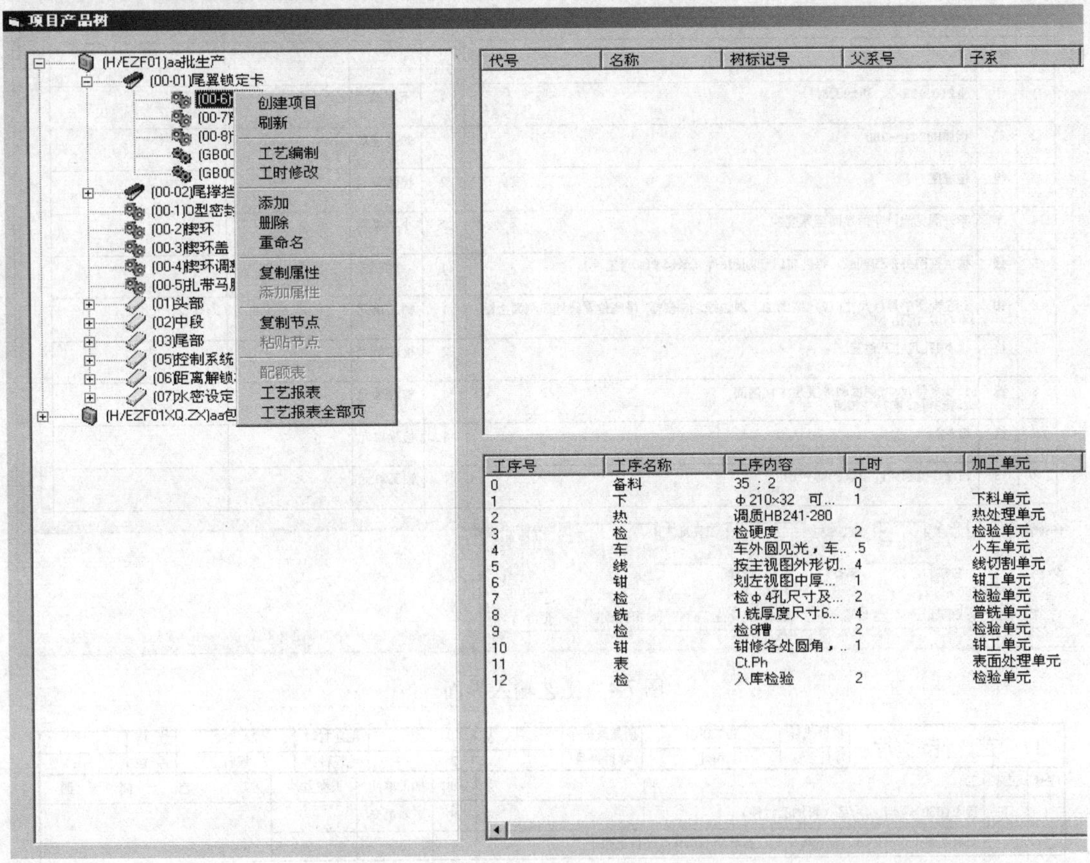

图 7-3　产品树结构显示

由于本系统还未达到商品化，所以输入与输出界面有一定的差距，有待改进。

(3) 权限管理　本系统的权限管理的原则是：某工艺师编制的工艺，只有本人可以修改，别人只能查阅和复制。工艺审查和批准也只能提出意见，最后的修改权归编制者。

(4) 数据表存储格式固定　为了方便开发，本系统的数据表存储格式固定，未采用灵活的格式，有待今后改进。

(5) 与生产计划集成　工艺过程是编制生产计划的依据，各个零件的工序和工时将自动导入生产数据临时存储表，为生产计划编制提供基础数据。生产计划编制软件界面中的产品数据也来自 CAPP 系统，（见图 7-6）。

2. 商品化系统示例

本例是清华天河 CAPP 系统（THCAPP）在企业的应用实例。THCAPP 是一个基于 C/S 结构的网络 CAPP 系统，数据库为 Oracle。

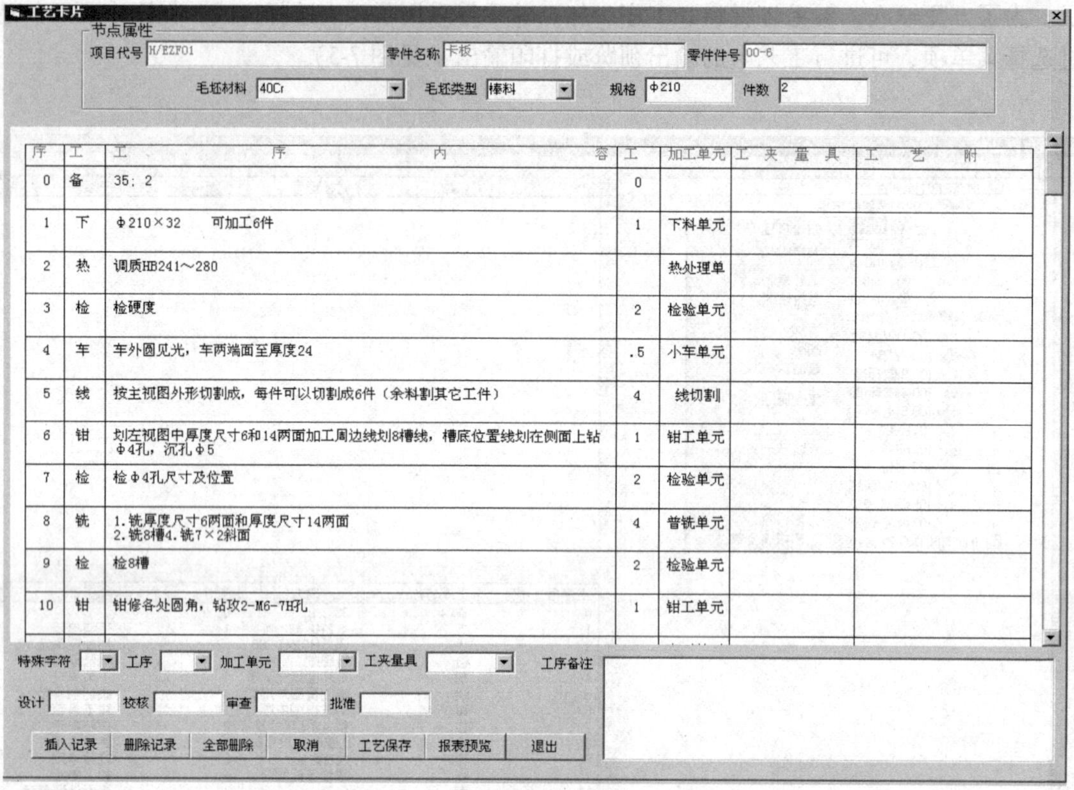

图 7-4 工艺输入界面

工 艺 卡 片	项目代号	H/EZF01	所属装配号	H/EZF01	毛坯材料	2A12-O	规 格	t4
	零件名称	楔环	零件件号	00-2	毛坯种类	板料	件 数	10

序号	工序	工 序 内 容	工时	加工单元	工夹量具	工 艺 简 图
1	下	剪成1630×44 6件/条（可加工12件）	.5	下料单元		
		铝板表面不得有麻点，划伤等缺陷，剪后用木榔头在平板上校平				
2	刨	1.每6件为一组叠起来，侧立刨床工作台上，一面定位，另一面挤紧压牢，刨平一	3	龙门刨		
		边。				
		2.翻面刨另一边，宽度上留2～3mm余量，刨为36.5+01。				
		3.翻面，刨第一边，保证宽度为34.5-00.1两边平行，平行度不大于粗糙度Ra3.2				
		4.0.05每六件用铁丝捆紧				
3	铣	1.将楔带夹具H/EZF0100-3J1的夹具本体平放刨床工作台上，使本体侧边基准与	5	龙门铣		
		走刀方向平行，打表找正在0.02之内将本体用压板压紧，压紧后复验平行度				
		2.将同组三块34.5-×1630的窄长铝条放入夹具本体的斜槽之内，板条上如有毛				
		刺应先去除，使板条端面与夹具本体端面平齐				
		3.压上压板，				
4	检	1.每批任意抽取6件从大端每隔100毫米量一个宽度值，标距 长度用铅笔划线，	2	检验单元		
		将A0-A10，L列表记录2.其余件只检A0和L				
5	热	1.将楔带绕弯装入热处理定形模，H/EZF0100-3R1每个模具内可同时装2付，第一	7	热处理	H/EZF01003	
		根平面朝下，斜面朝上第二根平面朝上，斜面朝下第三根平面朝下，斜面朝上第四				
		根平面朝上，斜面朝下与模具内壁必须贴合良好，允许用木铆头校正，装好后楔				

更改	文件号	标记	处数	日期	签字	文件号	标记	处数	日期	签字	设计		页数
											校核		2
											审查		页次
											批准		1

图 7-5 工艺预览和打印界面

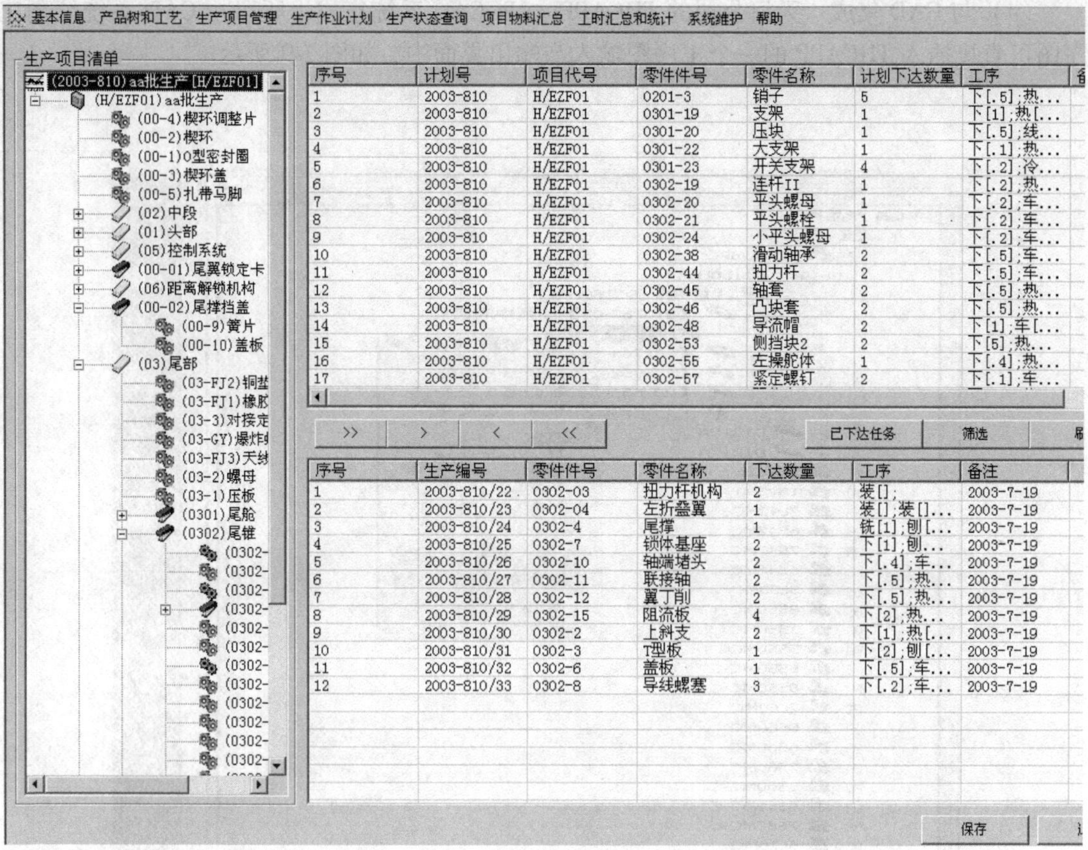

图 7-6 生产计划编制界面

(1) 产品树和节点的操作 产品结构数据可以从 CAD 系统通过接口导入，也可从专用的数据格式文件中导入。产品结构以树状形式显示，如图 7-7 所示。对产品树的节点及其属性，有权限的用户可以进行增加、删除、修改及复制等操作。同时每个节点都有自己的属性，包括节点名称、图号、材料及一些特殊的要求，部件和零件的节点属性是不同的，用户可根据自己的需要进行增删，所有属性数据都存储在数据库中。

每个节点还可挂上用户需要的表格，它与数据库中属于该节点的数据绑定，如部件节点上是一些汇总的表格（工夹具和工时汇总等，见图 5-14、图 5-15）、零件节点上是工艺表格等。一旦挂上表格，则图标就改变颜色，以便用户识别。节点复制时，可以将一个节点上所有与它有关的数据和表格都复制到新节点，也可只复制其中的一部分，这取决于用户对菜单项的选择。

(2) 输入与输出 THCAPP 系统是一个商品化系统，所以其输入与输出界面是一致的，并可以进行比例放大，如图 7-8 所示。

(3) 与 PDM 集成 天河公司具有 PDM 产品，所以它可实现 THCAPP 与 PDM 集成，其权限管理是由 PDM 中的功能进行管理的。

（4）与 CAD 集成　天河公司的 THCAPP 与 PCCAD 系统集成，所以在 CAD 系统绘制工序图可直接插入 THCAPP 的一个工序图输入与输出界面中，如图 7-9 所示。

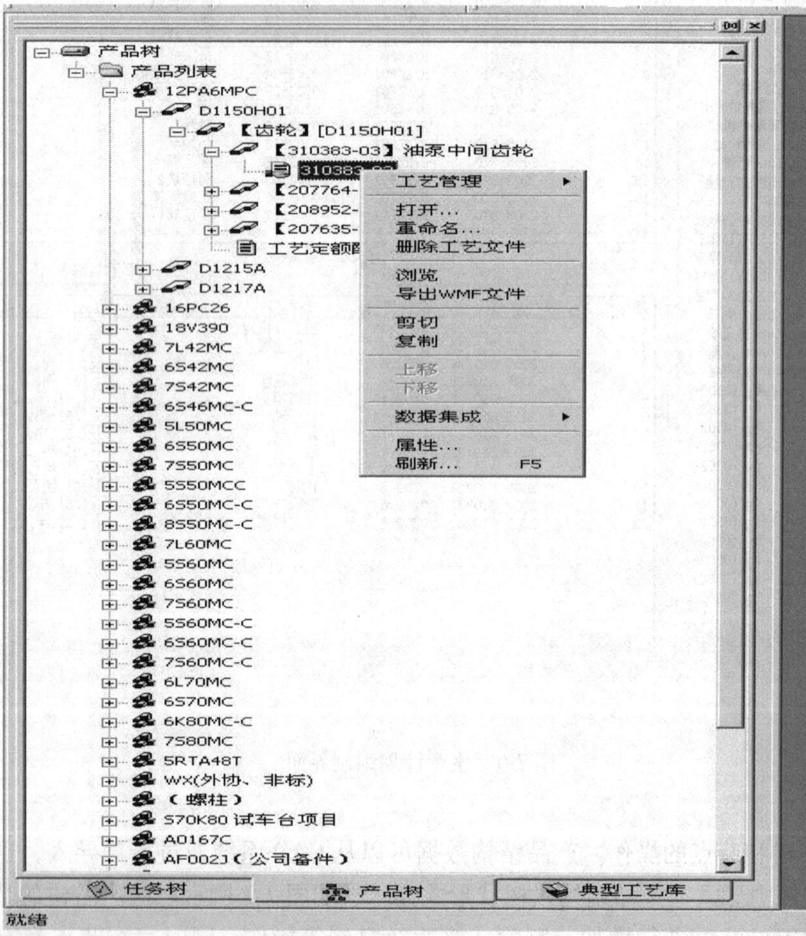

图 7-7　产品结构树显示与节点及其属性操作界面

（5）部件节点上的汇总表格　THCAPP 系统为用户提供了自定义表格的工具，并且数据表存储灵活可与自定义表格的数据集绑定，所以能适应不同的用户需求（汇总表格示例见图 5-14、图 5-15）。

（6）资源查询　THCAPP 的资源查询界面如图 7-10 所示，它在工艺的输入过程中可以调用，选取需要的信息并插入到需要的表格中。

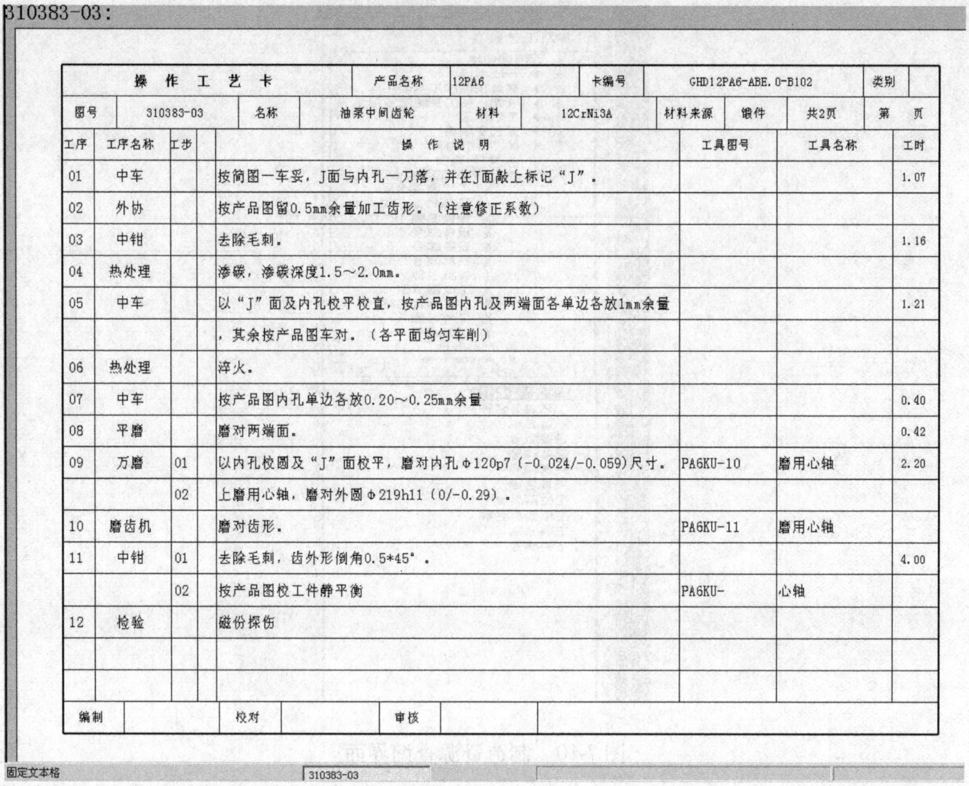
310383-03:

操作工艺卡			产品名称	12PA6	卡编号	GHD12PA6-ABE.0-B102	类别
图号 310383-03	名称 油泵中间齿轮		材料 12CrNi3A		材料来源 锻件	共2页	第 页

工序	工序名称	工步	操作说明	工具图号	工具名称	工时
01	中车		按简图一车妥，J面与内孔一刀落，并在J面敲上标记“J”。			1.07
02	外协		按产品图留0.5mm余量加工齿形。（注意修正系数）			
03	中钳		去除毛刺。			1.16
04	热处理		渗碳，渗碳深度1.5～2.0mm。			
05	中车		以“J”面及内孔校平校直，按产品图内孔及两端面各单边各放1mm余量			1.21
			，其余按产品图车对。（各平面均匀车削）			
06	热处理		淬火。			
07	中车		按产品图内孔单边各放0.20～0.25mm余量			0.40
08	平磨		磨对两端面。			0.42
09	万磨	01	以内孔校圆及“J”面校平，磨对内孔φ120p7（-0.024/-0.059）尺寸。	PA6KU-10	磨用心轴	2.20
		02	上磨用心轴，磨对外圆φ219h11（0/-0.29）。			
10	磨齿机		磨对齿形。	PA6KU-11	磨用心轴	
11	中钳	01	去除毛刺，齿外形倒角0.5*45°。			4.00
		02	按产品图校工件静平衡	PA6KU-	心轴	
12	检验		磁份探伤			
编制		校对		审核		

固定文本格　310383-03

图 7-8　THCAPP 的输入与输出界面

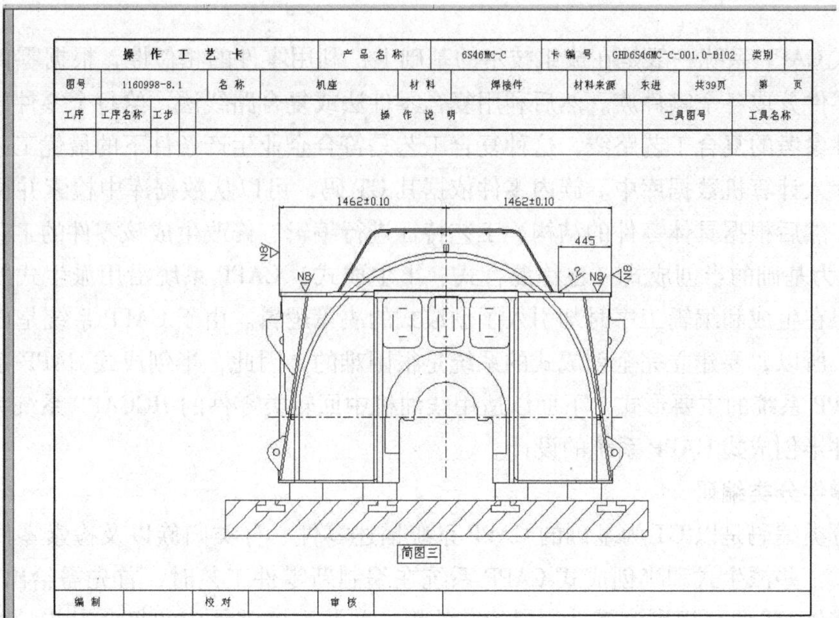

图 7-9　THCAPP 的工序图输入与输出界面

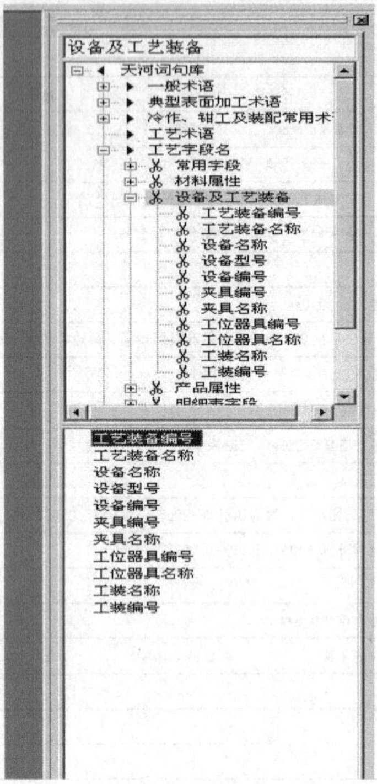

图 7-10　制造资源查询界面

第三节　回转类零件半创成式 CAPP 系统设计

派生式 CAPP 系统一般是在成组技术的基础上，利用零件的相似性，根据零件的分类编码系统将零件分成各个零件族。然后利用复合零件法或复合路线法，给每个零件族设计一个供全族零件参考的复合工艺路线，这种复合工艺是符合企业生产条件下的最优工艺方案，并按零件族存入计算机数据库中。族内零件依据其 GT 码，可以从数据库中检索并调用该族的复合工艺，然后根据具体零件的结构、工艺特征进行编辑、修改生成该零件的工艺。

以 GT 为基础的半创成式（也称混合式、半生成式）CAPP 系统沿用派生式的检索—编辑原理，但在生成和编辑工序时却引入了创成式的决策逻辑。由于 CAPP 系统是面向企业的实用软件，所以，要建立完全创成式的系统是很困难的，因此，半创成式 CAPP 系统是目前实用型 CAPP 系统的主要形式。下面以适用柴油机中回转类零件的 HCCAPP 系统为例来叙述回转类零件半创成式 CAPP 系统的设计。

一、零件分类编码

零件分类编码是以 GT 为基础的 CAPP 系统描述零件、分类归族以及检索零件族复合工艺的基础。一些派生式和半创成式 CAPP 系统在编制新零件工艺时，首先需给出零件编码，然后依据零件 GT 码，识别该零件所属的零件族，并调入该零件族的复合工艺，根据零件的 GT 码和其他附加特征信息进行工艺路线和工序内容的编辑或生成。

选用或制定零件分类编码系统并对现有零件进行编码和分类是设计 CAPP 系统的重要基

础工作之一。选择零件分类编码系统最好能选用已有的比较成熟的编码系统，如果已有的编码系统不能满足本企业的要求，可以对已有的编码系统按照本企业零件特点作部分修改，以形成适合本企业的专用编码系统。

HCCAPP 系统使用的编码系统是根据某厂回转类零件的特点，对 KK-3 系统加以修改而成的。系统结构如表 7-1 所示。

表 7-1　柴油机回转零件专用编码系统基本结构

码　位	1	2	3	4	5	6	7	8	9	10	11	12	13	14	15	16	17	18	19	20
分类项目	名称		材料		热处理	主要尺寸		外廓形状与尺寸	各部形状与加工								辅助孔		精度	
									外表面				内表面			端面	不同心孔		单项精度	多项精度
	粗分类	细分类	粗分类	细分类		*L*（长度）	*D*（直径）		外廓形状	功能要素	异形部分	周期部分	内廓形状	内曲面	内平面		一般孔	特殊孔		

HCCAPP 系统中的编码模块采用人-机交互方式编制零件 GT 码，用菜单提示。例如图 7-11 中螺柱零件的编码为 42303727110100028106。

二、零件的分类归族

如上所述，复合工艺设计是以零件族为基础的，零件族的形成又是依据产品零件相似性的，也就是说是以零件的设计和制造特征为基础，形状和工艺相似的零件被归并在同一零件族中。

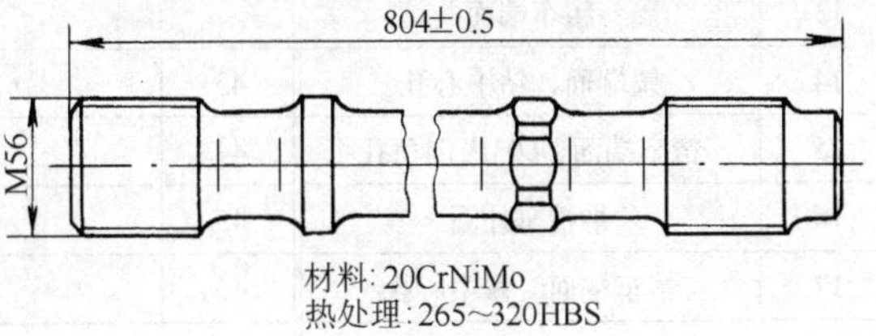

图 7-11　螺柱零件图

零件族形成的一条通用规则是族内所有零件必须具有相似性，对于工艺过程设计来说，一个族中所有的零件必须有相似的工艺过程。HCCAPP 系统采用分类编码法形成零件族。

三、复合工艺编制

复合工艺过程的设计与传统的工艺过程设计的区别在于它不是针对一种特定零件来设计工艺，而是针对一个零件族的全部零件进行工艺过程设计，即要求复合工艺过程能适合同一族的全部零件。为此，要求工艺人员具有较丰富的生产经验和综合分析能力，在对每一个零件族中的所有零件进行综合的基础上，编制一个合理的复合工艺过程。通常设计复合工艺用复合零件法和复合路线法。

零件族复合工艺过程的编制原则如下：

1）复合工艺应保证零件族内任一零件都能达到图样规定的技术要求。

2）复合工艺过程应使同一零件族的全部零件有统一的工艺路线。

3）所编制的复合工艺过程应是符合工厂生产条件的优化工艺过程。

4）复合工艺采用的工序名称及其相关术语应规范化，并要按照工厂的习惯确定工序的内容及其相应的工序代码，以方便工艺的编辑处理和程序的编制。

零件族的复合工艺过程可用一组称为工序代码（Operation Code）的字符串来表示。它是代表一定作业内容的标准工序的代码，它可以简化工艺过程的表达，有利于计算机编辑处理工艺过程，便于计算机程序的编制。表 7-2 是工序代码的示例。

表 7-2　工序代码表

代码	工序名称	代码	工序名称	代码	工序名称
01	划线	30	研磨外圆		
02	下料	31	超精磨外圆		
03	淬火	32	超精磨端面	61	铣平面
04	回火	33	细车外圆	62	粗铣平面
05	正火	34	车螺纹	63	精铣平面
06	退火	35	磨外圆	64	铣槽
07	调质	36	粗车螺纹	65	磨平面
08	固溶处理	37	半精车螺纹	66	粗磨平面
09	表面热处理	38	精车螺纹	67	精磨平面
				68	研磨平面
11	荒车外圆，端面			69	刮研平面
12	粗车外圆			70	铣平面，钻镗径向孔
13	粗车端面			71	磨校调外圆
14	铣端面，钻中心孔	43	磨齿		
15	精车端面，60°内倒角孔	44	铣齿形	73	焊吊钩
16	半精车外圆	45	滚齿	74	去毛刺
17	精车端面，修中心孔	46	粗磨齿	75	车试棒
		47	精磨齿	76	压偶件
19	修中心孔	48	镗孔	77	堆焊
20	粗车外圆及内孔	49	钻孔	78	刻线
21	半精车左端外圆及内孔	50	扩孔	79	发蓝
22	精车外圆，镗孔	51	铰孔	80	探伤
				81	标印
24	精车外圆	53	粗镗孔	82	割断
25	粗磨外圆	54	精镗孔	83	电镀
26	粗磨端面			84	清洗
27	精磨外圆			85	检验
28	精磨端面			86	入库
29	精磨外圆，端面				

四、零件族的搜索和复合工艺的检索

如前所述，派生式和半创成式 CAPP 系统的工作原理是首先检索零件族的复合工艺，然后通过编辑修改复合工艺生成具体零件的工艺，因此，如何根据零件 GT 码搜索零件族是此类系统设计的一个重要环节。

零件族的搜索可以看作是把零件族矩阵与一个给定的零件 GT 码相匹配。零件族矩阵可以看成是屏蔽，只要一个零件 GT 码能成功地通过屏蔽，就可找到这个零件族，并调用该族的复合工艺。图 7-12 是零件族搜索的原理框图。

五、零件特征表面信息

CAPP 系统设计工作的首要任务之一就是如何描述零件特征表面的形状、尺寸、精度和表面粗糙度，以及热处理、材料和毛坯类型等信息并输入到计算机。对于不需生成详细工序卡和工序图的简单派生式 CAPP 系统，用代码法描述零件的结构信息和工艺信息，再输入一些工艺卡表头的补充信息，就能满足要求。对于要满足详细工序卡和工序图要求的半创成式 CAPP 系统，仅仅采用代码法描述零件就不能满足系统所需的信息要求。对于回转类零件，需要进行零件的特征造型并按特征表面描述法的要求组织特征表面信息。

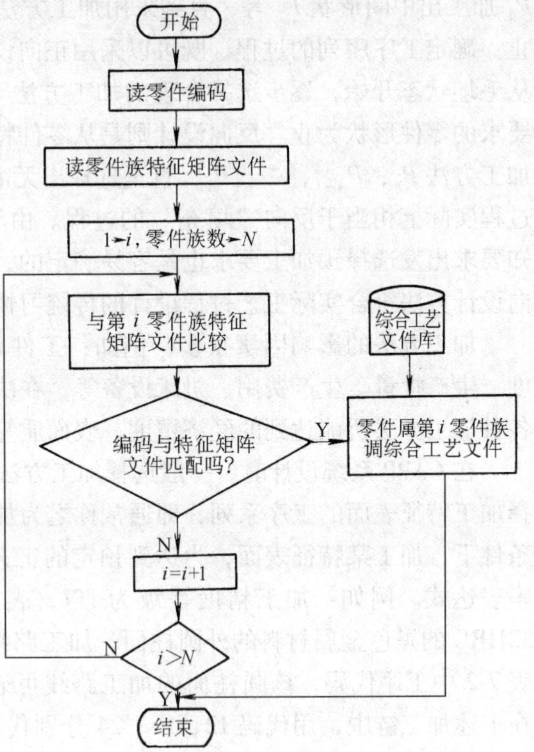

图 7-12　零件族搜索原理框图

系统根据特征表面描述法原理将回转类零件表面分为 15 种主特征和 38 种辅助特征。主特征是特征造型生成的，而辅助特征有些是两个主特征之间的过渡表面，有些是主特征生成后自然形成的，因此需要在特征造型后进行一些识别工作，最后才能形成需要的回转类零件特征表面描述信息。两类特征信息的组织采用从左到右、先外部后内部、先主特征后辅助特征的次序进行。其信息包括以下内容：

1）零件总体信息，包括产品型号、部套号、零件名称、图号、材料、毛坯、批量、零件 GT 码等。

2）主特征、辅助特征、轴向尺寸（包括公差）和端面的表面粗糙度等。

六、工艺的生成和编辑

生成合理的工艺路线是 CAPP 系统的关键。HCCAPP 系统工艺路线的生成是利用派生式原理，也就是说，此系统是按成组技术原理，对零件进行分类编码、划分零件族并编制复合工艺的。在生成具体零件工艺时，对检索的零件族复合工艺进行编辑修改，生成零件的工艺路线。HCCAPP 系统工艺路线的编辑是依据零件 GT 码，并由工艺决策模型自动进行筛选的。

1. 加工链表设计

根据特征表面描述法原理，不管零件复杂程序如何，都可以看成是由各种特征表面（主特征和辅助特征）构成。因此，各种特征表面加工方法的选择就是工艺过程设计的基础。每一种特征表面一般要经过不同的加工工序来达到它的各方面要求，因此，加工方法的选择实际上是加工工序序列的选择。一个特征表面的加工工序序列可表示为：

$$S = \{P_1, F_1, P_2, F_2, \cdots, P_n, F\}$$

即从毛坯开始，需要首先采用加工方法（工序）P_1 加工出中间形状 F_1，接着再用加工方法 P_2 加工出中间形状 F_2 等，直到采用加工方法 P_n 加工出合格的特征表面 F（最终目标）为止。确定工序序列的过程，既可以采用正向设计，也可以采用反向设计。所谓正向设计是指从毛坯状态开始，逐步选择合理的加工方法 P_1，P_2，…，P_n，直到能加工出符合最终目标要求的零件形状为止。反向设计则是从零件特征表面的最终要求开始，反向逐步选择合适的加工方法 P_n，P_{n-1}，…，P_1，直至选择出无需预加工的加工方法 P_1 为止，这时所选的加工过程实际上相当于反向“填充”的过程。由于图样要求是事先明确的，而反向设计是从已知要求出发选择预加工要求也是容易确定的，亦即中间工序的形状是容易确定的。所以，反向设计方法符合实际工艺过程设计的传统习惯。

加工方法的影响因素很多，例如：工件材料、表面形状、尺寸、加工精度、表面粗糙度、生产批量、生产费用、机床设备等。在决策过程中一般根据零件特征表面要求，从有关各种加工方法所能达到的经济精度、表面质量以及加工能力等资料中选择。

在 CAPP 系统设计时，一般选择加工方法是直接根据零件特征表面的最终要求，直接选择加工特征表面的工序系列，即通常称之为加工链的概念。加工链可描述为：在一定的工艺条件下，加工某特征表面，为达到预定的工艺要求所采用的加工路线（加工步骤）的字符串表达式。例如：加工精度等级为 IT7，表面粗糙度 $R_a = 1.6\mu m$，最终热处理硬度小于 32HRC 的黑色金属材料的外圆柱面，加工路线为粗车外圆→半精车外圆→精车外圆，根据表 7-2 中工序代码，该圆柱面的加工路线可表示为 121624 数码串，也即加工链为 121624。在上述加工链中，用代码 12、16、24 分别代表粗车外圆、半精车外圆、精车外圆。由此可见，将各特征表面加工方案转化为加工链，以利于计算机识别、推理。在某企业生产条件确定的条件下，各种特征表面只要其加工精度、表面粗糙度、尺寸、材质、热处理等条件一定，则加工链也是确定的。表 7-3 是某厂的加工链表。根据零件特征表面信息可自动地生成各特征表面的加工链，存入加工链表中。加工链生成后，也就是决定了加工零件各特征表面的加工方法，可作为工艺编辑、工序内容（工步顺序和内容）的生成、工序尺寸的计算、切削参数计算、工时定额计算等的依据。

表 7-3 加工链表

表面	材料	尺寸/mm	最终热处理 HRC	公差等级	表面粗糙度 R_a/μm	毛坯状态	加工链
外圆	黑色金属	不限	<32	IT10 ~ IT12	5 ~ 12.5		粗车
				IT8 ~ IT9	2.5 ~ 5		粗车→精车
				IT7 ~ IT8	1.25 ~ 2.5		粗车→半精车→精车
			不限	IT6	0.63 ~ 1.25		粗车→半精车→磨削
				IT5	0.32 ~ 0.63		粗车→半精车→粗磨→精磨
				不限	0.04 ~ 0.16		粗车→半精车→粗磨→精磨→超精磨
	有色金属	不限	<32	IT7	0.32 ~ 1.25		粗车→半精车→精车
				IT5 ~ IT6	0.16 ~ 0.32		粗车→半精车→精车→细车
内孔	不限	$D>20$	<32	IT10 ~ IT12	5 ~ 12.5		钻孔

（续）

表面	材料	尺寸/mm	最终热处理 HRC	公差等级	表面粗糙度 $R_a/\mu m$	毛坯状态	加工链
内孔	不限	$D>20$	<32	IT8 ~ IT9	2.5 ~ 5		钻孔→镗孔
				IT7	1.25 ~ 2.5		钻孔→镗孔→铰孔
	黑色金属	$D>20$	<32	IT10 ~ IT12	5 ~ 12.5		钻孔→镗孔
						有预制孔	粗镗→精镗
				IT8 ~ IT9	1.25 ~ 5		钻孔→半精镗→精镗
						有预制孔	粗镗→半精镗→精镗
				IT7	0.32 ~ 1.25		钻孔→粗镗→半精镗→精镗
						有预制孔	粗镗→半精镗→磨削
			不限	IT6	0.08 ~ 0.16		钻孔→半精镗→粗磨→精磨→珩磨
						有预制孔	粗镗→半精镗→粗磨→精磨→珩磨
内孔	有色金属	$D>20$	不限	IT10 ~ IT12	5 ~ 12.5		钻孔→镗孔
						有预制孔	镗孔
				IT7 ~ IT9	0.32 ~ 2.5		钻孔→粗镗→半精镗→精镗
						有预制孔	粗镗→半精镗→精镗
				IT6	0.08 ~ 0.16		钻孔→粗镗→精镗→金刚镗
						有预制孔	粗镗→半精镗→精镗→金刚镗
平面	黑色金属	不限	<32		5 ~ 12.5		铣削
					1.25 ~ 5		粗铣→精铣
			≥32		0.32 ~ 1.25		粗铣→精铣→磨削
			不限		0.08 ~ 0.32		粗铣→精铣→粗磨→精磨→研磨
	有色金属	不限	不限		5 ~ 12.5		铣削
					1.25 ~ 5		粗铣→精铣
					0.08 ~ 1.25		粗铣→精铣→刮研
功能槽	黑色金属	<5	不限	IT7	1.25 ~ 2.5		粗车→半精车→精车
				IT6	0.63 ~ 1.25		粗车→半精车→磨削
					0.32 ~ 0.63	有镀层	粗车→半精车→粗磨→精磨
	有色金属	<5	不限	IT7	0.63 ~ 1.25		粗车→半精车→精车
				IT6	0.32 ~ 0.63		粗车→半精车→精车→细车

2. 利用加工链进行工艺决策

本工艺决策模型是根据生成的零件特征表面加工链文件，对复合工艺文件的各主要工序进行匹配比较来编辑工艺，也就是根据输入的几何信息和工艺信息，生成零件各特征表面的加工链，再根据加工链对复合工艺进行编辑。编辑过程的原理如下：首先对复合工艺路线的主要加工工序进行搜索，把搜索到的主要工序与零件的加工链文件中的特征表面加工链的工序序列进行比较，如两者能对应，就保留该工序，否则就删除。例如，在工艺路线中检索到精车工序（工序代码为24），该零件的加工链文件中存在一个加工链为121624，说明加工链中有粗车、半精车、精车工序，在编辑工艺路线时要保留精车工序，反之则删除。

七、半创成式 CAPP 系统的工序设计

零件的工艺路线生成后，接着就要进行工序设计，工序设计的内容包括安排操作内容及顺序，确定工序内容及工序尺寸，以及选择切削参数、工时定额等。下面以 HCCAPP 系统为例分别予以介绍。

1. 工步内容的生成和次序的编排

工步内容的生成主要是根据各加工表面的加工链和零件的结构形状等。通过对表面加工链文件（包括内、外表面加工链和端面加工链）进行变换处理，获得一个称为表面链的文件，这个文件的内容是各工序加工的特征表面集合，用2位数字表示各特征表面编号，则各工序加工的特征表面集合可用一个代码串表示，这个代码串就称之为表面链，它表明了各加工工序加工了哪些表面。根据表面链文件便可生成各工序的工步内容。表7-4、表7-5是一个加工链文件和一个相对应的表面链文件的示例。表7-4表明了某零件有4个特征表面需加工，采用了粗车、半精车、精车、粗磨、精磨等加工方法。表7-5表明了上述各种加工方法加工了哪些表面，如：粗车工序加工了表面1、2、3、4，精车工序加工了表面4，粗磨工序加工了表面3等。

表7-4　加工链文件

表面号	加工链
01	1216
02	12
03	12162527
04	121624

表7-5　表面链文件

工序代码	表面链
12	01020304
16	010304
24	04
25	03
27	03

在工序中，各表面加工顺序的确定对加工质量及生产率有很大影响。本系统对粗、精加工分别采取不同的规则。粗加工主要考虑提高切削效率，遵循以下原则：①尽可能以最大背吃刀量进行加工，以减少走刀次数；②对外表面从直径最大或较大的台阶开始加工，以保证工件的刚性。按此原则可以得到图7-13所示的两种方案，本系统采用图7-13b所示的方案。

精加工（半精加工）的主要目的是切除工件剩余的加工余量，保证零件的尺寸及精度。对于工步排序，本系统分两种情况：一种是对主特征的加工工步顺序，采用轴向尺寸联系树

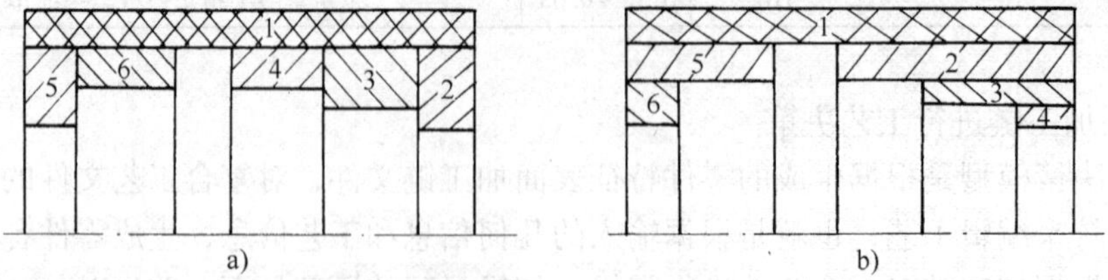

图7-13　粗加工工序的各表面加工方案

a）方案1　b）方案2

的方式来判断各主特征之间的相互关系；另一种是对加工辅助特征之间联系尺寸不密切或没有联系的情况按照顺序加工的原则。加工主特征的工步排序为：零件轴向设计尺寸的标注方式在一定程度上反映了各轴向尺寸与设计基准之间的联系，每个轴向尺寸反映了两个主特征端面之间的联系，把所在轴向尺寸反映的端面之间联系用一个轴向尺寸联系树来表示。图7-15 是根据图 7-14 中零件的轴向尺寸标注方式画出的轴向尺寸联系树。在安排主特征端面和表面的精加工顺序时，尽量考虑基准重合和基准一致的原则，减少基准变换误差。安排工步加工顺序时，表面及端面的加工顺序根据轴向尺寸联系树来确定，先加工尺寸联系树中的根节点，再加工枝节点和叶节点，这样就完成了主特征端面的加工顺序的排序。例如，图7-15 中端面①是根节点（主基准），端面③是枝节点（次基准），端面②、④、⑤是叶节点。首先要加工主基准端面①，再加工端面②、③、④、⑤，即端面加工顺序为①→②→③→④→⑤。由于表面的加工顺序与端面的加工顺序有着密切的关系，表面的加工顺序可根据端面的加工顺序来确定。例如，图 7-14 中的零件，在加工端面②时同时加工表面 1，加工端面③时加工表面 2，加工端面④时加工表面 4。这样，该零件的表面精加工顺序为 1→2→4→3。

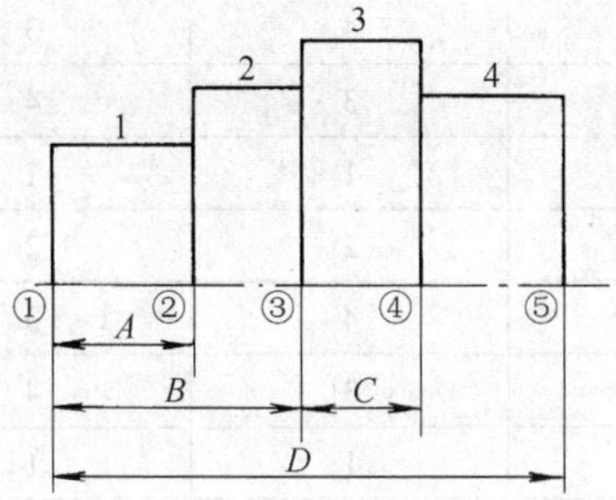

图 7-14　零件轴向尺寸标注示例

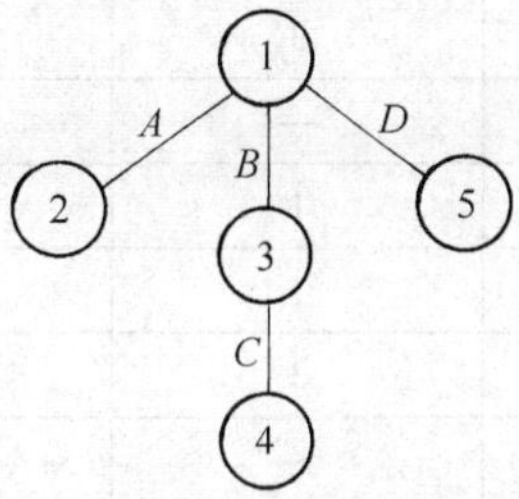

图 7-15　零件轴向尺寸联系树

零件的各特征表面一般都要经过粗加工，因此在按粗加工原则排出的工步顺序后即可采用；而精加工（半精加工）工序的工步内容在按轴向尺寸联系树排出各表面加工顺序后，由于它是针对所有表面的加工顺序，但有些表面可能不需要精加工或半精加工。所以还要根据表面链文件把不需要加工的工步内容删除，得出符合实际的精加工（半精加工）工序的内容（见图 7-16）。删除多余工步的依据是零件的表面链文件（或加工链文件），表面链文件中表明了各加工工序应加工的表面号，通过把各加工工序的表面链与上述生成的各工序工步内容文件比较，从工步内容文件中删除在各工序

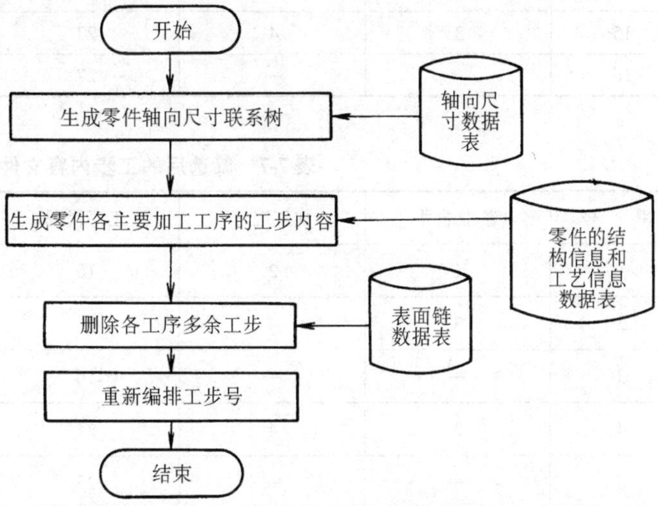

图 7-16　精加工（半精加工）工序内容生成的原理框图

表面链中没要求加工的工步。例如，假设图7-14中的零件的加工链文件和表面链文件如表7-4和表7-5所示，由前述内容可知，零件表面加工顺序为1→2→4→3，再从表7-5可知，工序代码为16的半精车工序应加工表面1、3、4，通过判断比较，从半精车工步内容中删除表面2，即得该零件的半精车工序加工内容，工序内容为加工表面1、3、4，加工顺序为1→4→3。同理，工序代号为24的精车工序仅保留加工表面4的工步内容，工序代码为25的粗磨工序和工序代码为27的精磨工序仅保留加工表面3的工步内容，其余工步应删除。表7-6和表7-7分别为本例筛选前的工步内容文件和筛选后的工步内容文件。由于轴类零件的两端面（本例中为端面①和⑤）是精车两端面、修中心孔（代码为17）工序加工，因此在表7-6和表7-7中没包括端面①和端面⑤的加工。

表7-6　筛选前的工步内容文件

序　号	基准端号	加工端号	工序代码	表面号	工步号
1	1	2	16	1	1
2	1	3	16	2	2
3	3	4	16	4	3
4	—	—	16	3	4
5	1	2	24	1	1
6	1	3	24	2	2
7	3	4	24	4	3
8	—	—	24	3	4
9	1	2	25	1	1
10	1	3	25	2	2
11	3	4	25	4	3
12	—	—	25	3	4
13	1	2	27	1	1
14	1	3	27	2	2
15	3	4	27	4	3
16	—	—	27	3	4

表7-7　筛选后的工步内容文件

序　号	基准端号	加工端号	工序代码	表面号	工步号
1	1	2	16	1	1
2	3	4	16	4	2
3	—	—	16	3	3
4	3	4	24	4	1
5	—	—	25	3	1
6	—	—	27	3	1

2. 工序尺寸计算

工序尺寸计算是机械加工工艺设计的必不可少的环节，因而也是CAPP系统不可缺少的一个环节。工序尺寸计算的内容包括加工余量的选择、工序尺寸及公差的确定等。一般采用由后往前的推算法，即先按图样要求，确定最终工序的尺寸及公差，再按选定的加工余量推算出以前的工序尺寸，公差则按本工序加工方法的经济精度来给出。当工序设计在基准换算（工序基准与设计基准、测量基准不重合）时，就要进行工序尺寸换算。对于位置尺寸关系比较复杂的零件，工序尺寸的计算就较复杂。在手工设计机加工工艺过程时，常采用图解跟踪法来计算或校核工序尺寸，这种算法虽比较繁琐，但它是一种人们比较熟悉又比较成熟的方法。此外还有图论求解法、专家系统求解法等。HCCAPP系统是应用图解跟踪法的尺寸链原理来编制计算机程序，比较成功地解决了轴向工序尺寸及其公差的计算。其尺寸链部分的原始数据直接取自于图样信息，并由CAPP系统自动生成有关的工艺信息。HCCAPP系统的尺寸链计算模块在不需要任何人工干预的情况下即可自动地确定出轴向工序尺寸及其公差和径向工序尺寸及其公差。

（1）径向工序尺寸及公差的计算　回转类零件径向工序尺寸及公差的计算比较简单，可根据各表面加工链用下面的公式计算各道工序的径向工序尺寸。径向工序尺寸计算公式为：

$$D_2 = D_1 \pm Z_1$$

式中　D_2——本道工序的工序尺寸公称值；

D_1——下道工序的工序尺寸公称值；

Z_1——下道工序的公称余量，外圆加工时取“+”号；内孔加工时取“-”号。

在计算过程中余量和公差取加工方法的平均余量和平均经济精度公差；对最后工序要满足图样尺寸要求，取图样尺寸的公差值。由于各个表面都是按加工链从第一道工序至最后一道工序加工出来的，因此，利用上述公式可逆推求得各工序的工序尺寸。

此外，为了保证每道工序的加工要求，需对各工序尺寸的加工余量进行校核，最小余量计算式为：

$$Z_{\min} = Z_1 - \delta_2$$

式中　$Z_{\min}$——本道工序最小余量；

Z_1——本道工序公称余量；

δ_2——上道工序公差。

如果最小余量（$Z_{\min}$）　大于最小切削层厚度，则满足要求，反之，则说明该工序余量不够，需进行调整，一般是适当增加本道工序的余量（30%），若还不能满足，则减少上道工序的公差（取平均经济精度的2/3）。最小切削层厚度是指上道工序加工所残留的表面粗糙度、表面缺陷层厚度及待加工端面对作为定位基准的内孔和外圆的垂直度误差之和，为消除和弥补这些因素，在计算时使用最小切削层经验数据。按照上述的方法对加工余量、公差、表面粗糙度、工序尺寸计算以后，还应根据毛坯的不同（锻件、棒料）对粗加工余量进行调整。因为粗加工的余量不仅取决于加工方法和零件的结构信息及工艺信息，还取决于毛坯的结构形式。例如，粗加工一根台阶轴时，按照加工余量选取原则，直径小的表面余量小些，直径大的表面加工的余量大些。如果毛坯是棒料，那么，余量的大小正好相反，直径小的表面加工余量大，直径大的表面余量小。根据上述道理，必须根据毛坯的不同形式重新调整各加工表面的粗加工余量。图 7-17 为径向工序尺寸、公差计算框图。

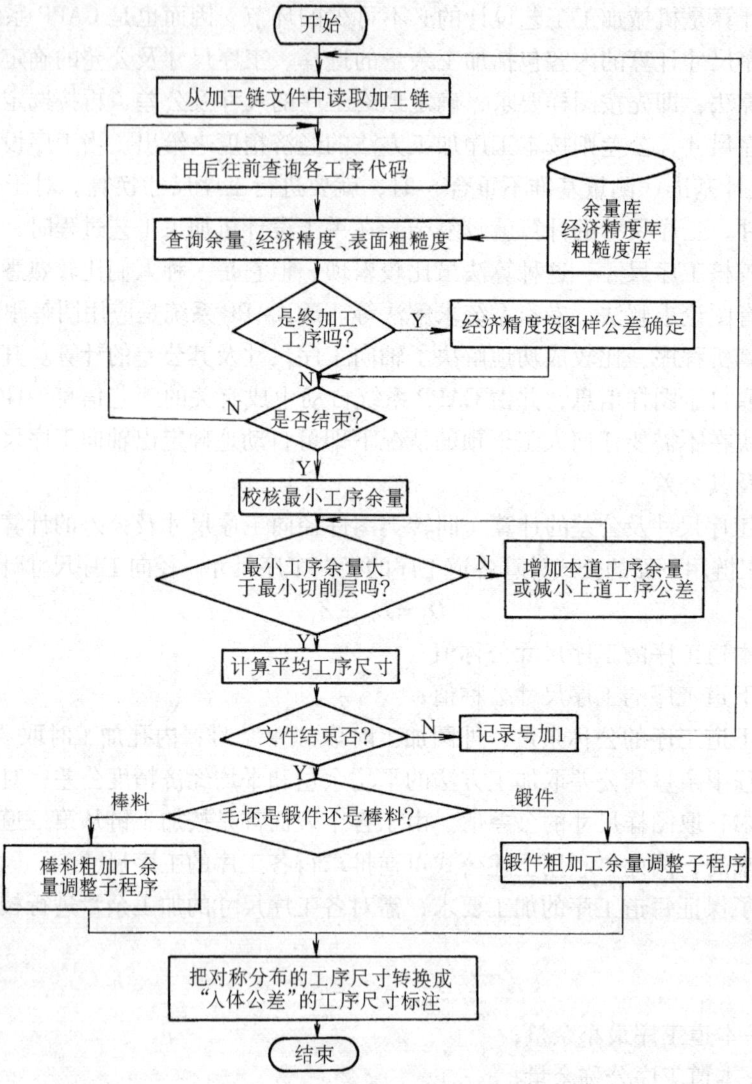

图 7-17　径向工序尺寸及公差计算框图

(2) 径向尺寸及公差的计算实例　现以图 7-18 所示的活塞杆零件为例，说明其径向尺寸及公差的计算。根据图样信息和工艺信息，可求得该零件的加工链文件如表 7-8 所示。根据该零件的加工链文件，按照图 7-17 所示的计算过程，径向工序尺寸及公差计算结果如表 7-9 所示。

表 7-8　活塞杆零件加工链文件

表面号	加工链	表面号	加工链	表面号	加工链
1	12　16　25	4	12　16　25　27　30	7	49　53　54
2	12　16　22	5	12　16　22		
3	12　16　22	6	49　53　54		

注：表中工序代码的含义见表 7-2。

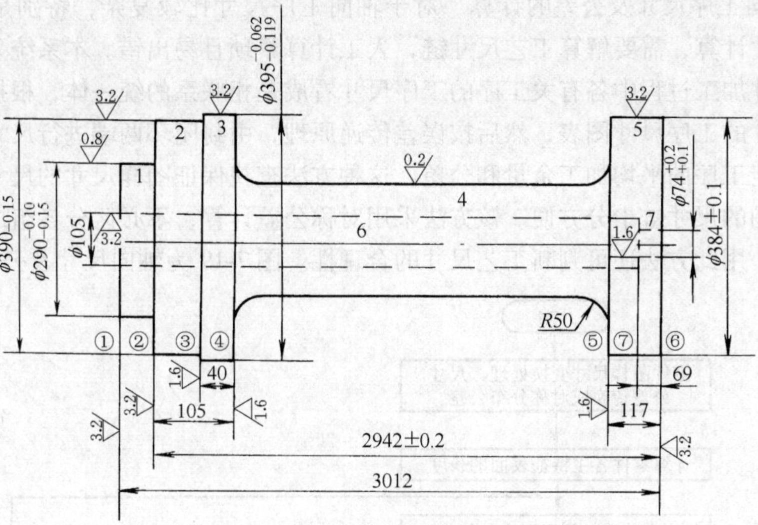

图 7-18　活塞杆零件图

注：图中的数字 1、2、3、4、5、6、7 表示表面编号，数字①、②、③、④、⑤、⑥、⑦为端面的编号。

表 7-9　活塞杆零件径向工序尺寸及公差计算结果　（mm）

表面号	工序代码	公差	加工余量	工序尺寸	上偏差	下偏差	图素长度	表面粗糙度	表面类型
1	12	0.040	13.400	291.600	0.000	-0.080	70.00	6.300	外表面
2	12	0.050	18.200	391.800	0.000	-0.100	65.00	6.300	外表面
3	12	0.050	13.200	396.800	0.000	-0.100	40.00	6.300	外表面
4	12	0.035	13.100	236.860	0.000	-0.070	2720.0	6.300	外表面
5	12	0.050	10.200	385.800	0.000	-0.100	117.0	6.300	外表面
1	25	0.025	0.800	290.000	-0.100	-0.150	70.00	0.800	外表面
1	16	0.080	0.800	290.800	0.000	-0.160	70.00	3.200	外表面
2	22	0.050	0.800	390.000	0.000	-0.100	65.00	3.200	外表面
2	16	0.100	1.000	390.800	0.000	-0.200	65.00	3.200	外表面
3	22	0.028	0.800	395.000	-0.062	-0.119	40.00	3.200	外表面
3	16	0.100	1.000	395.800	0.000	-0.200	40.00	3.200	外表面
4	30	0.015	0.060	235.000	0.000	-0.029	2720.0	0.200	外表面
4	27	0.018	0.400	235.060	0.000	-0.036	2720.0	0.200	外表面
4	25	0.040	0.700	235.160	0.000	-0.080	2720.0	0.800	外表面
4	16	0.070	0.700	236.460	0.000	-0.140	2720.0	3.200	外表面
5	22	0.100	0.800	384.000	0.100	-0.100	117.0	3.200	外表面
5	16	0.100	1.000	384.800	0.000	-0.200	117.0	3.200	外表面
6	54	0.404	0.725	105.000	0.000	0.000	2943.0	3.200	内表面
6	53	0.044	0.700	104.275	0.088	0.000	2943.0	3.200	内表面
6	49	0.000	0.000	103.575	0.000	0.000	2943.0	12.500	内表面
7	54	0.050	0.140	74.000	0.200	0.100	69.00	1.600	内表面
7	53	0.037	0.600	73.860	0.074	0.000	69.00	3.200	内表面
7	49	0.000	0.000	73.260	0.000	0.000	69.00	12.500	内表面

（3）轴向工序尺寸及公差的计算　对于轴向工序尺寸比较复杂，特别是加工基准不重合的工序尺寸计算，需要解算工艺尺寸链，人工计算繁琐且易出错。本系统采用图解跟踪法求解，把零件加工过程中各有关工序的工序尺寸看成是相联系的统一体，根据加工过程绘制有关工序尺寸的工序尺寸图表，然后按误差传递原理，由封闭环两端进行尺寸跟踪找出组成环，然后决定工序的平均加工余量和公差。这种方法查找保证图样尺寸的尺寸链及影响加工余量变化范围的尺寸链十分方便。该方法采用对称公差计算，不必区分各组成环是增环还是减环，此外，用此方法还可判断工艺尺寸的合理性。图7-19为轴向尺寸及公差计算流程图。

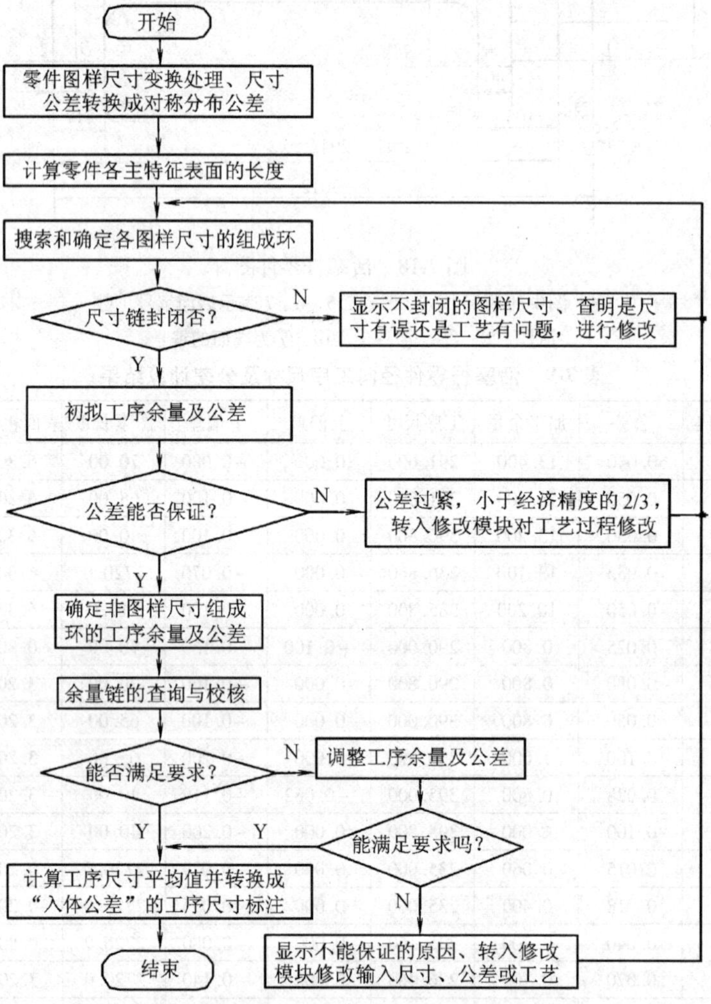

图7-19　轴向工序尺寸及公差计算框图

用图解跟踪法求解轴向尺寸及公差一般有以下几个步骤：①建立各轴向工序尺寸的图表；②初拟各轴向工序尺寸的平均加工余量；③计算各轴向工序尺寸的平均值；④确定各轴向工序尺寸的公差及偏差；⑤校核加工余量。前三步骤，同一般工艺书上介绍的相似，所以以下仅对第④步和第⑤步给以简要说明。

1）轴向工序尺寸公差的确定。本系统确定各轴向工序尺寸公差的方法是：对于保证图样尺寸有关的尺寸链的组成环，采用极值法进行计算，把图样尺寸（封闭环）的公差合理地分配，其他尺寸使其公差等于平均经济精度。然后再校核加工余量及各图样尺寸公差值是否能够保证，若不能保证，则对初定的工序尺寸公差或加工余量进行调整。

为避免尺寸公差的偏紧偏松，采用等系数分配法。公差分配系数计算式为：

$$R = S_2 / S_1$$

式中　R——公差分配系数；

S_2——图样尺寸（封闭环）公差；

S_1——各组成环经济精度之和。

各组成环公差计算式为：

$$q_i = R \cdot Jd_i$$

式中　q_i——第 i 组成环的公差；

Jd_i——第 i 组成环的经济精度。

公差分配系数客观地反映了图样尺寸被保证的难易程度，因此，公差的分配先从最难保证的图样尺寸开始，按 R 从小到大顺序分配公差。此外，R 还可以衡量控制方案的合理性，R 越小加工越困难，当组成环的公差小于经济精度的 2/3 时，系统将提示用户出错信息。

2）加工余量环的查询与校核。加工余量的变化量（变化范围）受到有关工序公差的影响，它是间接控制的量，其误差取决于有关工序尺寸的加工误差的传递累计结果，组成环确定后，按下式计算加工余量变动量。

组成环 $n \leqslant 5$ 时，用极值法，其计算式为：

$$\delta_{AZ} = \sum_{i=1}^{n} \delta_{Ai}$$

组成环 $n > 5$ 时，用概率法，其计算式为：

$$\delta_{AZ} = K_M \sqrt{\sum_{i=1}^{n} \delta_{Ai}^2}$$

式中　δ_{AZ}——加工余量的变动量（封闭环公差值）；

δ_{Ai}——各组成环公差值；

n——组成环数；

K_M——各环相对分布系数平均值（$K_M = 1.2 \sim 1.7$）。

工序余量校核公式为：

$$Z_{i\min} = Z_{im} - \frac{1}{2}\delta_{Zi}$$

式中　$Z_{i\min}$——工序最小余量；

Z_{im}——工序余量平均值；

δ_{Zi}——工序余量变动量。

若工序最小余量 $Z_{i\min}$ 小于切削层厚度，则表明该工序尺寸的平均工序余量不够，需对各有关工序尺寸进行调整，调整方法是：

①工序余量组成环的公差大于平均经济精度，则使组成环的公差等于平均经济精度。

②若组成环公差小于平均经济精度，则适当增加工序余量（0.1~0.3mm）。

③若还不满足要求，可取工序余量链组成环的公差等于2/3平均经济精度。

一般情况下，经过这样的调整均能满足图样公差及其工序尺寸有足够的加工余量，否则可能由以下几种原因产生：①零件图样尺寸、公差输入有误；②零件尺寸有特殊要求；③工艺路线不合理。出现这种情况后，必须停止调整，在屏幕上显示不满足要求的工序尺寸及其余工序尺寸，以便进行人工干预，如改变工序顺序或修改图样尺寸的标注方式以及增加工序等，干预完后，再进行尺寸链校核，直到满足图样精度要求。

3. 工序图绘制

在实际生产中，工序图既方便于人工操作，又可省去工艺文件中许多附注及文字说明。工序图绘制有交互式和参数法两种。应该说在CAD系统中应用零件设计结果进行交互式绘制是当前的主流方法。绘制的工序图连接到工艺卡中，即可形成图文并茂的工艺卡格式。

4. 切削参数和工时定额计算

（1）切削参数选择　机械加工过程中，在工件材料、刀具材料、工件几何参数等切削条件一定的条件下，切削用量的确定将关系到工件质量、生产效率、加工成本和利润。

在现有的CAPP系统中，确定切削用量大致有两种方法，即公式计算法和查表法。公式计算法需要对各种加工方法的切削用量数据进行分析、整理，然后建立切削经验公式，根据加工性质、内容及工件特征计算切削用量。但由于切削用量的选择受许多因素影响，所以，建立合理的经验公式较为困难，而且该方法在工艺条件发生变化后，适应性差。计算法在有关工艺学教材和手册中都有介绍。查表法需建立各种加工方法的切削用量数据库，然后检索切削参数，使用该方法适应性较强，因为当生产条件变化后，只要对数据库进行修改，而不需修改源程序。HCCAPP系统采用查表法。

（2）工时定额计算　工时定额是对劳动对象所规定的一定时间消耗值。加工时间定额是衡量劳动生产率及计算零件成本的重要依据。先进合理的工时定额是企业合理组织生产，开展经济核算，贯彻按劳分配原则，不断提高劳动生产率的基础。在CAPP系统中进行工时定额计算，既可减少重复性劳动，又可使定额的制定更加科学、合理。

工时定额可以利用建立的标准数学模型计算，也可直接进行查表。数学模型应在一定的生产组织条件下（如机床型号、加工方法、零件材料、加工批量等）建立，才能符合生产实际，投入使用。针对企业一定的生产组织条件搜集有关工时消耗资料，分析时间消耗与主要影响因素之间的函数关系，建立适应这种典型生产组织技术条件及一些基本规律之外的因素的影响，分别制定出机床系数、材料系数、批量系数等，用来对上述基本模型进行修正，从而得出能适应各种生产条件的实用数学模型。工时定额的计算公式可查阅有关手册和参考书。根据数学模型才能编制计算机程序。

HCCAPP系统工时定额制定采用查表法。它是根据企业具体生产条件的经验数据建立的各种加工方法的定额标准数据库，采用检索的方法。

八、工艺文件的输出

工艺文件是CAPP系统的最终输出结果，各企业根据习惯不同，没有统一的格式。HCCAPP系统采用工艺过程卡和工序卡相结合的工艺文件格式。表7-10、表7-11是HCCAPP系统输出的工艺过程卡和工序卡的格式。

表 7-10 工艺过程卡示例

HCCAPP 工艺过程卡		产品型号	6L50 柴油机		卡编号	CHDW6L50		
					零件名称	紧配螺栓		
零件编码	4230341621000000020	材料	PCrNi1Mo	毛坯	棒料	零件图号	14721997	
零件族号	2	件数/台	30	批量	3	部套号	03A	打印日期 05/24/01 第 1 页 共 2 页

工序号	工序名称	工序内容	车间	设备	工艺装备 刀具	工艺装备 工夹具	工艺装备 量具	工时
10—1	车端面，钻中心孔	装夹：(记录炉批号，三爪卡盘装夹)车端面，钻中心孔(GB145—86A 型) 调头装夹： 车另一端面，总长放 mm 余量 钻中心孔	柴加工	C620	车刀 中心钻	三爪卡盘	钢直尺	3
10—2	粗车外圆	装夹：(三爪卡盘，顶针装夹) 粗车各级外圆	柴加工	C620	车刀	三爪卡盘 顶针	游标卡尺	39
20	探伤	按文件 599005—7 进行超声波探伤	质检科			超声波探伤仪		
30	调质	调质硬度 240～280HBS	热处理					
40—1	车端面，修中心孔	装夹：(三爪卡盘装夹) 车端面，去除工艺余量 修中心孔(GB145—86A 型) 调头装夹： 车另一端面，去除工艺余量 修中心孔 在端面打上炉批号	柴加工	C620	车刀 中心钻	三爪自定心卡盘	游标卡尺	4
40—2	半精车外圆	装夹：(三爪卡盘，顶针装夹) 精车各级外圆	柴加工	C620	车刀	三爪自定心卡盘 顶针	千分尺	12
40—3	精车外圆	装夹：(三爪卡盘，顶针装夹) 精车各级外圆	柴加工	C620	车刀	三爪卡盘 顶针	千分尺	17
40—4	车螺纹	装夹：(三爪卡盘，顶针装夹) 车右端螺纹，调头装夹 车左端螺纹	柴加工	C620	螺纹车刀	三爪自定心卡盘 顶针	螺纹环规 螺纹千分尺	20
70	去毛刺、锐边	去掉孔口、槽口毛刺，及锐边	柴加工			铣刀		
80—1	粗磨外圆	装夹：(三爪卡盘，顶针装夹) 磨各级外圆	柴加工	M310	砂轮	三爪卡盘 顶针	千分尺	7
80—2	精磨外圆	装夹：(三爪卡盘，顶针装夹)	柴加工	M310	砂轮	三爪卡盘	千分尺	11

			张	编制	校对	审查		日期	发图日期
标计	处数	更改文件号	签字	日期	日期	日期			

表 7-11　工序卡示例

HCCAPP 工序卡				产品型号		L60 柴油机		卡编号	
								零件名称	排气阀
工序号	110	材料	50Cr	毛坯形式	锻件	工序代码	25	零件图号	312160
工序名称	粗磨外圆	车间	柴加工	设备	M310	工时定额	120	第　页	共　页

工步号	工步内容	刀具 编号	刀具 名称	主轴转速 /(r/min)	横向进给量 /(mm/r)	纵向进给量 /(mm/r)	切削深度 /mm
1	粗磨外表面 2，端面 2		砂轮		0.0146	36.000	0.50
2	粗磨外表面 3，端面 3				0.0120	36.000	0.40
3	粗磨外表面 6，端面 6				0.0120	36.000	0.40
4	粗磨外表面 5，端面 4				0.0120	36.000	0.40
5	粗磨外表面 5				0.0039	30.000	0.95
6	粗磨外表面 7					30.000	0.50

工序图

代号	长度	上偏差	下偏差
F	66.00	—	—
E	174.00	—	—
D	72.00	—	—
C	971.00	0.500	-0.500
B	264.00	—	—
A	37.00	—	—

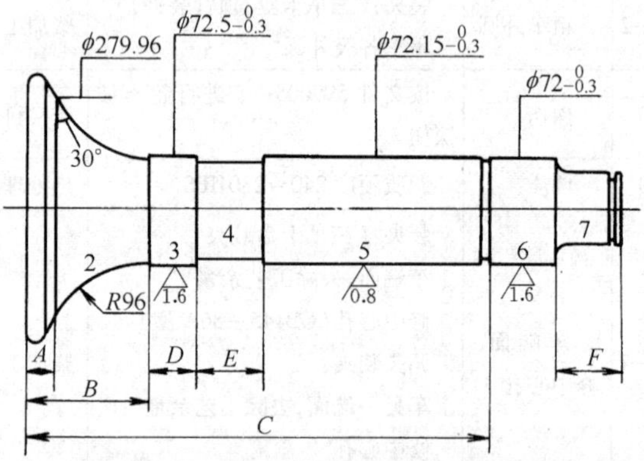

注：此图由计算机生成

						编制	校对	审查	日期	发图日期
标计	处数	更改文件号	签字	日期	日期	日期				

第四节　箱体零件半创成式 CAPP 系统设计

创成式 CAPP 系统生成零件工艺是依靠嵌套在软件中的决策逻辑和数据库中的制造工程数据信息。由于工艺设计过程的复杂性，要使一个创成式 CAPP 系统能包括所有的工艺决策过程并完全自动化，目前是难以实现的。此外，即使目前的决策逻辑看来是完备的，但过段时间后，由于制造环境的变化，有些决策逻辑就会过时并需要更新，所以追求嵌套在软件中的决策逻辑完备性，从实用观点看，也是不合理的。所以目前开发的所谓创成式 CAPP 系统，一般都是半创成式系统。本节要叙述的箱体零件 CAPP 系统也正是这样的系统。它以实用第一为主要目标，考虑到系统的生命力和今后的发展，系统的适应性、通用性以及可扩展性也应充分兼顾。因强调实用第一，所以并不追求系统功能齐全和决策完备性，但强调可扩展性，以便可不断提高系统的先进性。在设计 CAPP 系统各功能模块时，在可能的情况下，应力求标准化、通用化。同时系统采用面向对象的语言开发，使用了可修改的决策模板，从而提高了软件的适应性。

由于各企业制造环境的差别、编制工艺的传统习惯不同以及其他复杂因素，一般一个实用的创成式 CAPP 系统都是较专用的系统。本节将以用于船用柴油机箱体零件的 BCAPP-NC 系统为例，以第一节叙述的 11 个设计步骤为主线来阐述箱体零件半创成式 CAPP 系统的设计过程。虽然举例的 CAPP 系统的专用性较强，但其设计思想、方法和步骤是通用的，适合所有实用型箱体零件半创成 CAPP 系统的设计。

一、系统需求分析

CAPP 系统需求分析通常包括确定零件的对象、系统的生成工艺类型和系统开发的预期效益以及系统设计目标等。其中零件对象和生成工艺类型是由用户根据实际生产需要而提出的；而系统开发的目标和效益，是由开发人员根据用户要求及当前技术水平，同用户共同讨论确定的。

1. 确定零件对象和工艺类型

适用于大中型柴油机箱体零件的 BCAPP-NC 系统的零件主要对象是机座、机架和气缸体三大类零件。这是由于用户根据船用柴油机箱体零件的重要程度、机加工周期、工艺文件编制工作量以及数控机床使用情况而提出的。这些零件的一个重大特点是：除内外表面（平面）和缸套孔（大孔）加工外，还有大量的孔群加工。以一个六缸柴油机的气缸体为例，除平面和大孔外，四侧面上还有 21 种共 764 个孔要加工，为此，本系统将要生成的工艺分为平面和大孔加工工艺以及孔群加工工艺两大类，分别用于 NC 龙门铣镗床（或加工中心）或 NC 龙门钻床。NC 工艺不仅是 NC 编程的依据，而且也是操作人员调整机床和观察零件加工过程的重要参考文件。船用柴油机的大型箱体零件，因为价格昂贵，所以 NC 工艺及 NC 程序的正确性显得更加重要。在生成 NC 工艺之后，立即生成 NC 程序并通过屏幕模拟加以验证，不仅可以缩短 NC 编程时间，而且可以确保 NC 加工程序的质量，并在一定条件下还可减少加工时间。所以实现 CAPP/NC 集成对本系统是必要的。

2. 系统开发目标和预期的效益

船用大中型柴油机制造一般属单件和小批量生产。由于箱体零件非常复杂，且工艺要描述得很详细，所以工艺规程通常是厚厚一本，一般约需花费半个月左右的时间才能完成一个零件的工艺编制工作。因每年要开发新机型，零件变化较频繁，所以制造工程师们不能摆脱大量的重复劳动，难以从事新工艺的开发工作。工艺文件质量在很大程度上取决于工艺人员的经验和各种知识的综合水平，一旦有所差错，对产品质量将带来难以挽回的损失。NC 程序的手工编制一般也要花费较长时间，难以获得优化的结果，且 NC 程序的验证还要靠试加工，既占用数控机床的时间又无效益。NC 自动编程不仅时间快，而且可以获得优化结果，减少空行程时间。NC 动态模拟加工过程可以检测 NC 程序错误，保证它的正确性。这样可最大限度地减少首件工件的试切削时间。开发大型箱体零件的 CAPP/NC 集成系统，可以明显地缩短工艺准备周期（包括 NC 程序编制），并在一定程度上缩短加工时间，提高加工效率，所以具有较大的经济效益。

BCAPP-NC 系统开发的主要目标是让有经验的工艺人员从重复繁琐的劳动中解放出来，

去从事改进工艺提高生产效率的工作。使不大熟悉工艺的人员能应用本系统生成优化的高质量的工艺规程和 NC 加工程序。为了更好地实现以上主要目标，还对系统设计确定了以下具体目标：①系统实现 CAPP 与 NC 集成，并能向 CAD/CAPP/NC 集成和智能化方向发展，所以系统应有可扩展性的接口；②系统设计遵循实用第一、并兼顾适应性和通用性的原则；③操作使用方便。以下就实用性、适应性、通用性和可扩展性作一些具体说明：

（1）实用性　实用性第一是指系统应针对用户实际需求进行设计（包括零件对象、实际制造环境以及用户的各种具体要求等），并最终使系统不仅满足用户当前的要求，而且还要使系统能适应用户制造环境的变化，即还要为用户今后使用本系统考虑。

（2）适应性　是指 CAPP 系统适应制造环境变化的能力。众所周知，随着企业的技术进步，企业制造设备会更新，各种加工数据会改变，为此一个生命力较强的 CAPP 系统应能适应这种变化。为了提高 BCAPP-NC 系统的适应性，设计时应尽可能地提高系统的开放性。例如系统的所有数据库文件用户都可以修改，并且各表面的加工顺序及每一类型表面的加工链等决策规则，用户也可以根据实际情况变化加以变更。

（3）通用性　CAPP 系统一般属较专用的系统，所以 CAPP 的通用性是指它的功能模块设计的通用程度如何。BCAPP-NC 是由标准模块、通用模块和专用模块组成。它的一些性能好、通用性强的模块，经过完善就可以入选 CAPP 开发工具的模块库。因 BCAPP-NC 系统设计时，充分考虑了它的一些模块的通用性，所以这些模块目前已被用于其他箱体零件的 CAPP 系统开发。

（4）可扩展性　CAPP 系统的可扩展性是指系统今后进一步完善时扩充的方便性。BCAPP-NC 系统可以通过接口文件与智能化模块相连接，也可通过接口文件与 CAD 相连接，向 CAD/CAPP/NC 集成扩展。

二、工艺设计标准化和工艺用语规范化

1）BCAPP-NC 工艺设计标准化工作主要是 NC 工艺，具体步骤见第四章。应再一次指出的是，虽然对于不同的制造环境，工艺设计标准化的内容有所变化，但大体上是相似的。

2）工艺设计标准化和工艺用语规范化工作应该主要由企业中有经验的工艺工程师完成，因为他们最熟悉企业工艺和制造环境的各种情况。但是在该工作进行过程中，CAPP 系统设计人员的参与也是极其重要的，二者紧密合作才有可能使工作进行得比较顺利。还应指出的是，经验表明，当由一组人员进行工艺设计标准化时，统一规划和总体协调是极其重要的。没有统一规划和总体协调，往往不能克服传统工艺编制习惯势力的影响，使工作出现反复。当然，由于各种复杂因素影响，工艺设计标准化和工艺用语规范化工作也是一个反复不断完善的过程。

三、系统的功能设计

系统的功能设计（概略设计）和详细设计是 CAPP 系统设计的两个极其重要的步骤。对于中小规模软件来说，此两步骤可以合并同时进行。本节是按两个步骤来叙述的。系统功能设计的任务是按系统需求分析中所确定的具体目标并结合用户的各项具体要求从总体上确定为了使系统能完成预定的任务，需要开发几个功能模块以及各功能模块之间的连结关系，并根据系统运行中数据信息输入、处理及输出情况绘出数据流向图。确定了系统总框图和系统数据流向图之后，就可以进行系统的详细设计。

1. 系统总框图

BCAPP-NC 系统为了达到预定的目标和效益，将系统划分为六大模块，即总控模块、NC 工艺生成模块、NC 程序生成模块、常规工艺生成模块、工序图绘制模块以及输出模块，如图 7-20 所示。

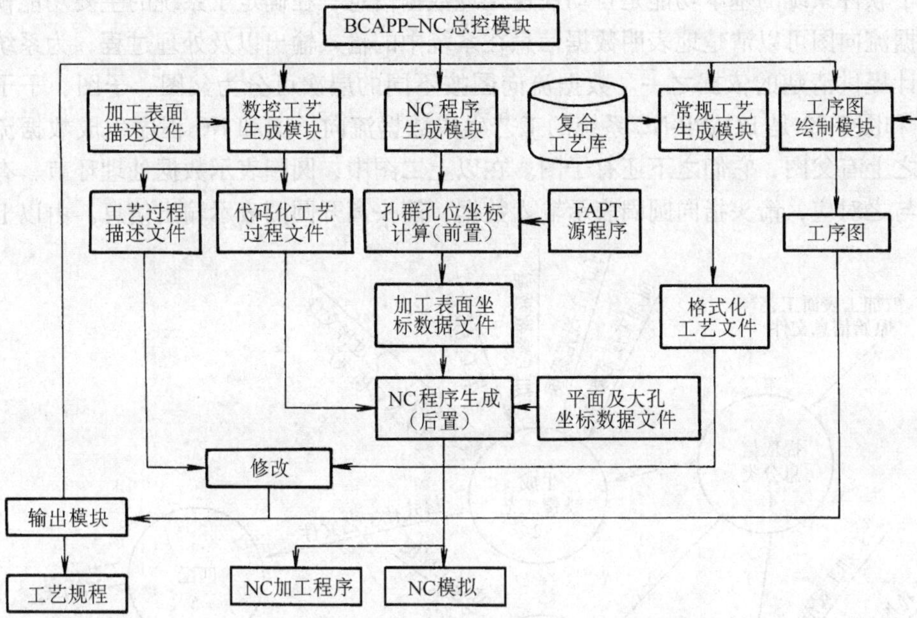

图 7-20　BCAPP-NC 系统总框图

1）总控模块实际上是系统的各层菜单及其运行控制程序、用户按菜单及提示；由菜单引导系统运行，操作较方便，是目前各种软件都采用的方法。

2）NC 工艺生成模块分为平面与大孔加工子模块及孔群加工，分别生成用于 NC 铣镗床或 NC 钻床的工艺。

3）NC 程序生成模块也分为平面与大孔加工子模块及孔群加工子模块，分别与 NC 工艺生成相对应。

4）常规工艺生成模块是一个检索式系统，通过交互方式编辑修改复合工艺来生成具体零件的工艺规程。

5）工序图绘制模块是用 AutoCAD 绘图软件进行二次开发而形成的，它通过拼图方法来绘制工序图。

6）输出模块用于输出符合用户要求格式的工艺规程。

由图 7-20 可见，整个系统在总控模块控制下，由菜单引导运行。零件待加工表面描述文件（零件制造特征数据文件）是由用户按使用说明书准备的。NC 工艺生成模块与 NC 程序生成模块之间通过零件工艺过程代码化文件相连接。

NC 程序生成模块分为前置（孔群坐标计算等）、后置（NC 程序生成）及 NC 模拟三部分。前置模块的输入是类似 FAPT 几何定义源程序，它由用户按系统使用说明书编写，系统可计算出孔位坐标。对于平面与大孔坐标数据文件也是由用户按使用说明书准备的。NC后置模块在读取格式化工艺过程描述文件和待加工表面坐标数据文件之后，便自动生成能供NC机床使用的数控程序。NC模拟模块是用来验证NC程序正确性的。

2. 绘制数据流向图

任何一个软件系统的基本功能是自动快速处理数据信息，在确定了系统的主要功能模块之后，画数据流向图可以清楚地表明数据信息在系统中的输入输出以及处理过程，为系统进一步详细设计提供清楚的依据之一。数据流向图按不同的层次可分为父图、子图、子子图等。图7-21和图7-22是BCAPP-NC系统的工艺生成数据流向子图和NC程序生成数据流向子图，它们之上有父图，它们之下还有子图。在以上二图中，圆圈表示数据处理环节，有相应功能模块与之对应，箭头指向圆圈表示输入数据，箭头离开圆圈表示输出信息。由以上二

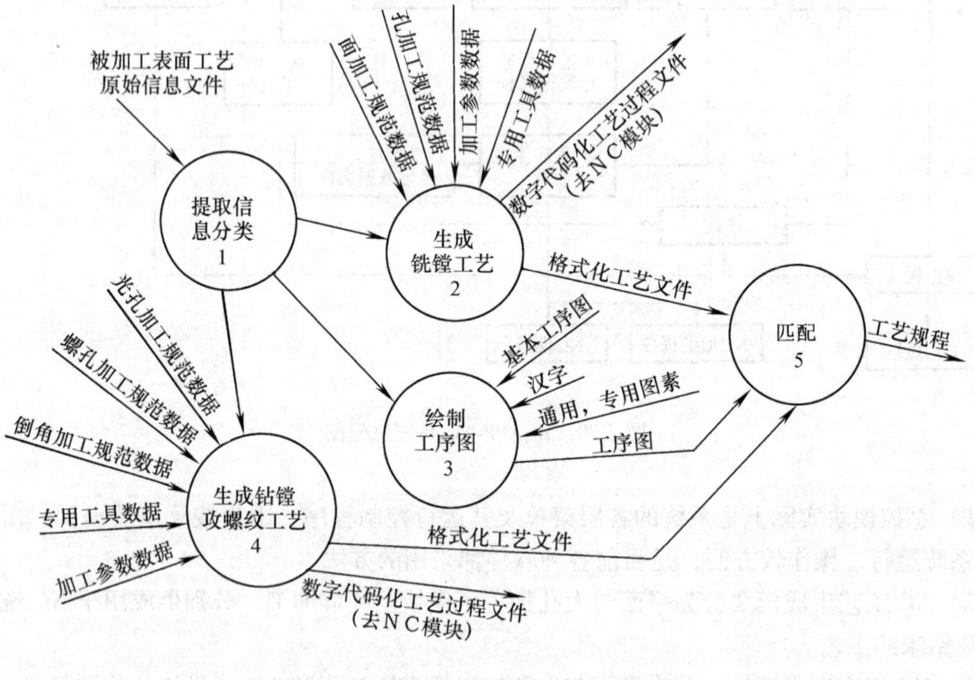

图7-21　NC工艺生成模块数据流向图

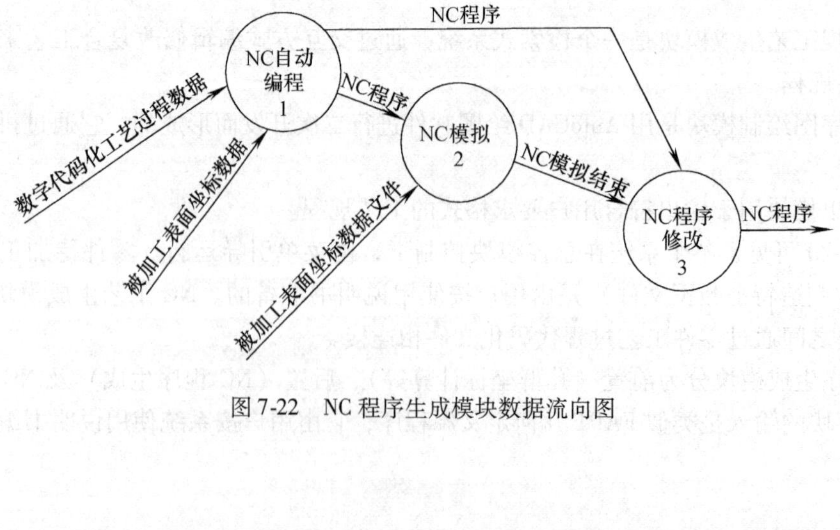

图7-22　NC程序生成模块数据流向图

图已可以较清楚地看到数据信息在系统中的流动方向。

3. 概略设计说明书

概略设计说明书的撰写应参考软件设计国家标准。对于中小规模软件，它可与详细设计说明书合并。BCAPP-NC 系统属中等规模软件，它只有一份系统设计说明书。

四、系统详细设计

系统详细设计的任务：①对系统主要功能模块进行详细设计，即画出各个功能模块（类）的框图（包括各子模块（子类）以及它们之间的联系），并进一步对各子模块进行细化设计；②确定工艺生成和 NC 程序生成的决策逻辑以确定推理具体步骤；③撰写详细设计说明书。此设计步骤应与第五、第六、第七步骤设计结合起来，因为它们之间有密切的联系。此外，在详细设计时，应充分考虑如何实现实用第一，兼顾适应性、通用性和可扩展性的设计目标。

1. BCAPP-NC 系统的主控界面设计

BCAPP-NC 系统的主控界面如图 7-23 所示，由图可见主菜单有 CAPP 系统、HLNC（孔加工 NC 程序生成)、FMNC（平面加工 NC 程序生成）等。CAPP 系统还包括机架类零件工艺生成（WFBCAP)、机座类零件工艺生成（WBPCAP）及缸体类零件工艺生成（WCY-CAP）等。它是用 VC 组件（类）开发的，稍作修改即可成为另一个专用 CAPP 系统的界面。平面加工 NC 程序生成模块菜单如图 7-24 所示，孔加工 NC 程序生成模块菜单类似。

在 BCAPP-NC 系统的主控界面（见图 7-23）中，点击 WFBCAP 即显示图 7-25 所示的工艺生成界面，文件选择框是 Windows 中的构件，通过它选择机架零件特征描述文件

图 7-23　BCAPP-NC 系统主控界面

(FB5L. DAT)后,即可自动生成零件工艺(包括平面和大孔加工以及孔群加工工艺)。由于主控界面与工艺生成界面都用 Windows(VC)组件设计开发,因此比较规范且设计开发方便。

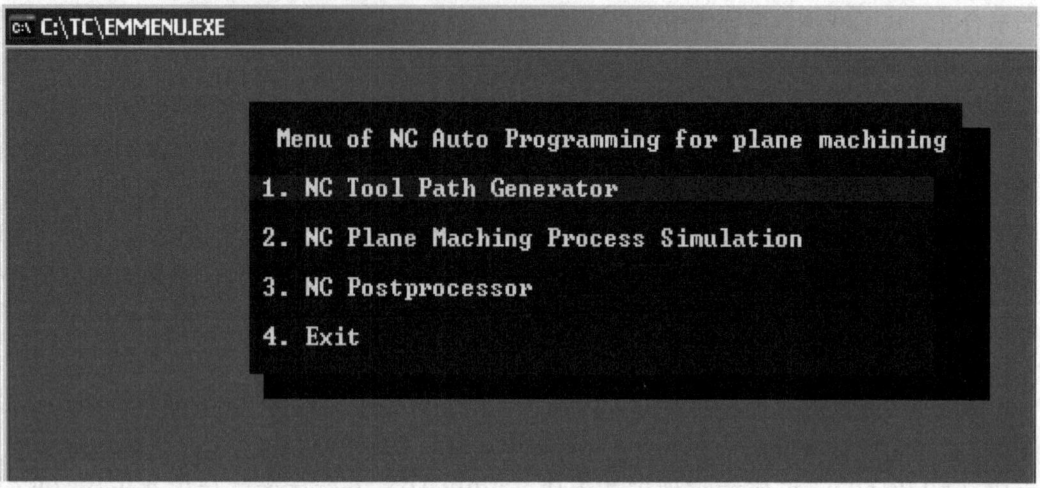

图 7-24　平面加工 NC 程序生成模块菜单

2. 工艺生成模块设计

本工艺生成模块是 CAPP 系统的核心模块，因此它的详细设计也显得特别重要。工艺生成模块的工作流程如图 7-26 所示。

1）零件工艺特征描述文件示例如表 7-12 所示。由表可见，它是一个代码化的文件。

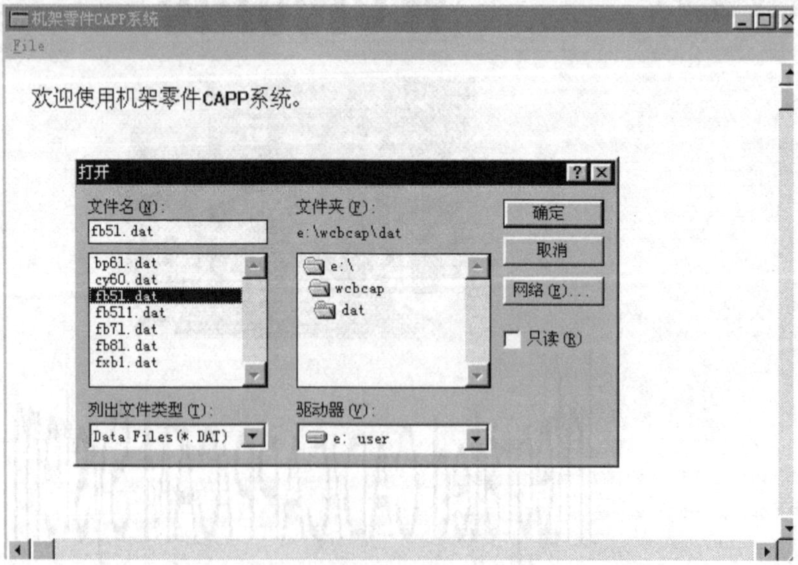

图 7-25　零件工艺生成界面

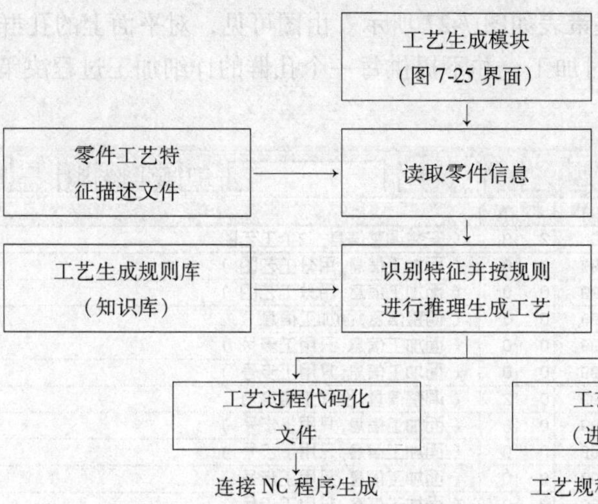

图 7-26 NC 工艺生成模块流程

表 7-12 零件工艺特征描述文件

46(数据总行数)
420, N81, 0, 0, 0, 315 * 100 * 400 * 300 * 50 * 350, 0, 0(加工底平面)
422, N82, 430, 1325, 0, 0, 0, 0(加工下面板凸轮侧)
421, N82, 430, 1325, 0, 0, 0, 0(加工下面板排气侧)
425, N83, 0, 0, 0, 0, 0, 0(加工机架前端面)
426, N83, 0, 0, 0, 0, 0, 0(加工机架后端面)
450, N83, 0, 0, 0, 0, 0, 0(加工机架前链轮轴孔平面)
451, N83, 0, 0, 0, 0, 0, 0(加工机架后链轮轴孔平面)
428, N83, 0, 0, 0, 0, 0, 0(加工机架平面)
……
……
92, 3(钻底平面上孔)
10, 36, 5, 35, 0, 123, 0, 0(5 * M36)
50, 39, 82, 35, 12, 121, 0, 0(74 * D39)
50, 38, 8, 35, 7, 122, 0, 0(8 * D38)
400, N81, 0, 0, 0, 250 * 110 * 350 * 315 * 100 * 550, 0, 0(加工机架上平面)
405, N82, 0, 0, 0, 0, 0, 0(加工上面板前端面)
402, N82, 0, 0, 0, 0, 0, 0(加工上面板后端面)
407, N82, 0, 0, 0, 0, 0, 0(加工上面板凸轮侧)
4410, N84, 0, 0, 0, 250 * 105 * 350 * 315 * 110 * 560, 0, 0(加工导面板)
4460, N84, 0, 0, 0, 0, 0, 0(加工凸轮侧的侧导面板)
4450, N11, 0, 0, 0, 0, 0, 0(加工排气侧的侧导面板)
91, 10(上平面上孔)
52, 39 * 66 * 1, 37, 35, 12, 101, 0, 0(37 * D39)
52, 33 * 60 * 1, 4, 35, 12, 106, 0, 0(4 * D33)
10, 24, 5, 39, 0, 105, 0, 0(5 * M24)
50, 25, 2, 35, 12, 104, 0, 0(2 * D25)
52, 22 * 50 * 1, 7, 35, 12, 106, 0, 0(7 * D22)
10, 20, 20, 32.5, 0, 105, 0, 0(20 * M20)
13, 10, 6, 17.5, 0, 110, 0, 0(6 * M10)
10, 16, 16, 35, 0, 111, 0, 0(16 * M16)
52, 38 * 66 * 1, 8, 35, 7, 102, 0, 0(8 * D38H7)
58, 100, 14, 35, 7, 103, 0, 0(14 * D100H7)
1000(结束标志)
20, 0, 0, 0, 0, 0, 0, 0(information for material and etc.)

2）机架类零件的工艺决策表如图 7-27 所示。由图可见，对平面上的孔群加工本决策表只提供平面上整个孔群在何时加工，并不提供每一个孔群的详细加工过程决策。它由另一个孔加工决策表提供。

A1	A2	A3	A4	A5	A6	A7	A8
420	1	0	0	0	2	0	（安装调整信息，2个工艺图）
420	4	10	11	99	0	0	（面加工信息，用分工艺图）
420	4	12	99	99	0	0	（面加工信息，用分工艺图）
424	3	12	99	99	0	3	（调整信息，面加工信息）
423	5	12	99	99	0	0	（面加工信息，只用工步号）
421	3	10	12	99	0	0	（面加工信息，只用工步号）
422	5	10	12	99	0	2	（调整信息，面加工信息）
426	5	10	12	99	0	0	（面加工信息，只用工步号）
425	5	10	12	99	0	0	（面加工信息，只用工步号）
428	5	10	12	99	0	0	（面加工信息，只用工步号）
450	5	10	12	99	0	0	（面加工信息，只用工步号）
451	5	10	12	99	0	0	（面加工信息，只用工步号）
95	3	450	99	99	1	0	（）
96	3	451	99	99	1	0	（）
94	3	428	99	99	1	0	（）
104	3	432	99	99	1	0	（）
115	3	425	99	99	1	0	（）
116	3	426	99	99	1	0	（）
429	4	12	99	99	1	0	（）
92	3	420	99	99	1	0	（调整信息，孔加工信息，1个工艺图）
999	0	99	99	99	0	0	（下一次安装开始）
400	2	0	0	0	2	0	（安装调整信息，2个工艺图）
400	4	10	11	99	0	0	（面加工信息，用分工艺图）
405	3	10	12	99	0	2	（调整信息，面加工信息）
404	5	10	12	99	0	0	（）
406	5	10	12	99	0	0	（）
401	5	10	12	99	0	0	（）
402	5	10	12	99	0	0	（调整信息，面加工信息）
407	5	10	12	99	0	0	（面加工信息，只用工步号）
105	3	401	99	99	1	0	（）
103	3	406	99	99	1	0	（）
4460	3	10	99	99	0	6	（调整信息，面加工信息）
4450	4	10	99	99	0	0	（面加工信息，只用工步号）
4410	3	10	99	99	0	6	（调整信息，面加工信息）
4410	4	11	12	99	0	6	（调整信息，面加工信息）
4460	4	11	12	99	0	6	（面加工信息，只用工步号）

图 7-27　机架类零件工艺路线决策表（数据库文件）

3）孔加工决策表。米制螺纹是箱体零件最主要的孔，为此孔加工决策表主要是针对米制螺纹的，具体如表 7-13 所示，本表的决策规则已存在数据库的孔加工链表中。

孔加工具体步骤决策表：对不同类型（或不同精度、或不同材料）的孔，对它们采用的加工方法和步骤是不同的，为此孔加工步骤（加工链）决策表设计是孔加工工艺生成模块设计的关键。船用柴油机箱体零件材料分为钢和铸铁两类；孔的精度按实际情况划分为高精度和普通精度两类；孔类型分为米制螺孔、英制螺孔和光孔三类；每类又分为普通孔和阶梯孔两种。本模块按米制螺孔、英制螺孔和光孔分别设计孔加工决策表，其中米制螺孔加工决策表如表 7-13 所示。表中，对正反刮平面用“（×）”表示，是为提醒编程员注意，在编制程序时应判断孔制造特征信息中是否要求刮平面，有刮平面要求的则选取本步骤，无则跳过本步骤。

表 7-13 米制螺孔（包括阶梯螺孔）加工链决策表

钢（材料）	F	F	T	T	T	T	T
铸铁	T	T	F	T	T	T	T
精度≤6H	T	F	T	T	T	T	F
精度＞6H	F	T	F	T	F	F	T
阶梯孔 精度≤8 级	F	F	F	F	T	F	F
阶梯孔 精度＞8 级	F	F	F	F	F	T	T
预钻中心孔	×	×	×	×	×	×	×
预钻底孔	×	×	×	×	×	×	×
正反刮平面	（×）	（×）					
扩钻底孔	×		×		×	×	
正反刮平面			（×）	（×）			
扩钻阶梯大孔					×	×	×
孔口倒角	×	×	×	×	×	×	×
精镗阶梯大孔					×		
攻螺纹	×	×	×	×	×	×	×

注：（×）表示若孔需要刮平面就选此加工步骤，若不需要刮平面，则跳过此步骤；T 表示真，即属于本情况，可执行该列下面的加工链；F 表示假，即不属于本情况，不执行该列下面的加工链。

4）工艺过程决策流程图。工艺路线决策流程图如图 7-28 所示。

孔群 NC 工艺生成子模块流程如图 7-29 所示（图中的数据文件都是指数据库文件）。图中 F、G、I、J、B、C、D、H 等是节点，由这些节点可引出更详细的具体设计框图。本模块运行时，首先区分零件类型（机座、机架和缸体）及零件材料类别，并设置标志。为使孔直径相等、精度属同一级别、深度不同的孔能在同一工步中加工（NC 加工时可不用换刀），设计了孔信息预处理模块 1 和 2（子类）。数控加工处理说明子模块用来描述数控加工操作说明，包括加工内容、调整要求、对刀方式、加工方式以及加工程序编制日期等，描述内容如表 7-17 所示。孔群中心孔一般由同一直径的中心钻钻出，但因为不是所有孔都需要钻中心孔，所以用一个专用子模块处理。当本模块主控程序读到平面及调整允差信息时，即调用以上的子模块各一次。

由图 7-29 可见，在处理孔制造特征信息时，首先进行孔的粗分类，即区分是米制螺孔、英制螺孔还是光孔。然后，按孔的精度、材料以及是否是阶梯孔进行细分类，并从各类孔加工链数据文件中找到相应的加工链。此后，进行该类孔加工工序生成。图 7-30 是米制螺孔加工步骤和加工内容生成流程图。由图可见，孔加工步骤和内容的生成：首先要识别加工链中的加工方法类型，然后调用相应的子模块。各子模块的功能是选择切削参数（加工余量、切削速度和进给量），并计算出主轴转速；寻找孔的专用名称；选择专用刀具等；按一定格式要求组织成工艺描述语句和代码化工艺过程描述语句，并写入相应的数据库文件（待输出）。

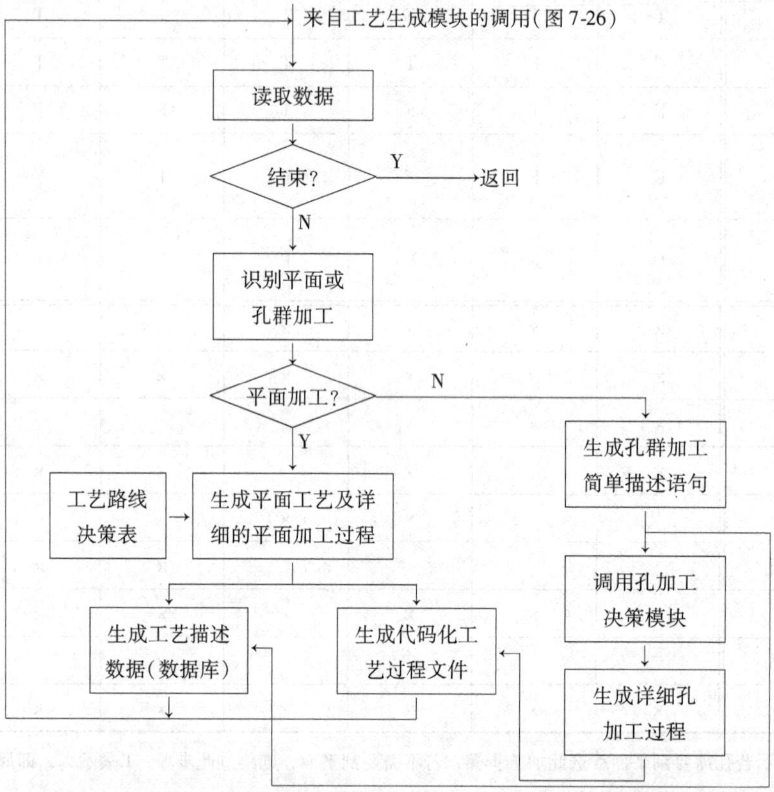

图 7-28　箱体零件工艺描述及 NC 加工过程代码生成总框图

以上围绕米制螺孔工艺生成进行了较系统的设计说明，并给出了主要设计框图。还应指出的是：①孔群 NC 工艺生成决策逻辑除介绍的规则外，还应用了决策树表达方式（如孔分类等，见图 7-31），它们有的用明确的方式表达，有的隐含在框图中（见图 7-30，图中的数据文件都是指数据库文件）；②除上述的米制螺孔工艺生成设计外，还有许多其他设计内容（如孔的分类、切削参数选择等），所以决策逻辑和框图设计工作量很大，单孔群 NC 工艺生成模块的设计表格、框图等就超过 30 个。此外，还应按国家标准写出设计说明书。只有详尽的设计，才能为此后程序编制铺平道路，保证系统成功。

3. 平面和孔群 NC 加工程序生成模块设计

因平面加工 NC 程序比较简单，本节以孔加工 NC 程序为例进行说明。图 7-32 是孔群加工 NC 程序生成模块总框图。该图清楚地表明了它的主要功能子模块，即孔位计算、NC 指令生成和 NC 模拟以及它们之间的联系。由图可见，CAPP/NC 集成是通过零件的数控工艺过程代码化文件。该模块设计步骤的进一步细化类同 NC 工艺生成模块。下面就本模块的输入输出和 NC 模拟作一简要介绍。

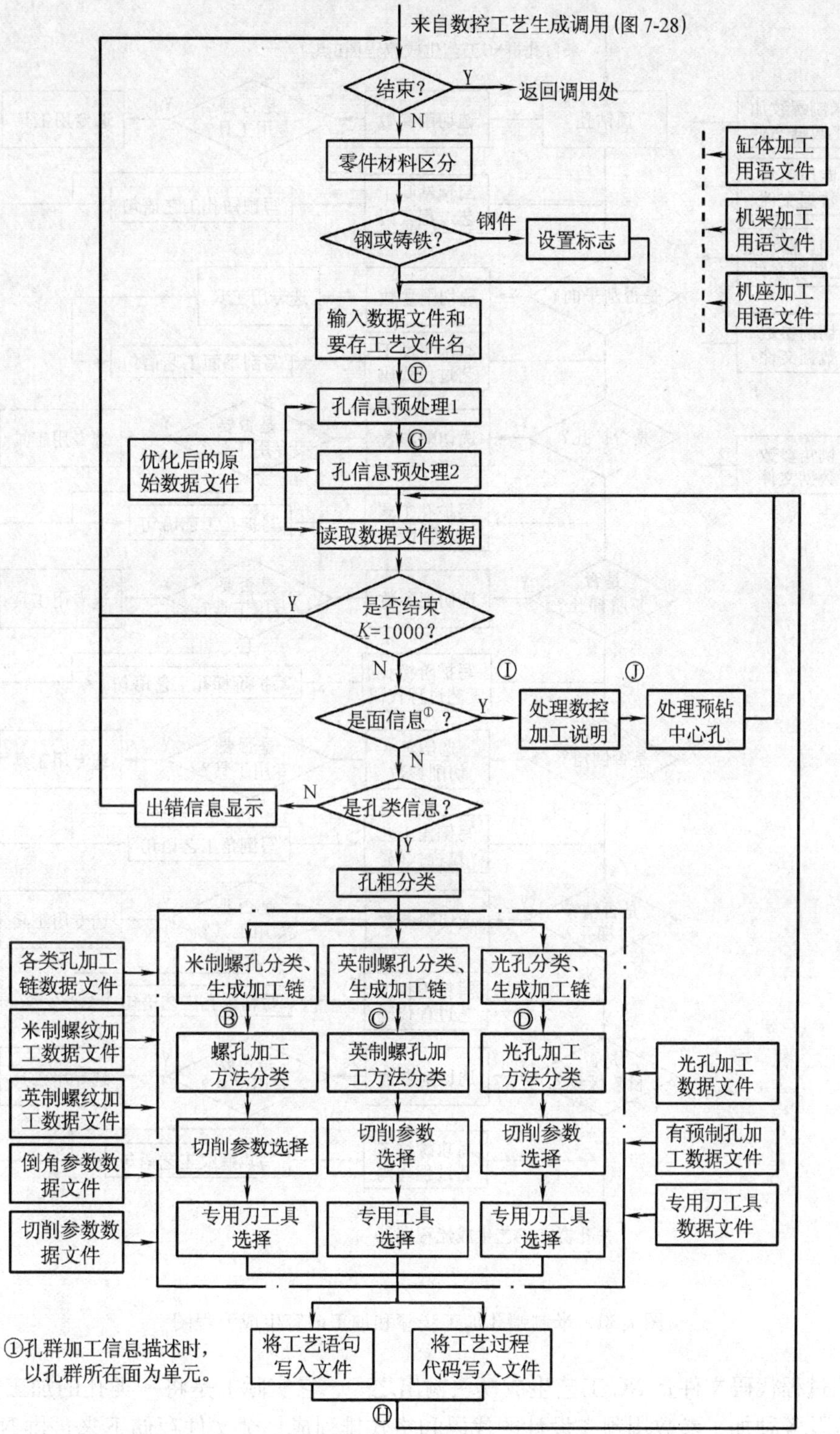

图 7-29　孔群 NC 工艺生成流程图

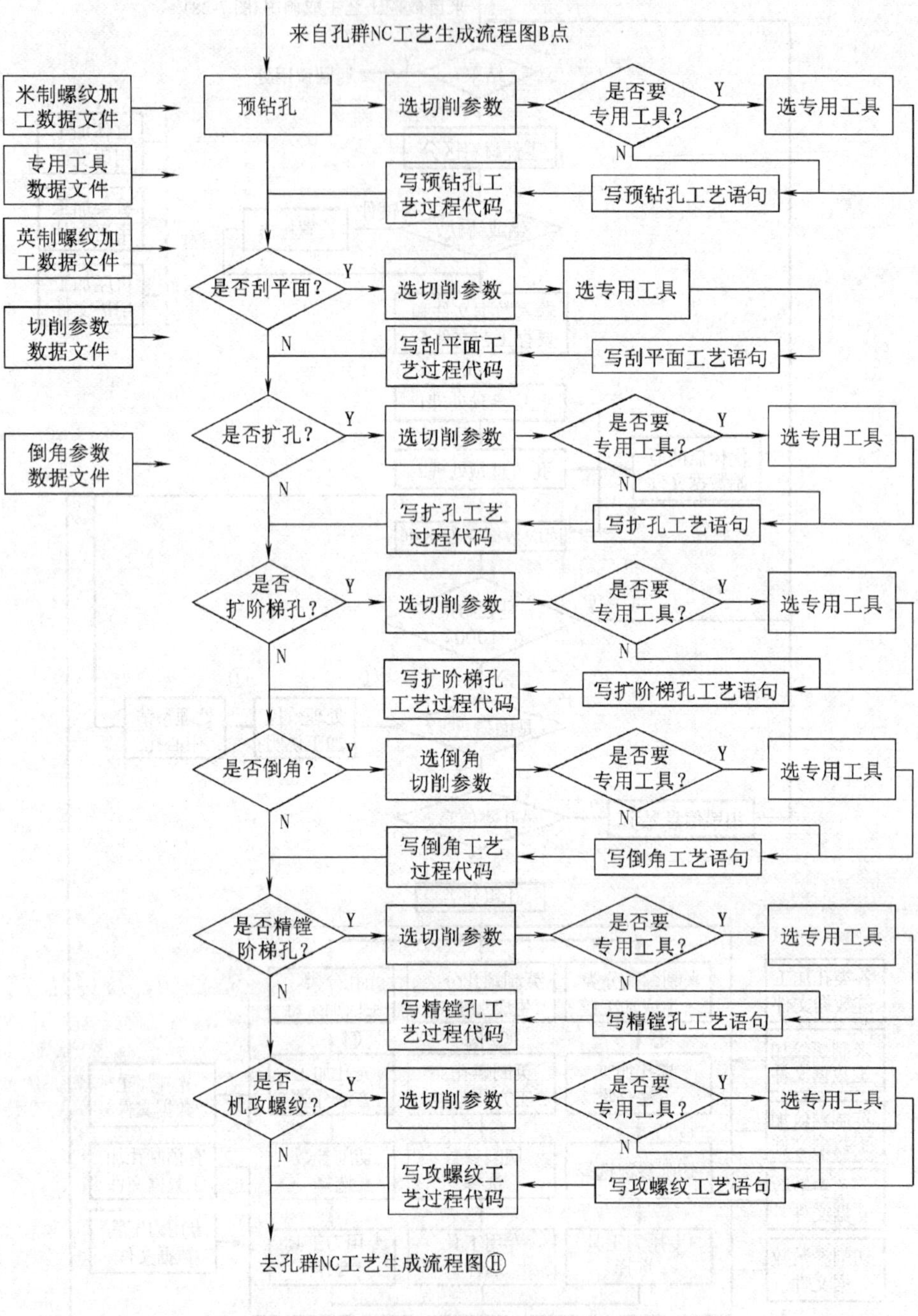

图 7-30 米制螺孔加工步骤和加工内容生成流程图

工艺过程代码文件是 NC 工艺生成模块输出之一，它实际上是将一类孔的加工方法、加工步骤以及各种加工参数用预先设计的代码和格式排列成一个文件存储下来，供 NC 程序生成作为决策依据之一。它的一个示例如表 7-14 所示，文件主要代码的意义简要说明见表中的注解。

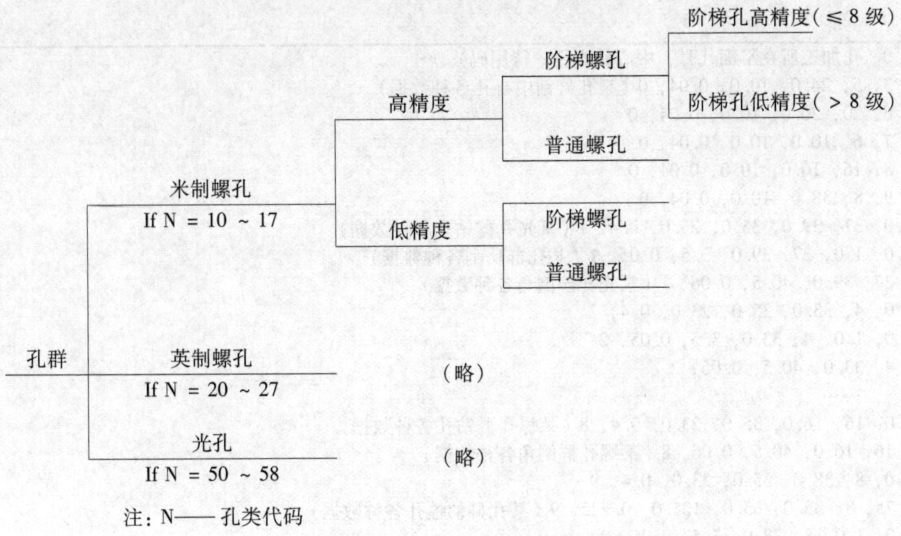

图 7-31　孔分类的决策树

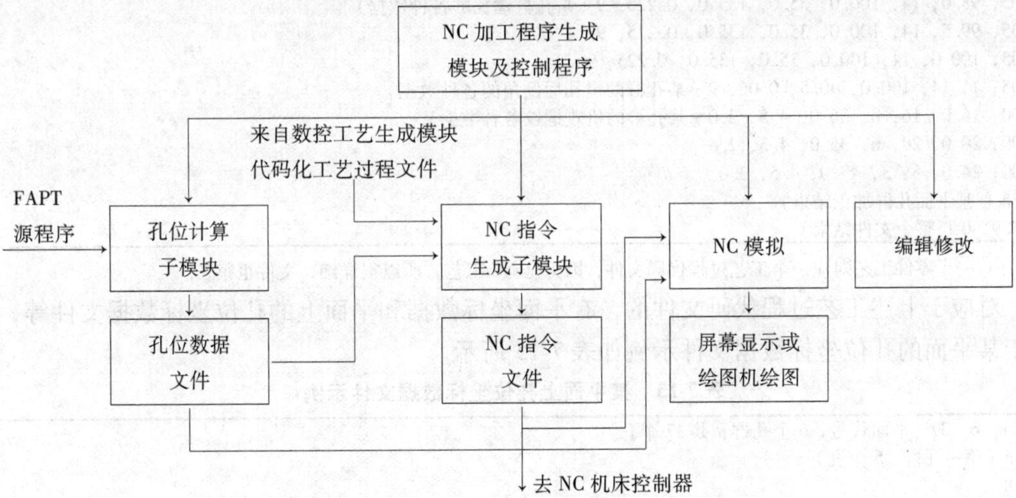

图 7-32　孔群 NC 加工程序生成模块总框图

表 7-14　机架类零件工艺过程代码文件示例

420, 8110, 0, 315, 0, 3.5, 100, 400 (平面代号, NC 加工代码, 待用码, 铣刀直径, 待用码, 背吃刀量, 主轴转速, 进给量)

420, 8120, 0, 315, 0, 0.2, 100, 400
420, 8130, 0, 300, 0, 0.0, 50, 350
421, 8210, 0, 315, 0, 3.5, 100, 400
421, 8230, 0, 300, 0, 0.5, 50, 350
……
451, 8310, 0, 315, 0, 3.5, 100, 400
451, 8311, 0, 315, 0, 5.5, 100, 400
451, 8330, 0, 300, 0, 0.5, 50, 350
……

（续）

1001，4，0（孔加工所在平面代号，中心钻直径，待用码）
2001，4，3，5，24.0，10.0，0.04，0（某孔群钻中心孔各种数据）
2001，4，6，20，20.0，10.0，0.04，0
2001，4，7，6，10.0，10.0，0.04，0
2001，4，8，16，16.0，10.0，0.04，0
2000，4，9，8，38.0，10.0，0.04，0
3000，39.0，37，39.0，35.0，23.0，0.4，1（某光孔群钻孔各种数据）
8000，66.0，1.0，37，39.0，3.5，0.05，1（某孔群反刮各种数据）
5000，1，37，39.0，40.5，0.06，1（某光孔群倒角各种数据）
3000，33.0，4，33.0，35.0，23.0，0.4，2
8000，60.0，1.0，4，33.0，3.5，0.05，2
5000，1，4，33.0，40.5，0.06，2
……
3001，14.0，16，16.0，35.0，23.0，0.4，8（某螺孔群钻孔各种数据）
5001，3，16，16.0，40.5，0.06，8（某螺孔群倒角各种数据）
3000，35.0，8，38.0，35.0，23.0，0.4，9
4006，37.75，8，38.0，35.0，135.0，0.225，9（某孔群的镗孔各种数据）
8000，66.0，1.0，8，38.0，3.5，0.05，9
5000，1，8，38.0，40.5，0.06，9
4500，38.0，8，38.0，35.0，135.0，0.225，9（某孔群的扩孔各种数据）
4005，98.0，14，100.0，35.0，135.0，0.225，9（某孔群镗孔的各种数据）
4005，99.5，14，100.0，35.0，135.0，0.225，9
4505，100.0，14，100.0，35.0，135.0，0.225，9
5005，1，14，100.0，40.5，0.06，9（某孔群的镗孔后倒角的各种数据）
6000，16.0，16，8，36.0，4.5，2.0（某孔群的机攻螺纹各种数据）
6000，20.0，20，6，35.0，4.5，2.5
6000，24.0，5，3，43.0，4.5，3.0
9876（某平面孔群加工结束）
56789，0（整个文件结束）

注：一个零件工艺对应一个工艺过程代码文件，因为是 NC 工艺，所以很详细，文件也很长。

对应于上述工艺过程代码文件的，有平面坐标数据和平面上的孔位坐标数据文件等，对应于某平面的孔位坐标数据文件示例如表 7-15 所示。

表 7-15　某平面上孔位坐标数据文件示例

1001，6，37（平面代号，6 个孔群，共 37 个孔）
1，5（第一孔群，5 个孔）
2，8
3，4
4，4
5，8（第五孔群，8 个孔）
-3.5700000000E+02，-2.9000000000E+02（第一个孔群数据）
-3.5700000000E+02，-1.4500000000E+02
-3.5700000000E+02，0.0000000000E+02
-3.5700000000E+02，1.4500000000E+02
-3.5700000000E+02，2.9000000000E+02
-2.5102294141E+02，-2.0859645943E+02（第二个孔群数据）
-2.5102294141E+02，2.0859645943E+02
-2.0859654146E+02，2.5102287324E+02
-2.0859654146E+02，-2.5102287324E+02
2.0859654146E+02，-2.5102287324E+02
2.0859654146E+02，2.5102287324E+02
2.0859654146E+02，2.5102287324E+02
2.5102294141E+02，2.0859645943E+02
2.5102294141E+02，-2.0859645943E+02

（续）

-2.3719418105E+02，-4.4919416660E+02（第三个孔群数据）
-2.3719418105E+02，-3.6080583340E+02
-1.4880581896E+02，-4.4919416660E+02
-1.4880581896E+02，-3.6080583340E+02
-2.2980974144E+02，-2.2980966633E+02（第四个孔群数据）
-2.2980974144E+02，2.2980966633E+02
2.2980974144E+02，-2.2980966633E+02
2.2980974144E+02，2.2980966633E+02
-3.0303249692E+02，-1.2552014106E+02（第五个孔群数据）
-1.2552043815E+02，-3.0303237386E+02
1.2551984397E+02，-3.0303261998E+02
3.0303233284E+02，-1.2552053717E+02
-3.0303249692E+02，1.2552014106E+02
-1.2552004203E+02，3.0303253794E+02
1.2552024008E+02，3.0303245590E+02
3.0303249692E+02，1.2552014106E+02

NC 程序生成模块读取上述的工艺过程代码文件和孔位坐标数据文件之后，生成的孔群 NC 加工程序如表 7-16 所示。它分主程序和子程序两部分，因程序太长，表中只列出了一小部分，它适用于 FANUC 控制系统。

表 7-16　孔群 NC 加工程序示例

NC 主程序例子	NC 子程序例子
N0010　01000（6L42 CYLINDER FRAME TOP 1991.9.7）；	N0010　01100（5＊M8 1991.9.7）
N0020　（D1000634-1.1 D100063）；	N0020　（6L42 CYLINDER FRAME TOPSUB）；
N0030　（D0000389-9.0 W000002）；	N0030　（1700618-5.5 1700614-8.6）；
N0040　G92 X0.0 Y0.0 M00；	N0040　（1700616-1.4 1700790-7.0/05）；
N0050　G90 G60 X-374.0 Y-517.0 M00；	N0050　G90；
N0060　T01 M00（D4 CIRCLE -DRILL）；	N0060　Y-145.0 M82；
N0070　G92 X-374.0 Y-517.0 Z0.0 M00；	N0070　M83；
N0080　G90 G00 Z30.0；	N0080　Y0.0 M82；
N0090　S637 M03；	N0090　M83；
N0100　X-357.0 Y-290.0 M82；	N0100　Y145.0 M82；
N0110　G81 G98 Z-9.5 R5.0 F31.8；	N0110　M83；
N0120　M83；	N0120　Y290.0 M82；
N0130　M98 P1100；	N0130　M99；
N0140　M83；	N0140　01101（8＊M10）；
N0150　X-251.023 Y-208.596 M82；	N0150　G90；
N0160　M83；	N0160　Y208.596 M82；
N0170　M98 P1101；	N0170　M83；
N0180　M83；	N0180　X-208.597 Y251.023 M82；
N0190　X-237.194 Y-449.194 M82；	N0190　M83；
N0200　M83；	N0200　Y-251.023 M82；
…　…	N0210　M83；
N1620　M02	N0220　X208.597 M82；
	N0230　M83；
	N0240　Y251.023 M82；
	N0250　M83；
	N0260　X251.023 Y208.596 M82；
	N0270　M83；
	N0280　Y-208.596 M82；
	N0290　M99；
	…　…
	N0660　M99

NC 模拟子模块在读取 NC 程序后，能一步步地显示孔的加工过程。分 *XY* 平面和 *XZ* 平面两种显示方式，其中 *XY* 平面中的最终显示结果如图 7-33 所示。为了方便阅读，在图中标出了孔数和直径。

4. 工艺输出模块设计

为了要输出用户特殊要求格式的工艺规程，要设计专用的输出预览和打印模块。由于计算机软硬件技术的迅速发展，目前已能比较方便地完成这一工作，本节不作具体说明。工艺输出格式如表 7-17 所示。

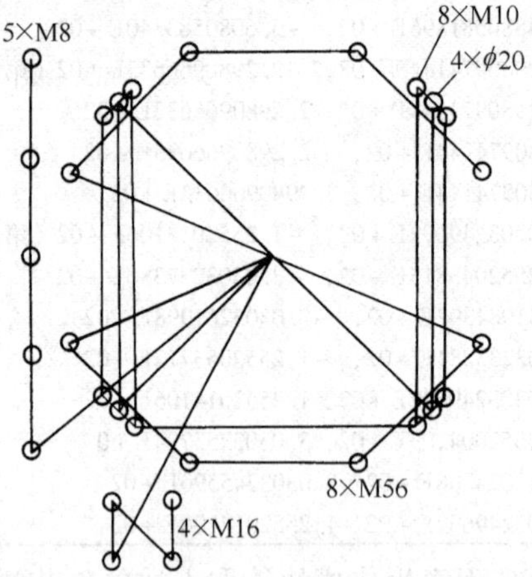

图 7-33　某平面中孔加工 NC 模拟显示结果

五、软硬件选择

软硬件选择是为 CAPP 系统选择计算机及其外围设备型号、编程语言以及支撑软件等。由于计算机技术飞速发展，目前的 PC 机及其工作站已能满足一般的 CAD 图形和网络要求，所以 CAPP 系统一般都在微机上运行，用 Windows 操作系统。

BCAPP-NC 系统用 VC＋＋开发，用面向对象的思想根据设计的模块定义类，以增加系统修改时程序的可重构性。总之，软硬件选择应根据实际情况，但根本的原则是要能方便地满足用户要求并应兼顾今后的发展。

表 7-17　数控加工工艺规程输出示例

<table>
<tr><td rowspan="2" colspan="3">产品名称
6L42</td><td rowspan="2">数 控 加 工 工 艺 卡</td><td>设备名称</td><td>数控钻床</td><td>卡编号</td><td colspan="3">6L42-05-B102-13NC</td></tr>
<tr><td>图号</td><td>700619-7.5</td><td>名称</td><td>气缸体上平面</td><td>共 12 页</td><td>第 1 页</td></tr>
<tr><td rowspan="2">工序编号</td><td rowspan="2">工序内容</td><td rowspan="2">工序编号</td><td rowspan="2">简 图 与 操 作 说 明</td><td rowspan="2" colspan="2">刀具编号
名称</td><td colspan="4">切削参数</td></tr>
<tr><td>n
/(r/min)</td><td>V
(m/min)</td><td>F/
(mm/min)</td><td>f
/(mm/r)</td></tr>
<tr><td>1</td><td>加工上平面</td><td></td><td>(1) 加工准备：将气缸体按简图 1 所示，吊上机床工作台，上平面朝上放置
(2) 加工内容：压板螺钉孔 5×M8，冷却水孔两侧联结螺孔 8×M10，滑油管导外围联结螺孔 4×M16，冷却水孔 4×ϕ16mm，缸盖螺钉孔 8×M56，缸盖螺钉孔阶梯孔 8×ϕ56 mm
(3) 调整要求：X 方向调整到 0.05mm 以内，Y 方向调整到 0.03mm 以内，水平面调整到 0.05mm 以内
(4) 对刀方式：X 方向和 Y 方向以缸套孔为基准对刀
(5) 加工方式：X 方向和 Y 方向对刀后，将主轴移至缸套孔中心位置，即可启动程序，按简图 1 所示逐缸对刀加工</td><td colspan="2"></td><td></td><td></td><td></td><td></td></tr>
</table>

（续）

产品名称 6L42	数控加工工艺卡			设备名称	数控钻床	卡编号	6L42-05-B102-13NC	
				图号	700619-7.5	名称	气缸体上平面	共12页　第1页
工序编号	工序内容	工序编号	简图与操作说明	刀具编号名称	切削参数 n/(r/min)	V/(m/min)	F/(mm/min)	f/(mm/r)
1	加工上平面		(6) 加工程序：上平面主程序号为： 上平面子程序号为： 程序编制人及日期：					
		1	用ϕ4mm中心钻，预钻压板螺钉孔5×M8，冷却水孔两侧联结螺孔8×M10，滑油管导外围联结螺孔4×M16，冷却水孔4×ϕ16mm，缸盖螺钉孔8×M56，中心孔		769	10.0	30.8	0.040
		2	用ϕ6.8mm麻花钻，钻压板螺钉孔5×M8底孔，深16mm，见O-O剖视图		889	19.0	400.1	0.450
		3	用倒角刀，对压板螺钉孔5×M8各孔倒角，C=1.0 mm，见O-O剖视图	B&W42KR-8	1429	37.5	104.4	0.070
		4	用ϕ8.5mm麻花钻，钻冷却水孔两侧联结螺孔8×M10底孔，深17.5mm，见O-O剖视图		711	19.0	320.0	0.450
		5	用倒角刀，对冷却水孔两侧联结螺孔8×M10各孔倒角，C=1.0 mm，见O-O剖视图	B&W42KR-8	1193	37.5	83.5	0.070
编制		校对		审核		会签		

六、接口设计

接口设计包括系统的输入、输出，系统的操作方式，以及CAPP系统与CAD、CAM和PDM等接口程序。对BCAPP-NC系统而言接口设计时应注意：

1）为了方便用户，系统采用软件常用的操作方式，即全部用菜单引导、汉字提示，所以对操作者水平要求不高。

2）BCAPP-NC输入信息实际上有两部分：一是零件待加工表面制造特征信息；另一是它们的几何坐标信息。零件制造特征采用特征柔性描述法进行描述。这里应强调的是，虽然特征柔性描述法具有很大的灵活性，但对于具体应用环境，应尽可能简单方便，即零件待加工表面的信息描述项目设置，在能满足用户要求的情况下，项目应尽可能少，以简化处理。

对于孔群坐标信息采用FAPT语言描述，是因为用户对FAPT形式也比较熟悉，目前已可直接从CAD系统中提取（见第五章第四节）。对于平面和大孔的几何坐标信息，经简化形状后（平面），由用户按使用说明书编写。

3）BCAPP-NC系统输出也有两部分，即工艺规程（包括工序图）和NC加工程序。

七、文件或数据库设计

对于CAPP系统来说，无论是建立自己单独的文件管理系统还是应用数据库文件，都要根据实际需要设计文件或表结构。BCAPP-NC 系统中，除代码工艺过程文件和零件特征描述文件外，其他都是数据库文件，即 *. dbf 文件。机架类零件工艺路线决策表（见图 7-27）是所有数据表的一个示例。为了让用户方便地修改，系统的数据表都面向用户，表结构尽可能相同或类似，并且都有注释，便于阅读和修改。

八、系统规格说明

本步骤的任务实际上是对前面 1 ~7 步设计过程的总结，并写成系统的文件。对 BCAPP-NC 来说，具体要编写以下报告：

1）系统需求分析报告。

2）整理出系统零件对象的工艺设计标准化资料和工艺用语规范化表格。

3）按软件编制指南写出系统详细设计说明书（包括系统层次结构说明、各个模块的详细框图及说明、各种决策表和决策树等）。

4）建立所有数据表结构及文件管理方式（包括零件制造特征数据文件、各种加工数据表及系统输出等）。

5）系统软硬件选择报告。

6）各个模块的类和子类的划分、联结及功能说明。

本步骤所提供的报告内容越具体越详细，越会使下面的程序编制和程序调试越方便。特别是当 CAPP 系统规模大，需要很多人来编制程序时，以上报告的质量将显得更为重要（实际上以上很多报告在前面设计步骤中已经编写，这里不过是更系统化而已）。

九、程序编制

1）程序编制工作约占 CAPP 系统设计工作量的 40% 左右。一般规模较大的 CAPP 系统都由几个人或更多人来编制程序，此时，总体设计人员和各功能模块负责人的水平极为重要。

2）一个熟练的程序编制人员一般应有比较扎实的计算机知识并能通晓几种语言的编程技巧，所以他们都是有几年以上经验的人员。有经验的编程人员是保证程序质量的关键。

3）系统的模块化设计和应用面向对象编程语言，将大大方便程序的编制和调试。

十、系统文档编制

所谓系统文档是指使用说明书和系统维护说明书。BCAPP-NC 系统的各个主要功能模块都有较详细的使用说明书。系统维护说明书是开发人员和用户对系统日常维护的文件。程序中的注释语句实际上也是很重要的软件维护说明。

十一、系统的调试

目前 CAPP 系统调试一般是通过各种实例来考核系统运行的情况和结果，检查系统是否已达到预期的目标。更重要的测试是由用户长期使用来证明，一般经过一年以上的使用，若没有什么大问题则可认为基本合格。

至于软件的完善要通过用户更长时间的使用并按用户反馈意见进行不断的修改完善和版本更新才能逐步达到。

第五节 CAPP 系统的应用和维护

创成式和智能式的 CAPP 系统目前专用性比较强，但它和其他软件一样遵循开发、应用、维护和版本更新的周期循环过程。基于派生原理的具有所见所得特征的商品化 CAPP 系统在一定程度上实现了 CAD/CAPP/CAM/PDM 集成，其维护工作更重要，直接影响软件的使用效果和公司的生存。

一、CAPP 系统开发应用过程简述

CAPP 系统开发应用过程如图 7-34 所示。它分为三个阶段，即初期开发应用、正常使用以及版本更新阶段，每个阶段又分为若干步骤。应指出的是，在版本更新阶段，按用户的需求，系统的部分功能将作重大修改或增加一些新的功能，使软件水平提高一步。此后，软件又将在新的水平上开始新的一轮循环。

为了使 CAPP 系统有强大的生命力，开发实用或商品化 CAPP 系统时，应遵循总体规划、目标明确、实施效益明显的准则。只有实用性强，符合用户当前的需求才能取得明显的效益，从而引起工业界的重视，进一步打开推广应用 CAPP 系统的局面。但另一方面，为了适应企业制造技术进步给机械加工带来影响，CAPP 系统的适应性也极为重要，即应能让用户按系统使用指南去修改数据文件和部分工艺过程决策规则来完善 CAPP 系统，使之适应变化。此外，CAPP 系统还应有一定的通用性和可扩展性，以方便版本的更新，逐步提高系统的先进水平。

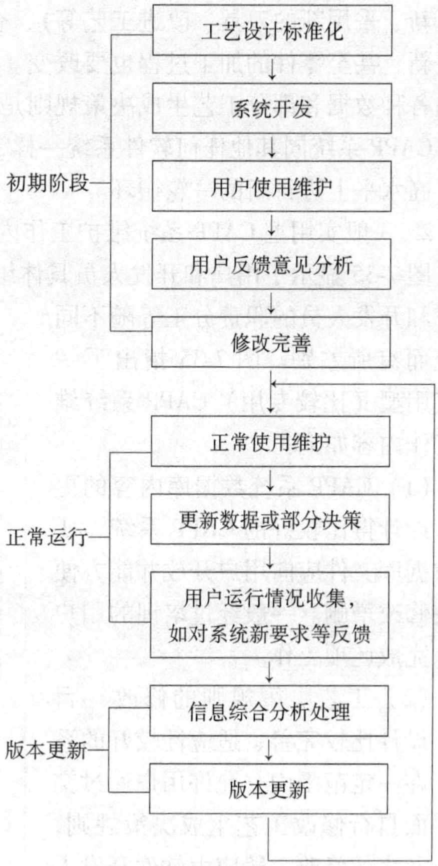

图 7-34　CAPP 系统开发应用过程

CAPP 软件与其他任何软件一样，无论在开发过程中还是在应用完善更新过程中，开发者需要用户使用情况的反馈，用户也需要开发人员的指导，互通有无，共同来发展 CAPP 软件，并不断地提高水平。

由于制造环境的复杂性，用户对工艺标准化要求的差异以及对工艺优化观点上的不同，都导致了 CAPP 产品使用的专用性。因此，对比较专用的 CAPP 系统的开发，用户不仅在开发阶段有较多介入（如工艺设计标准化和积极反馈初期使用意见等），而且在正常使用阶段用户还要承担较多的系统维护工作。

目前已有基于派生原理的商品化 CAPP 系统正在推广应用，对这些系统的日常维护工作仍由用户完成，使用上的问题可由软件公司的技术人员给予解决。

二、CAPP 系统的维护

这里所指的 CAPP 维护是针对保证 CAPP 系统正常运行并不断满足用户使用要求而言的。

1. CAPP 系统维护的概念

CAPP 系统同其他软件一样，在开发之后，为了保证连续正常运用，需要不断完善及更

新版本，以满足用户对功能要求的增长和制造环境的变化，而CAPP系统维护就是为了保证这一目标的实现。由于CAPP产品使用专用性强，所以CAPP系统维护职责中，用户所占的比例相对一般软件要大。由图7-34可见，为确保CAPP系统连续正常运行，CAPP系统维护工作应贯穿于整个软件开发应用过程中。

CAPP系统同其他软件一样，刚开发成功时不可能很完善，必须在使用过程中，不断发现问题并加以改进，因此用户的反馈信息极为重要，即只有用户与开发人员的密切配合才能使系统完善。

正如前述，机械加工工艺受制造环境的影响很大。随着企业的技术进步（包括设备改造更新、采用新的刀具、改进工艺等），企业的制造条件也将变化，这样不仅许多加工数据要更新，甚至零件的加工过程也要改变。因此，在CAPP系统正常运行阶段，更新CAPP系统的各种数据和部分工艺生成决策规则是CAPP系统维护的重要工作。

CAPP系统同其他任何软件系统一样，要不断更新版本。版本更新，系统的维护工作将在更高水平上进行新的一轮循环。

2. 一般实用型CAPP系统维护工作内容

图7-35显示了用户和开发人员具体维护工作的职责。当然，维护的具体工作内容以及用户和开发人员的职责分工等随不同系统而有所差别。图7-35指出了一般实用型（比较专用）CAPP系统维护工作内容如下：

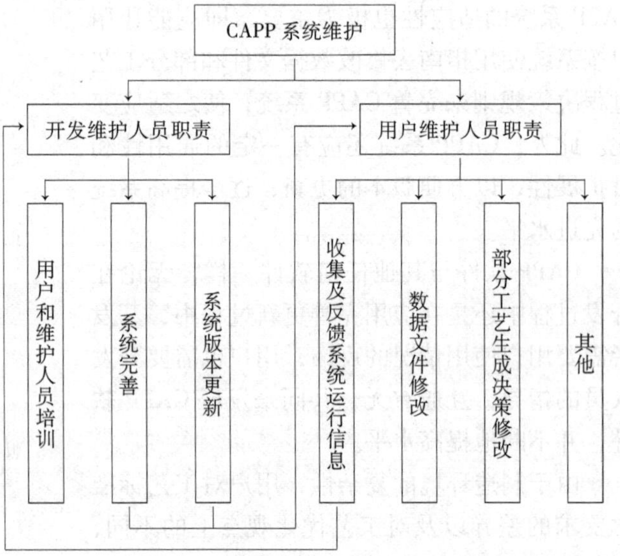

图7-35　CAPP系统维护人员职责

（1）CAPP系统数据库内容的更新　设计得比较好的CAPP系统，所有数据库文件应向用户开放并能方便地被修改增删。一般经过培训的用户可以完成此项工作。

（2）工艺决策规则的修改　目前，设计比较完善、适应性较好的系统，在一定范围内，允许用户通过交互界面自行修改工艺生成决策规则，但涉及大的修改一般应由软件开发人员来完成。

（3）系统功能增加和版本更新　此工作应由系统开发人员来完成，因为它属于软件版本更新的工作范畴。

（4）系统运行情况信息的收集和反馈　此工作应由用户和开发人员密切合作来完成。

3. 商品化CAPP系统的维护工作内容

目前商品化CAPP系统是基于派生原理的，具体见第二节。天河（TH）CAPP和开目CAPP是目前国内两家比较大的销售上述CAPP系统及其相关产品的公司，在一些大城市有它们的办事处。办事处有职责对软件使用中的技术问题进行服务，同时也要为用户进行软件的版本更新。

复习思考题

1. 简述 CAPP 的基本原理。

2. 派生式、创成式和知识基 CAPP 系统的主要特点与区别。

3. 简述 CAPP 系统的设计步骤（可将 11 个步骤归并成几个大步骤）。

4. 什么是以 GT 为基础的半创成式（混合式）CAPP 系统？

5. 按本章介绍的以 GT 为基础的半创成式 CAPP 系统设计示例，简述设计一个类似的回转类零件 CAPP 系统的设计步骤。

6. 什么是以创成原理为基础的半创成式 CAPP 系统？其特点有哪些？

7. 按本章介绍的箱体零件半创成式 CAPP 系统设计示例，简述设计一个类似箱体类零件 CAPP 系统的设计步骤。

8. 简述基于派生原理并具有所见所得特征的 CAPP 系统的主要特点以及设计开发该类系统的主要关键技术。

9. 为什么只有基于派生原理的 CAPP 系统目前能取得商品化的进展？

10. CAPP 产品开发应用过程分哪几个阶段？

11. 实用 CAPP 系统开发过程中，设计人员与用户合作的重要性体现在哪几个方面？

12. 简述 CAPP 系统维护的必要性。

13. CAPP 系统维护工作中，开发人员和用户的职责各是什么？

参 考 文 献

1 H. P. Wang and J. K. Li. Computer Aided Process Planning. Elsevier Science Publisher, 1992

2 赵良才主编．计算机辅助工艺设计——CAPP 系统设计．北京：机械工业出版社，1994

3 王启平主编．机械制造工艺学．第 3 版．哈尔滨：哈尔滨工业大学出版社，1997

第八章
基于集成和 Web 的 CAPP 系统设计及其他 CAPP 系统简介

要推广应用 CAPP，必须使 CAPP 系统产品化。CAPP 开发工具的研究开发，也是 CAPP 系统产品化的一个必要的步骤。装配 CAPP、CAD/CAPP/CAM/PDM/ERP 集成和 CAPP 与 PPS（Production Planning & Scheduling）集成是 CAPP 进一步发展的方向；各种新的智能技术在 CAPP 中的应用仍然是 CAPP 的研究热点。制造网络化是现代制造业发展的趋势之一，而网络制造技术发展也要求 CAPP 系统能适应 Web（Internet）要求，以便实现制造数据的基于 Web 的共享。

第一节　基于 PDM 的 CAPP 系统设计

一、基于 PDM 的集成化 CAPP 系统设计开发[1~3]

1. 概述

本类型 CAPP 的特征是在商品化 PDM 平台下设计开发的 CAPP 系统。

集成化 CAPP 强调信息集成、功能集成和过程集成。信息集成是在技术信息集成平台的支撑下，集成化的 CAPP 与 CAD、CAM、MRP II 等进行双向的信息交流与数据共享，接受设计信息，并为其他系统提供工艺信息。PDM 系统内部需要对产品、零部件及特征信息进行分类和编码。在 CAPP 中，零部件设计的特征信息，以及常规的工艺规范、设备工装、加工信息等都属于结构化数据。而工程图形信息，以及在支持产品虚拟设计中的动态分析数据和模型，属于非结构化数据。在这样一个复杂的数据环境中，必须以 PDM 的工程数据库管理系统为基础，对 CAPP 系统及其他各个应用分系统进行统一管理。

2. 集成化 CAPP 系统的体系结构

集成化 CAPP 系统的体系结构如图 8-1 所示。集成化 CAPP 系统把各个专业工艺组（图中是各种 CAPP 系统）纳入到统一的 PDM 技术信息集成平台下，实现配置管理。PDM 对

CAPP 系统的作用，首先体现在对访问 PDM 产品信息的用户权限实施控制。用户 ID 和口令对 PDM 意味着一整套（包括命令权限、文件读写权限、项目权限等）多级数据安全控制。通过用户认证后，方可操纵 PDM 的信息和功能。消息收发功能用于处在协作环境中的用户之间交换信息。工艺部门要全面实施 CAPP，就必须考虑多专业工作组的差异。可采用一个系统多套配置的方案，即采用相同的底层数据库以及通信协议，共享设计和制造资源，纳入统一的管理范围，但在文档格式、用户界面等方面可各成体系。由于产品设计阶段信息量的不同，产品可制造性评价在指标体系、指标计算方法以及综合评价原则上都有所不同。CAPP 通过可制造性评价，按设计进程分阶段地向 CAD 反馈可制造性评价信息。也可根据设计阶段的不同特点，采用不同方式的可制造性评价。总之，产品的可制造性分析是一个由浅入深、由表及里、由粗到精的逐渐完善过程。

3. 基于商品化 PDM 平台设计开发集成化 CAPP 系统

EDS 公司（UG Ⅱ）的 IMAN 是一个面向对象和基于关系数据库的企业级 PDM 产品，其实现方法是在关系数据库管理系统 Oracle 上加了一个面向对象层。

IMAN 系统中的产品对象主要包括零（部）件对象、零（部）件数据集对象、表格对象、系统管理对象、存取控制对象和产品结构对象等。因此，在 IMAN 框架上研制集成化、工具化 CAPP 系统时，首先要确定产品对象，主要包括零（部）件对象、数据集对象、表格对象、系统管理对象、存取控制对象和产品结构对象等。在抽象 CAPP 系统的共性基础上，按照一般 CAPP 系统的生成原理预先扩展工艺对象，根据应用环境由工具软件通过组装或少量编程，生成具体的 CAPP 系统，也可应用或稍加修改已存在的 CAPP 应用软件。

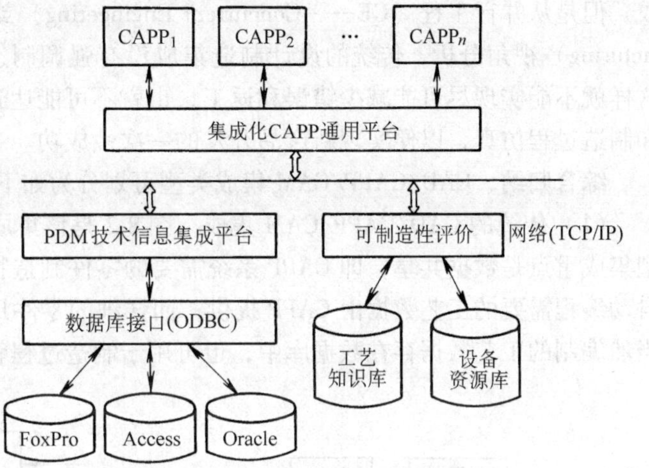

图 8-1　集成化 CAPP 系统的体系结构

文献［1、3］介绍了在 IMAN（PDM）平台下已开发的适用于离心泵和齿轮箱零件加工的 CAPP 系统。

二、现有的 CAPP 系统与 PDM 集成

1. CAPP 与 PDM 集成方式[4,5]

现有的 CAPP 系统与 PDM 集成方式主要有两种：①采用专用集成接口的方式，这种集成由 CAPP 与 PDM 分别提供专用集成接口，双方不必过多了解对方的内部实现，在相关信息共享的基础上，CAPP 与 PDM 之间的信息交换由双方专用集成接口完成；②采用紧密方式，类似以上所述的基于 PDM 平台的集成化 CAPP 系统。

2. 集成接口的设计开发

有关集成接口设计开发的具体细节可参考文献［4、5］。

总之，基于 PDM 平台的集成化 CAPP 系统的开发成功，使得设计制造过程中的数据统一管理、数据共享上了一个新的台阶。

第二节 CAD/CAPP/CAM/PDM集成系统

一、CAD/CAPP/CAM/PDM 集成概念

1. CAD/CAPP/CAM 集成概念

CAD/CAPP/CAM 集成也可称 CAD/CAPP/CAM 一体化或设计制造一体化。如前所述，从零件设计到制造自动化全过程来分析，CAPP 是 CAD 和 CAM 之间的必不可少的中间环节，所以一般称 CAPP 是 CAD 与 CAM 之间的桥梁。若实现了从零件设计、工艺设计到制造出产品的全过程中的信息数据共享，那么从传统观点分析也就真正实现了 CAD/CAPP/CAM 集成。但是从并行工程（CE——Concurrent Engineering）或从虚拟制造（VM——Virtual Manufacturing）视角分析，传统的设计制造集成没有强调制造过程设计对产品设计的反馈作用，这样就不能实现尽可能减少错误和返工，也就不可能达到最优。虚拟制造能实现产品的功能和制造过程仿真，以便实现新产品开发的一次性成功。

综合归纳，CAD/CAPP/CAM 集成类型可划分为如下几类[11]：

（1）传统的 CAD/CAPP/CAM 集成　图 8-2 是该集成类型的典型框图，由图可见，本类型集成重点是数据共享，即 CAPP 系统需要的零件制造特征信息从 CAD 数据库中提取；NC 自动编程需要的工艺数据由 CAPP 提供，而详细的零件几何参数也从零件 CAD 数据库提取。当然编制的工艺数据存在数据库中，也可用于制造过程管理等。

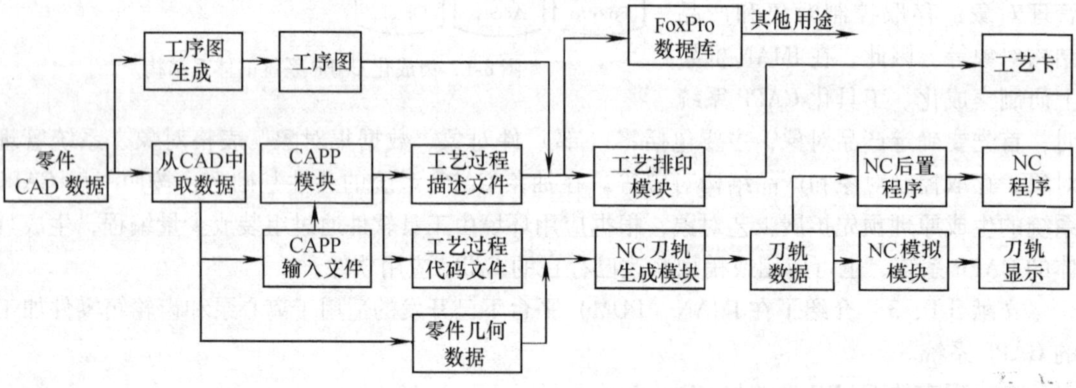

图 8-2　传统的 CAD/CAPP/CAM 集成

（2）基于并行工程的 CAD/CAPP/CAM 集成　并行工程的 CAD/CAPP/CAM 集成要求零件的功能和制造过程设计在统一的平台上同步进行，如图 8-3 所示。制造性能评价结果立即反馈给设计者，在综合考虑后进行修改完善，形成最优化的设计结果，并由 CAPP/NC 子系统完成工艺编制和生成 NC 程序。在实际生产中采用预发布技术来实现并行工程的设计制造一体化，如图 8-4 所示。通过实施并行工程，将可能出现的返工率降到最低。

（3）虚拟制造中的 CAD/CAPP/CAM 集成　虚拟制造（VM）是以虚拟现实技术为基础

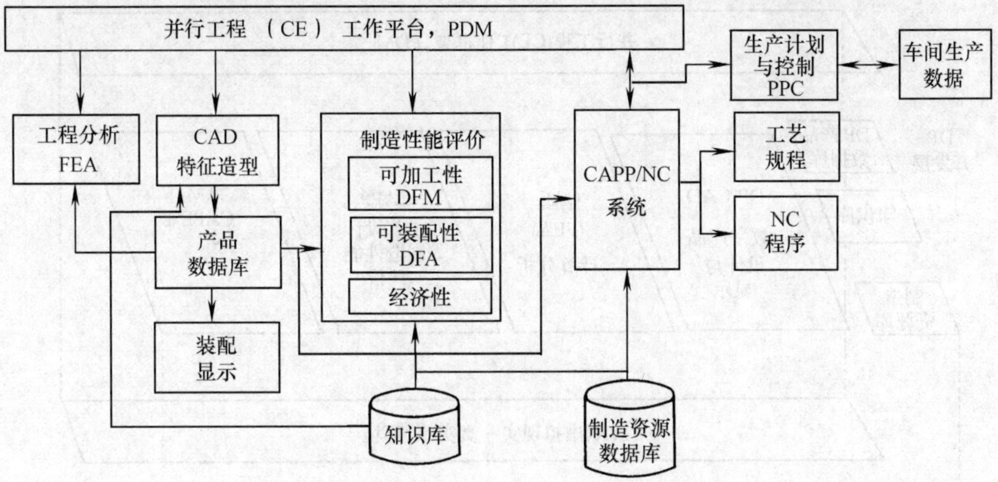

图 8-3 基于并行工程的 CAD/CAPP/CAM 集成

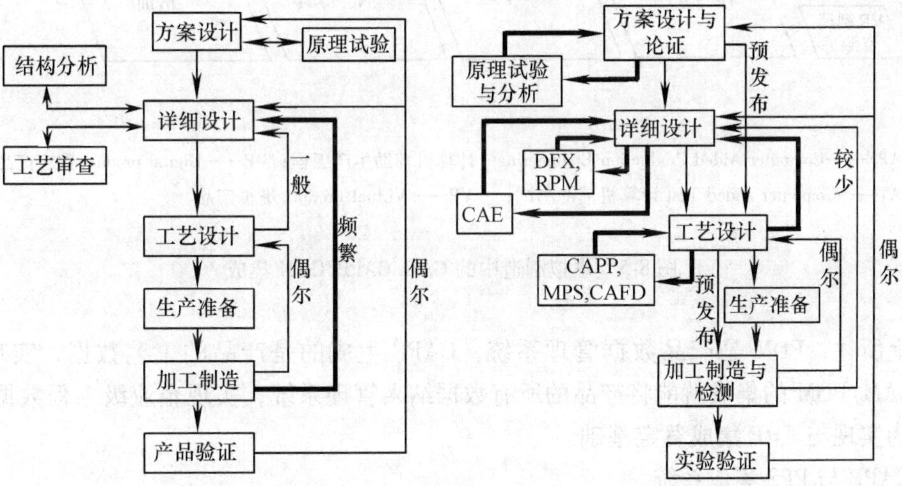

图 8-4 串行与并行工程比较及预发布技术应用

a）串型产品开发过程 b）并型产品开发过程

的（VR——Virtual Reality）。VM 中的 CAD/CAPP/CAM 集成的主要特征是：开发的产品功能在 VR 环境中进行仿真和显示；其制造过程和 NC 加工也能进行“真实感”的仿真，通过仿真可以发现错误并进行修正，使产品实际制造过程能顺利进行，达到一次成功，示意图如图 8-5 所示。与并行工程的 CAD/CAPP/CAM 集成相比较，二者的集成理念是一致的，但是本类型集成能“真实感”地进行仿真，更容易发现问题，因而产品一次成功的可行性更大。

2. CAD/CAPP/CAM/PDM 集成

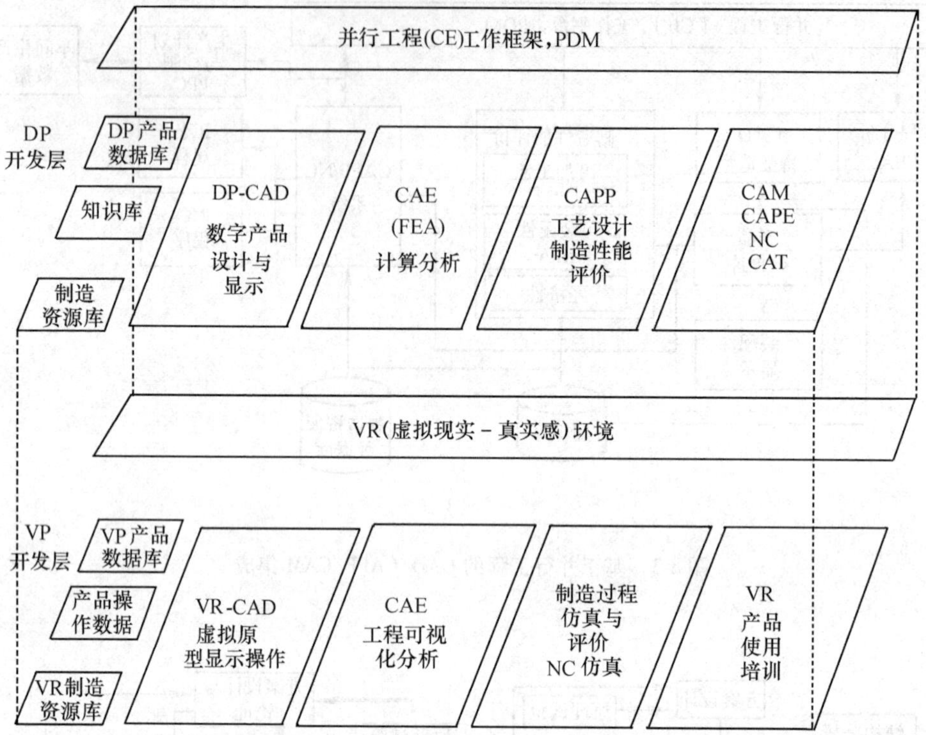

CAPE——Computer Aided Production Engineering 计算机辅助生产工程；DP——Digital product 数字产品
CAT——Computer Aided Test 计算机辅助测试； VP——Virtual Product 虚拟产品

图 8-5 虚拟制造中的 CAD/CAPP/CAM 集成

如上所述，PDM 是产品数据管理系统，CAPP 生成的是产品的工艺数据，实现 CAD/CAPP/CAM/PDM 的集成就能将产品的所有数据纳入管理系统，实现企业级工程数据的统一管理，为实现与 ERP 集成奠定基础。

3. CAPP 与 PPS 集成系统

（1）CAPP 与 PPS 集成的意义　一般 CAPP 系统不能与 PPS（Production Planning & Scheduling）实现有机的集成，存在的主要问题为：①CAPP 与 PPS 是相对独立工作的，CAPP 生成单一的工艺方案，PPS 据此进行生产计划安排，单一的工艺方案妨碍了生产计划及调度对全局的优化；②由于 CAPP 生成工艺时，没有考虑车间层资源的瓶颈及设备故障等随机动态状况，有可能造成加工等待，甚至无法实施，使工艺计划不得不重新修改[32~37]。

随着市场的日趋国际化，大规模定制生产成为主流，这种方式存在订单随机性和产品相对专用性的特点。要建立一套适应这种方式的产品开发与计划管理方法，缩短产品开发周期、降低成本，实现 CAPP 与 PPS 的集成是一项主要内容。

（2）集成方法和模型简介　近十年来，为了实现 CAPP 与 PPS 之间的集成，国内外学者提出了若干种 CAPP 与 PPS 的集成方法，主要是：非线性工艺过程设计、动态工艺过程设计、分布式工艺过程设计、并行工艺过程设计等[36]。近几年研究者又将以上这些方法综合并与迅速发展的计算机技术融合，如基于分布式动态工艺设计的 CAPP 与 PPS 集成模型 ICAPPS[36] 和面向 CAPP/PPS 集成的多工艺方案创成方法等[35]。ICAPPS 的集成过程如图 8-6 所示，图中 MPS 是主生产计划；多工艺方案的 CAPP/PPS 集成过程模型如图 8-7 所示。

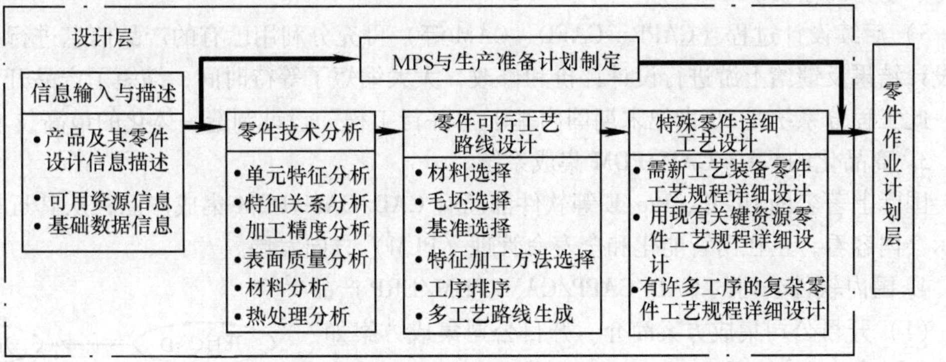

图 8-6 ICAPPS 系统集成化过程

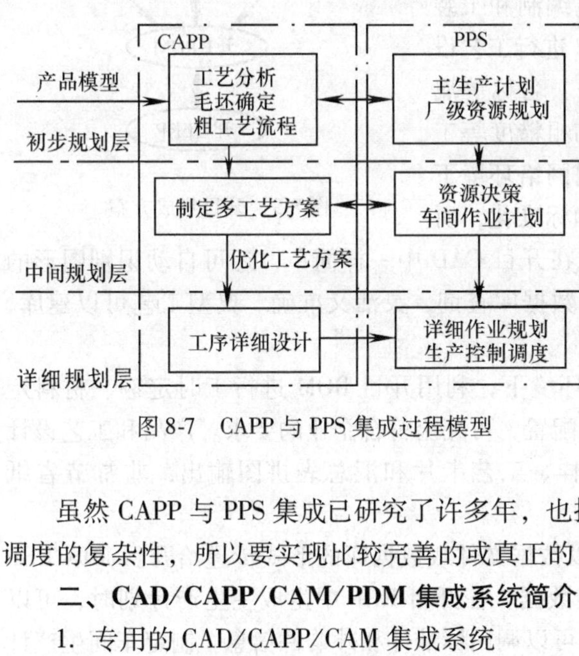

图 8-7 CAPP 与 PPS 集成过程模型

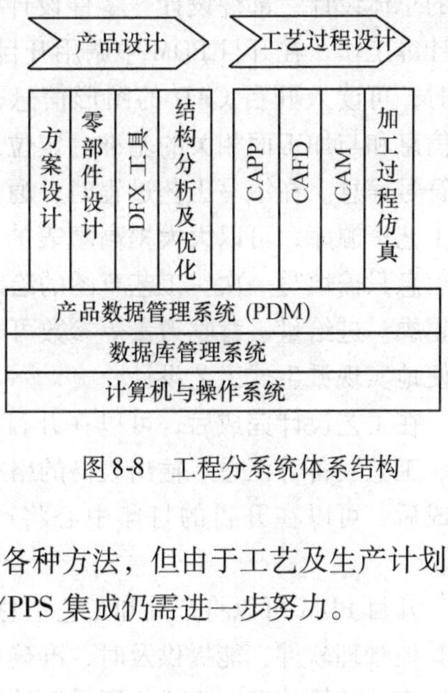

图 8-8 工程分系统体系结构

虽然 CAPP 与 PPS 集成已研究了许多年，也提出了各种方法，但由于工艺及生产计划和调度的复杂性，所以要实现比较完善的或真正的 CAPP/PPS 集成仍需进一步努力。

二、CAD/CAPP/CAM/PDM 集成系统简介

1. 专用的 CAD/CAPP/CAM 集成系统

纵观近十年的文献，陆续介绍了许多专用的 CAD/CAPP/CAM 系统[6~10]。目前这样的集成研究是基于 Web 和 STEP 的集成系统，如第三节所述。

2. 国家 863/CIMS“并行工程”重大攻关项目中的工程分系统的集成

其体系结构如图 8-8 所示。主要用于支持产品设计到工艺过程设计的信息集成和功能集成。采用产品数据管理系统作为并行设计框架，支持产品开发团队实时共享各种信息。工程分系统的特点是：

1）采用 STEP 数据交换标准，建立完整的产品数据模型，并将其存放在一个共享数据

文件或数据库中。通过并行框架，任一阶段的设计修改信息都能够直接反映到其他工作中，并保证数据的惟一性和可跟踪性。

2）在零部件详细设计阶段，充分利用 DFX、CAE 等工具并充分考虑产品的可装配性、可制造性及结构设计的优化。避免在产品开发后期阶段对设计进行大循环、大反馈所造成的人力、物力的浪费。

3）后续设计过程（CAPP、CAFD、CAM 等）可充分利用已有的产品信息进行设计，并将设计结果反馈给上游进行设计评价和修改，大大缩短了等待时间，缩短了产品开发周期。

此工程分系统是 20 世纪末期国内基于“并行工程”设计制造一体化的最高技术水平。

3. 商品化的 CAD/CAM/PDM 集成系统

国际上著名的 UGⅡ、Pro/E 等软件都已有 CAD/CAM/PDM 集成产品，从其近期的产品演示会内容看，正在向智能化和全寿命管理（PLM）方向发展。

4. 国内软件公司的 CAD/CAPP/CAM/PDM/ERP 产品[12,13]

（1）开目公司集成方案简介　开目公司集成方案如图 8-9 所示。技术人员在开目 PDM 系统中，可以浏览到自己的任务列表。按照任务列表的提示，就可以进行产品的总体设计、部件设计、零件设计、工艺编制和工装设计等工作。在开目 PDM 中调用开目 CAPP 进行工艺设计时，可读入开目 CAD 的图形信息、图号、名称等属性信息和与加工面相关的基准、定位尺寸和粗糙度等工程符号信息。在填写工艺过程时，通过调用网络环境下的工艺资源库，可以大大提高填表的效率和标准化，所有信息只需填写一次。工艺草图的绘制就像在开目 CAD 中一样简单，还可自动识别图形的外轮廓。进给量、背吃刀量等参数可以调用数据库查询，灵活又准确。典型工艺可以建库，方便地实现派生式工艺设计。

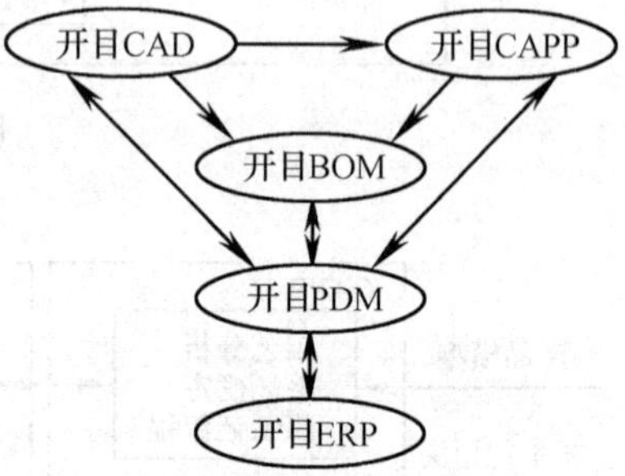

图 8-9　开目集成方案

在工艺设计完成后，可以在开目 PDM 环境下，利用开目 BOM 进行工时定额、材料定额、工艺装备等汇总。输出表格的格式经过配置，可完全符合企业的要求。产品和工艺设计完成后，可以在开目的打印中心将产品图样、工艺卡片和汇总表拼图输出，非常节省纸张。

开目 PDM 可以将产品和工艺汇总信息以数据文件或数据库的形式传递给开目 MIS/ERP 或其他管理软件，能提供及时、准确的基础数据。在开目 ERP 中生成主生产计划时，可以调用产品结构信息。生成物资采购计划时，可以调用标准件和外购件信息。制定车间生产计划时，可以调用工时定额、材料定额、工艺装备和工艺路线信息。

（2）天河公司方案　清华京渝天河公司在经过多年对国内企业工艺工作调研的基础上，充分分析了国内大多数 CAPP 软件，总结出了一套行之有效的 CAPP 开发和应用策略。用以下六个方面来概述：

1）实用性。采用统一的平台和所见所得的操作界面，提供工艺数据多层次的应用及管理手段。功能完全满足工艺设计的基本要求，如：工艺卡片的填写、编辑，工艺数据的汇总、统计，工艺图绘制实现与 CAD 平台无缝连接等。

2）通用性。满足任何企业的任何专业的工艺设计要求。

3）开放性。数据库结构及内容对用户全部开放，提供自动生成工艺数据、自动填写工艺卡片的接口，支持用户的二次开发。

4）集成性。系统的全部数据存储在数据库中，可实现与企业其他系统（PDM、MIS等）的无缝集成，完全符合“企业信息化建设”对CAPP系统的要求。

5）先进性。采用先进的开发工具和技术，支持CAPP技术的后续发展。

6）安全性。提供安全、实用、完善的权限系统，保护企业工艺数据的安全。

第三节　基于Web的CAPP系统设计

一、基于Web的CAPP系统概述

1. 基于Web的CAPP系统开发的必要性

Web技术是网络制造、敏捷虚拟企业等先进制造方法实施的重要基础。企业的网络与数据库应用系统从C/S（客户端/服务器）体系结构转向以交互式Web（B/S）应用为代表的多层分布式体系结构，即适应当前网络和数据库应用系统发展的趋势[14~20]。

1）为了使CAPP系统能适应基于动态联盟的网络制造需求，有必要研究基于Web的CAPP系统的特征和设计，为先进制造模式的顺利实施提供技术保障。

2）基于Web的CAPP系统将复杂的应用程序转移到Web服务器上，客户机只需一个浏览器和通用的操作平台（如Windows 2000等）就可以向用户提供风格一致的操作方式。这样的CAPP系统也便于维护和版本更新后的安装。

3）众所周知，CAPP与CAD、CAM、PDM以及ERP都存在着密切或较密切的关系，其中最主要的是实现各系统之间的数据共享。而Web的应用可以将Internet/Intranet网络环境与数据库完美地结合在一起，支持本地与异地的多任务与多用户并行协同工作，支持信息查询和信息共享。

2. 基于Web的CAPP系统开发的可行性

1）由于基于Web的数据库技术应用已比较普遍，为Web-CAPP系统实现制造资源共享提供了技术保障。

2）因商品化的CAD系统很复杂，存储量很大，不宜在Web上运行，所以基于Web的CAPP运行要与CAD集成时必须解决数据在本机与服务器之间不断的切换问题。文献［14、19］叙述了这些技术的研究结果，它们是开发Web-CAPP系统的基础。同时，这些文献也介绍了已开发的一些Web-CAPP系统，少数已在企业应用。

二、基于Web的CAPP系统设计开发的关键技术

目前已有文献介绍的Web-CAPP系统都用ASP开发，所以以下所述的关键技术也是以此为基础的。

（1）基于Web的数据库技术　针对CAPP系统，进行ASP应用设计时，需要将事物分类，确定客户端和服务器各自要完成的事务，同时应充分考虑到响应的快速性、应用的安全性，在客户端和服务器之间合理地分配任务量。

（2）从CAD系统提取零件工艺特征存入Web数据库的ActiveX技术　如前所述，CAD

系统是运行在本机上的，所以要从 CAD 系统中提取零件特征的数据如何方便地存入 Web 数据库并与 Web-CAPP 兼容，需要开发 ActiveX 技术[14、20]。

（3）Web 安全技术　安全通信协议 SSL（Secure Socket Layer，安全套接字层）采用公开密匙技术，其目标是保证两个应用间通信的保密性和可靠性，可在服务器和客户机两端同时实现支持。SSL 可提供三种基本的安全服务：信息保密、信息完整性、相互认证。目前，利用公开密匙技术的 SSL 协议，已成为 Internet 上实现安全通信的工业标准。现行的 Web 浏览器普遍将 HTTP 和 SSL 相结合，从而实现安全通信。目前的 Web-CAPP 主要还是采用一般的权限管理，但要尽量向工业标准靠拢。

三、典型示例

1. RR-CAPP 系统简介

（1）RR-CAPP 系统总框图　它是网络化制造环境下面向快速可重组（构）制造系统（RRMS——Rapidly Reconfigurable Manufacturing System）的原型系统[14]。RR-CAPP 原型系统的总体框架结构如图 8-10 所示。由图可见企业工艺员可以通过操作界面实现零件特征提取（包括零件设计等）、工艺设计和工艺结果输出。图中的 CAPP 系统定制是指系统具有面向企业制造环境和加工对象的定制功能，实际上实施起来是很困难的。

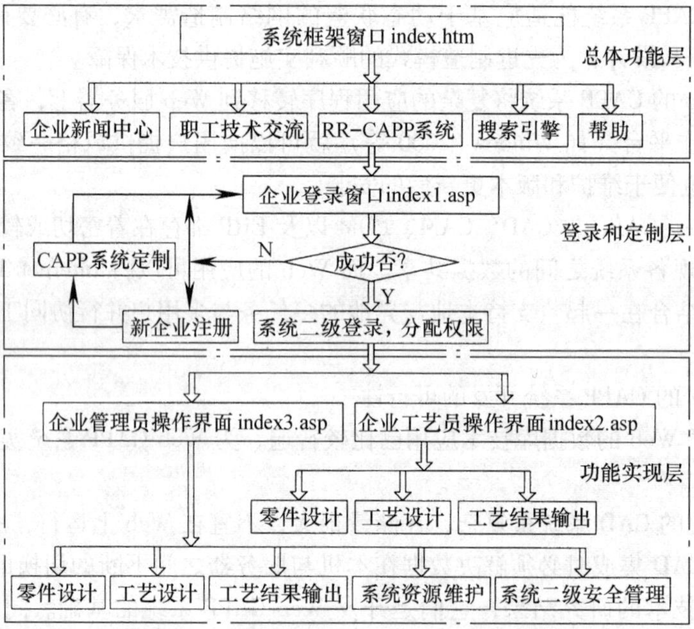

图 8-10　RR-CAPP 原型系统的总体框架结构

（2）RR-CAPP 的工作流程　RR-CAPP 的工作流程如图 8-11 所示。由图可见，系统资源、零件信息描述、工艺设计和结果输出都基于 Internet/Intranet 浏览器而进行工作的，网络数据库通过 ADO 连接。

（3）基于 Internet 和 CAD/CAPP 集成的零件信息输入工具结构　分析对零件信息输入模块的要求，可以发现：在以特征为基本单元进行零件描述的前提下，不论信息输入的具体对

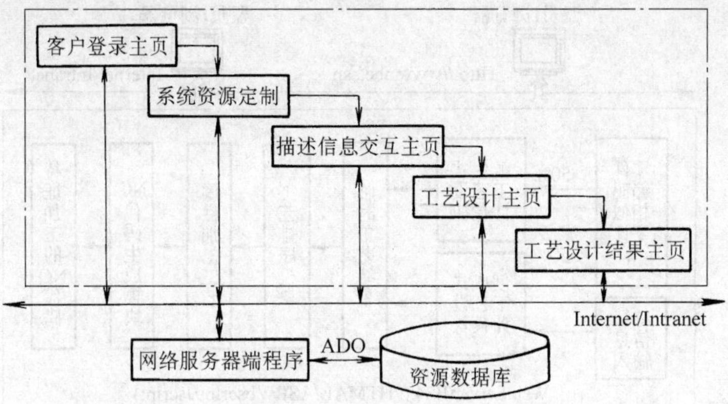

图 8-11　RR-CAPP 系统的工作流程

象如何，信息输入模块中的基础数据和控制功能是通用的。将这些带有共性的部分提炼出来作为原始构件，再建立一套软件工具可对这些原始构件进行适当的增删、修改，并能根据应用系统的要求对原始构件进行装配，即可快速地构造一个应用系统。在这个应用系统中，各种保证系统正常运行的数据和零件信息存储在应用系统数据库中。输入项目和输入进程的控制由输入界面提供，其体系结构如图 8-12 所示。

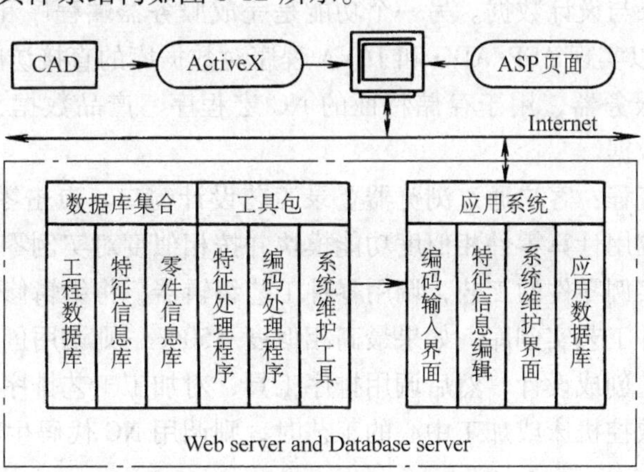

图 8-12　基于 Internet 的零件信息输入工具结构

从零件信息输入工具模块结构图中可以看出，系统主要由两个功能模块组成，一个是零件的编码输入模块，一个是零件特征信息输入模块。

（4）基于 Web 的工艺设计模块结构图　基于 Web 的工艺设计的实现采用基于网络的 Browser/Server 模式，结构如图 8-13 所示，由图可见其结构是基于 B/S 模式的三层分布式体系结构。

第一层是客户层，用户通过浏览器调用所需的功能模块完成工艺设计的工作流管理。

第二层是 Web 服务器层，用于存放派生式工艺设计模块、基于特征的创成式工艺设计模块、工艺排序模块和 NC 代码生成模块等。作为中间层，它负责对客户需求的响应和反馈

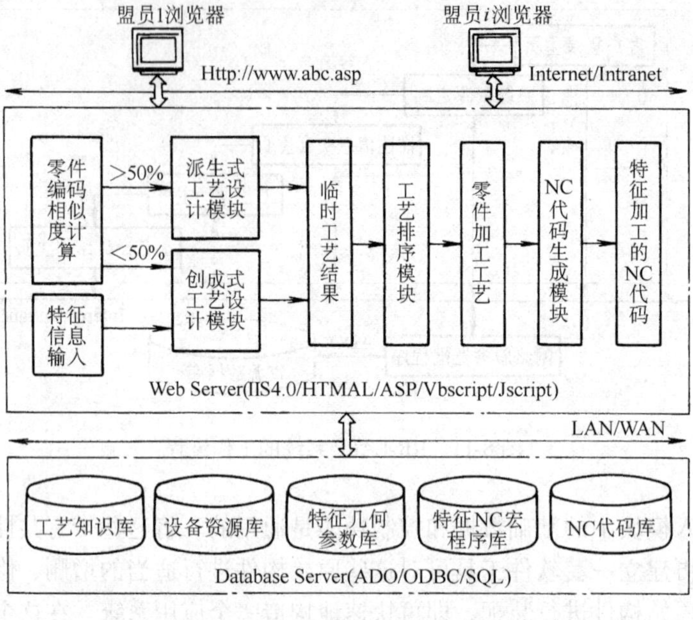

图 8-13　基于 Web 的工艺设计模块的体系结构图

从数据库中查询的结果与设计数据。另一个功能是完成服务器端程序和第三层的数据交流，通过 ODBC、JDBC 可以实现 ASP/ADO 和 JAVA 程序对数据库的直接访问。

第三层是数据库服务器，用于存储特征的 NC 宏程序、产品数据、工艺数据、刀具数据、机床数据等资源数据。

工艺设计的工作流程：客户通过浏览器登录工艺设计窗口，点击零件粗分类模块窗口，给出零件分类编码；调用计算零件相似度功能模块并按相似度对实例零件排序。当最高相似度 >50% 时，提取该实例零件的工艺，调用零件工艺编辑器，将编辑修改后的工艺作为设计零件的工艺，存入零件工艺实例库。如果最高相似度 <50%，则调用创成工艺设计模块，进行基于特征的零件工艺创成设计，然后调用排序工具，对加工工艺排序并将结果存入工艺实例库中。如果是面向数控机床或加工中心的工艺时，则调用 NC 代码生成模块，生成最后的 NC 加工代码。

2. 基于 Web 和 STEP 的 CAPP 原型系统

本原型系统是对第七章叙述的 BCAPP 系统的一个新的改进版，适合船用柴油机箱体零件，基于 Web 的系统总菜单如图 8-14 所示。由图可见，它包括信息提取、信息检索、编码管理、制造资源管理、工艺生成规则管理、工艺生成和文件管理等功能。

图 8-14　系统总菜单

船用柴油机是引进专利产品，其箱体零件是用UGⅡ系统进行特征造型，与工艺过程有关的平面和孔的特征信息的提取是基于STEP标准的，由一个专门开发的模块（VC开发）实现，典型零件如图8-15所示。整个系统的工作流程如图8-16所示。系统的数据和工艺生成的规则库都存放在SQL Server数据库中，用ASP开发的网页来进行连接并进行交互操作访问。

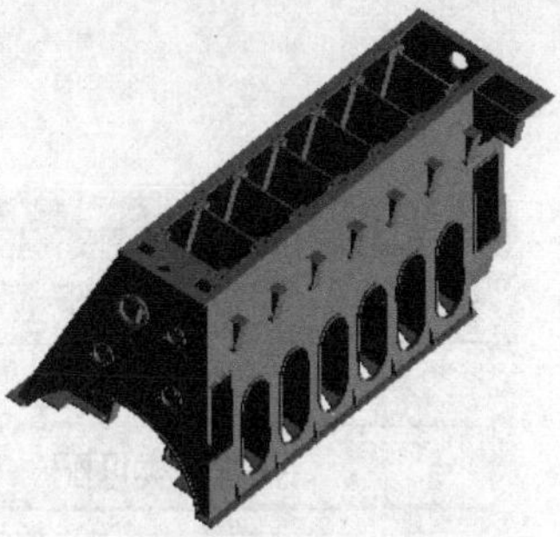

图8-15 典型箱体零件

零件特征几何信息是从UG输出的STEP文件中提取，但是一些特征信息仍然要从UG特征造型系统的内部文件中获取，所以如何使客户端和服务器协调工作是本系统的特点。

如图8-16所示，本系统通过规则库中工艺生成规则推理出工艺路线，这些规则用户可以修改。本系统实现CAD/CAPP集成的关键是基于STEP的信息提取。提取的孔和平面信息存储在服务器的数据库中，可以随时进行查询。孔信息提取界面如图8-17所示；因为平面轮廓形状非常复杂，所以平面几何信息的提取有一个交互操作界面进行（见图8-18），通过交互操作将轮廓进行简化；提取的平面信息查询界面如图8-19所示。

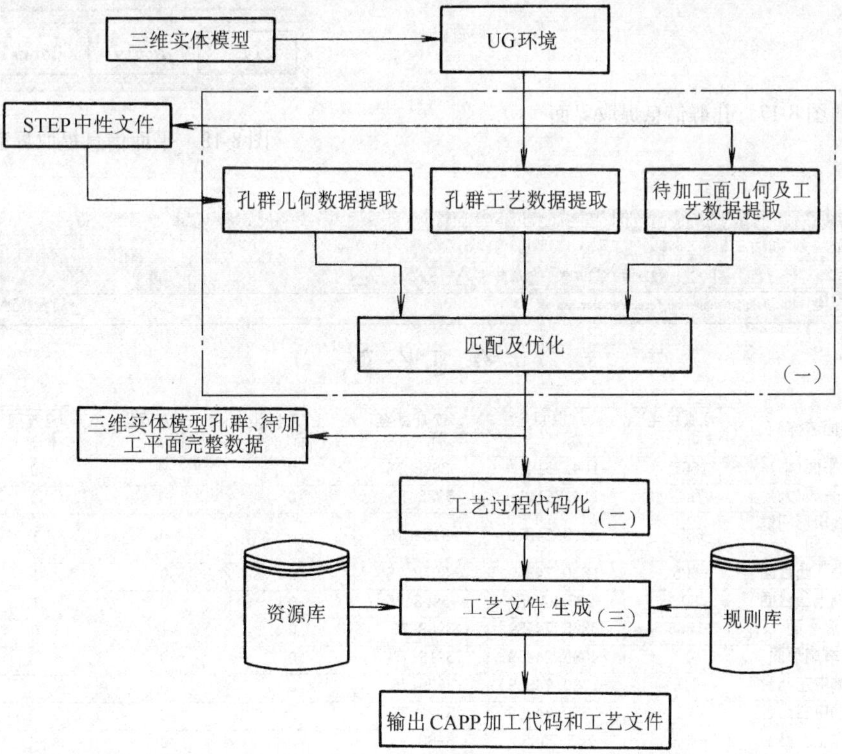

图8-16 系统工作流程

图 8-17　孔群信息提取界面

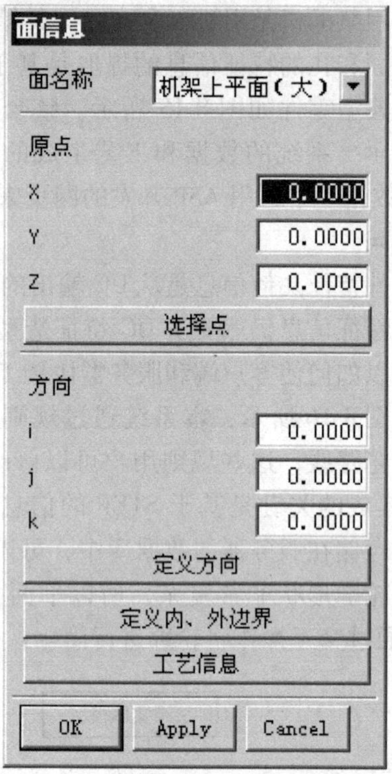

图 8-18　平面信息提取界面

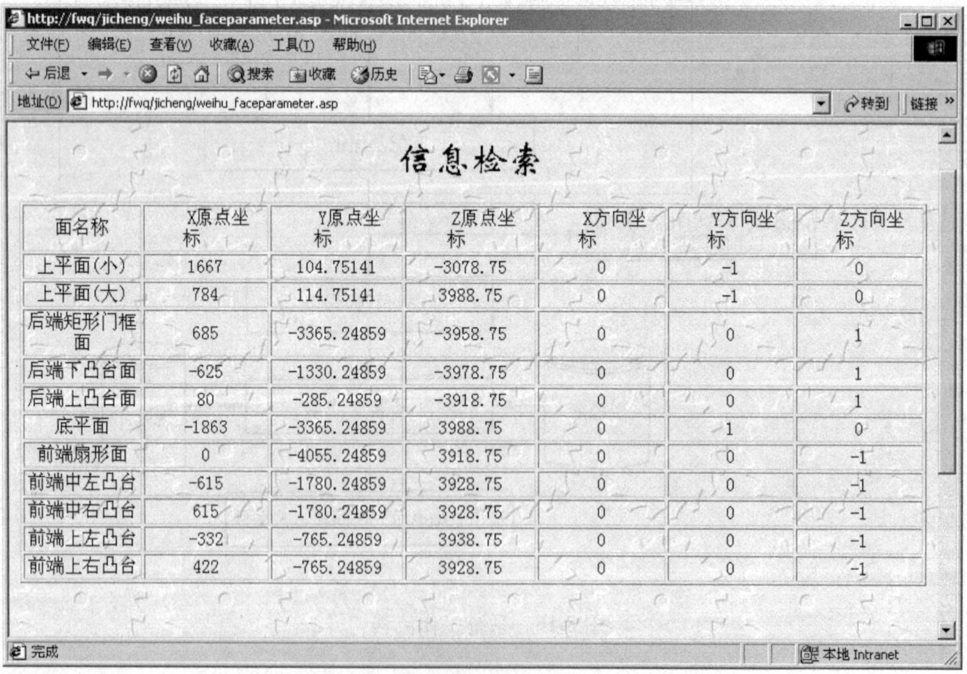

面名称	X原点坐标	Y原点坐标	Z原点坐标	X方向坐标	Y方向坐标	Z方向坐标
上平面(小)	1667	104.75141	-3078.75	0	-1	0
上平面(大)	784	114.75141	3988.75	0	-1	0
后端矩形门框面	685	-3365.24859	-3958.75	0	0	1
后端下凸台面	-625	-1330.24859	-3978.75	0	0	1
后端上凸台面	80	-285.24859	-3918.75	0	0	1
底平面	-1863	-3365.24859	3988.75	0	1	0
前端扇形面	0	-4055.24859	3918.75	0	0	-1
前端中左凸台	-615	-1780.24859	3928.75	0	0	-1
前端中右凸台	615	-1780.24859	3928.75	0	0	-1
前端上左凸台	-332	-765.24859	3938.75	0	0	-1
前端上右凸台	422	-765.24859	3928.75	0	0	-1

图 8-19　提取的平面信息查询界面

提取的孔和平面的特征信息经过处理不仅供CAPP生成工艺用，也为NC程序的生成提供数据。其他CAPP/NC的集成功能类似BCAPP/NC系统，本节省略。

第四节　几类智能型CAPP系统和装配CAPP系统简介

一、几类智能型CAPP系统

几类智能型CAPP系统包括模糊评价、事例推理、Petri网、分级规划与黑板推理、神经网络、智能体（Agent）和遗传算法等人工智能技术的CAPP系统。

1. 应用模糊评价技术的CAPP系统

在该类型CAPP系统中，模糊评价技术被应用于工艺方案模糊综合评价模型[21,28,29]，如对零件（模型）的加工质量评价进行语言变量的模糊描述、模糊数表示、加工质量评价的综合处理、定量指标的模糊化处理和模糊数排序等。以上这些参考文献还给出了评价实例。参考文献［29］叙述了将模糊评价技术应用于工艺生成时匹配的情况。

2. 基于事例推理技术的CAPP系统

参考文献［22］叙述了一个基于事例推理的CAPP系统的事例表达模型，它对传统的对象模型进行了扩展，并在此基础上给出了支持事例推理的事例表达模型。该模型具有表达零件工艺知识和复杂事例的能力及在事例推理全过程中能支持对信息的需求，为相似零件检索和零件事例的自动修改打下了基础。

3. 应用Petri网进行多工艺方案优化的CAPP系统

参考文献［31］介绍了以扩展的Petri网模型为工件确定可行工艺方案的制造成本。模型中每个变量中含有加工时间、准备时间、搬运时间和更换刀具时间，由此可以得到工序制造成本的评价函数。利用启发式搜索算法对模型的可达目标树进行搜索，得到制造成本较低的工艺方案。

4. 基于分级规划与黑板推理的CAPP系统

将基于分级规划的工艺决策子任务分解并与求解策略、推理策略、知识管理策略及黑板推理方法中的多任务协同工作原理相结合，构造了基于分级规划与黑板推理的工艺决策模型。系统在进行工艺决策时，根据领域黑板上的零件信息与其他工艺决策的初始化信息，通过总控模块和控制黑板的步骤，依次调用与各子任务相关的工艺决策规划、数据和函数来对各子任务进行求解或推理，并将推理结果依次填入领域黑板或环境黑板，直至各子任务全部执行完为止[24]。

5. 基于神经网络的CAPP系统

参考文献[25]对人工神经网络在惯性器件精密加工的CAPP系统中的应用进行了探讨，提出了用模糊技术进行网络的前置处理方法,并对惯性器件零件的实际加工特征进行了归纳。

6. 基于智能体（Agent）的CAPP系统[26,27,30]

将智能体（Agent）技术应用于CAPP的文献比较多，参考文献［30］介绍了将反应式智能体组件如何应用于生成某类零件在具体制造环境中的复合工艺和加工链的情况；参考文献［26］介绍一个基于智能体的多主体的工艺设计系统DES-CAPP，它能构造具有不同工艺规划知识类型的智能主体，并且通过这些智能主体之间的相互使用，完成对复杂机械零件工艺的规划和设计。

7. 基于遗传算法的CAPP系统

参考文献［23］通过对遗传算法和工艺决策理论的分析，提出了基于遗传算法的工艺决策方式，该方式具有优化、收敛性快等优点。

二、装配CAPP系统

1. 计算机辅助装配工艺设计（CAAP）概述

1）计算机辅助装配工艺设计，从本质上分析就是用计算机模拟人编制装配工艺的方式，自动生成装配工艺文件[39~43]。

2）对产品模型的分析研究及装配顺序的计算机辅助决策是CAAP中的最重要内容之一。近十年来开展了许多关于装配模型的研究，参考文献［42］列出了许多模型并提出了一个综合模型，称为基于层次等级关联关系模型，具体见该参考文献。

3）CAAP系统研究必然要与CAD系统集成，而且应是基于并行工程的集成，才能取得更为有效的结果。因为装配CAD/CAAP集成难度较大，因此目前的CAD/CAAP集成系统都是专用的，具体见参考文献[41,42]。

4）从产品全寿命信息集成出发，产品装配数据也应纳入PDM系统管理，只有这样才能为产品数据的全寿命管理（PLM）奠定基础。

2. 计算机辅助装配工艺系统简介

（1）数控车床主轴计算机辅助装配工艺设计系统（SECAAP）[41]　SECAAP系统是基于人工智能理论的装配工艺自动设计系统，系统充分利用数控车床主轴箱装配特点，在对典型副及其装配方法进行总结的基础上，建立了相应的知识库，利用知识与规则进行推理决策。事实上，在装配信息输入系统后，就存于动态数据库中；在装配工艺数据库的支持下，根据确定的推理机制，应用相应的决策知识，就能产生优化的装配工艺（包括装配工序图）。系统的结构如图8-20所示。从图8-20可见，装配工艺自动设计系统的主要组成部分包括：装配信息描述、动态数据库、推理机、知识库、工序简图库和工艺数据库等。用户输入的信息由装配任务描述模块以一定的数据结构形式存入动态数据库中，推理机在知识库、工序图库的支持下，对动态数据库中的装配任务进行工艺推理决策，生成的装配工艺信息存于动态数据库中，产生信息输出。

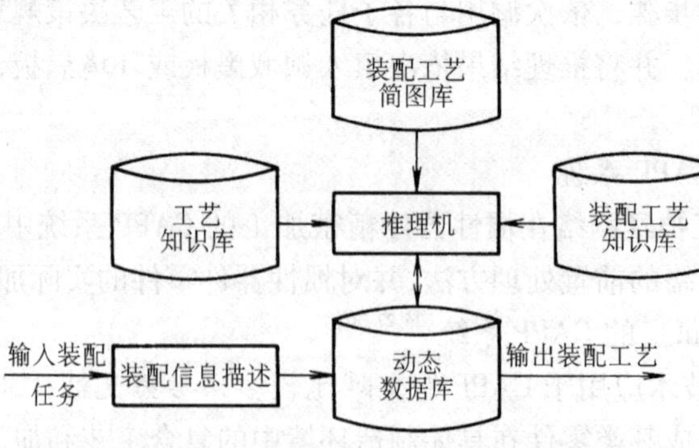

图8-20　SECAAP系统结构

（2）减速器产品的装配序列生成、DFA 分析和装配仿真集成系统[42]　本系统的工作流程如图 8-21 所示。

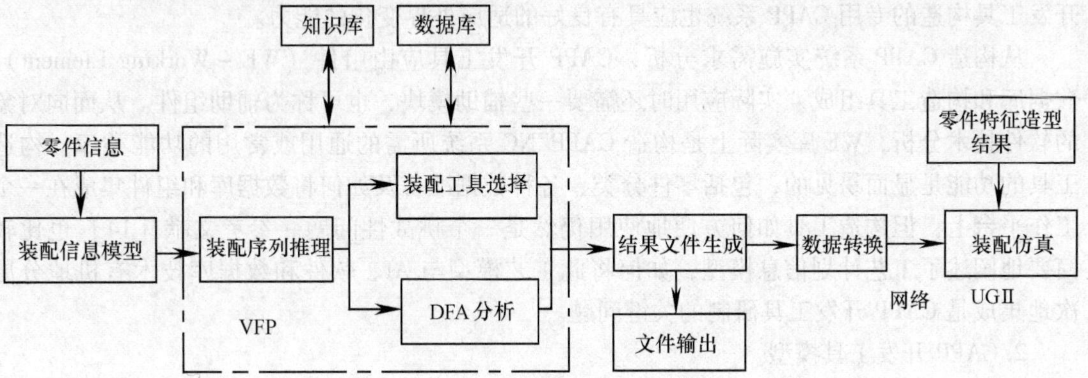

图 8-21　系统功能和工作流程

系统包括装配序列推理和 DFA 分析及装配仿真两个子系统，每个子系统有若干个模块。前者用 VFP 开发，后者用 UG-GRIP 语言和宏指令开发。系统功能和工作流程如图 8-21 所示。系统主要输入数据来自产品装配结构草图、产品的技术要求及生产纲领。用户通过信息输入模块对装配体进行描述，并将信息存入装配模型数据库文件。装配序列推理根据装配知识并在装配模型数据及数据库支持下进行推理，产生产品装配序列。按照装配序列，依据装配工具选用知识库及工具数据库进行装配工具的选取和装配时间的评估，生成装配工艺文件。装配工艺文件经编辑或直接打印输出得到符合工厂习惯的装配工艺过程卡。系统的主要基础部分为描述产品信息的装配模型和知识库，它们直接影响到推理机的框架。零件信息及知识采用数据库表的存储结构，装配序列推理机是系统的核心。它将零件从无序状态变为有序状态。装配仿真按照装配序列进行零件的装配、零件之间的干涉检查以及装配后的重播等。

第五节　CAPP 开发工具

一、CAPP 开发工具（CAPP Developing Tools）概念和模型

1. CAPP 开发工具概念

（1）广义的可重构软件概念[14]　随着制造技术和自动化程度的不断提高，进一步研究和开发 CAPP 工具系统，提高 CAPP 的适应性是当前研究的热点之一，如开发可重构式 CAPP、开发平台型 CAPP 和 CAPP 框架系统等。特别是，随着软件技术的发展及基于“软件总线”技术的成熟与应用，在模块化和组件重构技术基础上开发的工具化 CAPP 系统，可实现系统功能的“即插即用”，并将推动 CAPP 通用化的进程。

（2）具体化的用于构造一定范围零件和制造环境的 CAPP 系统开发工具或软件平台[44]

CAPP 开发工具（CAPPDT）是一种软件开发平台，用它可构造在某制造环境中加工的较

专用 CAPP 系统。从广义分析，NC 自动编程可视为 CAPP 的一部分，所以就形成了 CAPP/NC 开发工具的概念。若考虑并行工程或同步设计的需求，则进行制造性能评价并向设计提供反馈也是必要的部分。由于技术进步，零件机械加工方法和切削参数在不断变化，因此由开发工具构造的专用 CAPP 系统也应具有良好的适应外界变化的能力。

从构造 CAPP 系统实施需求分析，CAPP 开发工具应由组件（WE - Working Element）、数据库和构造工具组成，实际应用时还需要一些辅助模块，也可称为辅助组件。从面向对象的软件技术分析，WE 库实际上是构造 CAPP/NC 系统所需的通用或常用的功能类库。构造工具的功能是显而易见的，包括零件分类、各种数据准备及如何将数据库和组件集成在一个工作平台上，但构造工具如何方便地使用仍然是一个挑战性问题。参考文献［14］也比较简要地阐述了工艺计划信息模型，如何将此工艺模型与 AI、软件和数据库技术有机地分层次地集成是 CAPP 开发工具研制的关键问题。

2. CAPP 开发工具模型

CAPP 开发工具模型的建立是依据其概念和工具类型，因为可重构软件技术的发展仍需要时间，目前技术还未成熟，所以本处提出的模型是从开发软件平台的视角出发的。

CAPP 开发工具的基本模型如图 8-22 所示。它的理论依据是 GT 原理、人工智能、面向对象技术、数据库技术和工艺信息模型。从实践考虑，它应具有充分的柔性和可扩展性，以满足当前和今后多方面的需求。该模型分为两层，即基础层和智能层。在基础层，组件用面向对象的软件技术开发。为了提高专用 CAPP/NC 系统的适应性，组件的主要功能是匹配，随制造条件变化的决策因素都存在 CAPP 数据库中，即工艺信息模型中的主要信息都存在数据库中，它包括复合工艺路线、装夹调整、型面代码、加工链以及与 NC 有关的数据等，当前它们的更新和修改是交互式的。一个基于基础层模型的 CAPP/NC 开发工具已开发，用它已构造了六类零件的 CAPP/NC 系统，目前的构造方法也是交互式的。

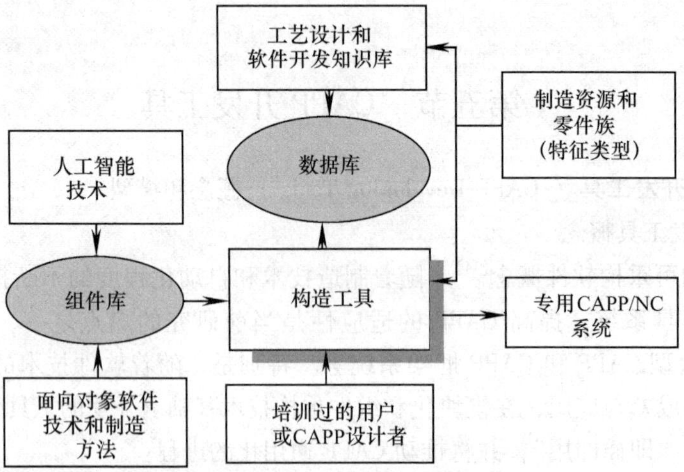

图 8-22　CAPP 开发工具基本模型

在智能层上，一部分组件将智能化，例如并行设计需要的零件可制造性评价模块和 CAPP 与生产计划集成模块等。此外，为零件族制造特征编码和制定复合工艺等将由智能系统完成。构造工具的智能化是一件更困难的事，随着软件技术的发展，这一问题将逐步得到解决。若开发了 CAPP 与 CAD 的接口程序，则上述模型还能满足并行设计和 CAD/CAPP/CAM 集成的要求。

二、CAPP 开发工具设计

如上所述，CAPP 开发工具的类型有重构式 CAPP、开发平台型 CAPP 和 CAPP 框架系统等，对不同类型 CAPP 开发系统，它们的设计开发也有差别。但是，总的来说要尽可能开发比较多的通用构件或组件，使专用组件的数量尽可能减少。由于零件工艺过程受环境和传统习惯影响比较大，所以设计开发通用的智能和创成式的 CAPP 系统非常困难，而基于派生原理的 CAPP 系统相对比较容易。以上所述的开目和天河 CAPP 系统，虽然从 CAPP 开发工具视角分析，此两个系统与开发工具仍有距离，但是可以认为它们是一种 CAPP 框架系统，它们可以按具体企业的需求进行定制。

要开发出真正可用于实际生产的 CAPP 开发工具，仍然需要进一步的努力，还有待于计算机及其软件技术以及 CAPP 技术的发展。

三、CAPP 开发工具示例

1. 开发工具示例简述

已研制的 CAPPDT 是按图 8-22 模块中基础层设计开发的。它由工作单元（WE）库、数据库、构造工具及辅助程序组成。在微机上使用的 CAPP 系统常应用 VC（或 VB）和 SQL Server 数据库等作为支撑软件，所以本示例也是用 VC + + 开发。

（1）工作单元库

1）用于箱体零件和回转零件的 CAPP 的 WE 库。

2）NC 模块。平面、孔和车削加工的 NC 模块分别由刀位轨迹生成、NC 模拟和 NC 后置三个程序组成。除三个后置程序需要根据不同的 NC 控制器有所修改外，其他是通用的。如上所述，因用后置生成的 NC 程序使用规范的主程序和子程序方式，并且使用通用的 NC 指令，所以，后置程序的修改也是很方便的。

（2）数据库。CAPP 的数据库由 8 ~ 15 个库文件组成。除少数为一个零件族专用外，大部分可以通用或基本通用。该数据库实际上储存了某企业加工零件时所需的优化和规范的主要工艺数据。

（3）构造工具　所谓构造工具是用于构造专用 CAPP/NC 系统的操作界面、菜单示例程序、CAPP 主控示例程序和数据库修改工具等。

2. 构造具体 CAPP 系统的过程

构造具体 CAPP 系统的过程如图 8-23 所示，由图可见，构造工具操作界面提供了一个构造专用 CAPP/NC 系统的一个工作环境或平台。菜单示例程序和专用 CAPP 主控示例程序设计很规范，都作为一个类。用户很容易将它们修改成为各类零件 CAPP 主控程序及 CAPP/NC 系统工作界面。数据库修改工具显然是用于维护与 CAPP 有关的数据。

此例用本工具构造了四类箱体零件和两类回转零件的 CAPP/NC 系统。

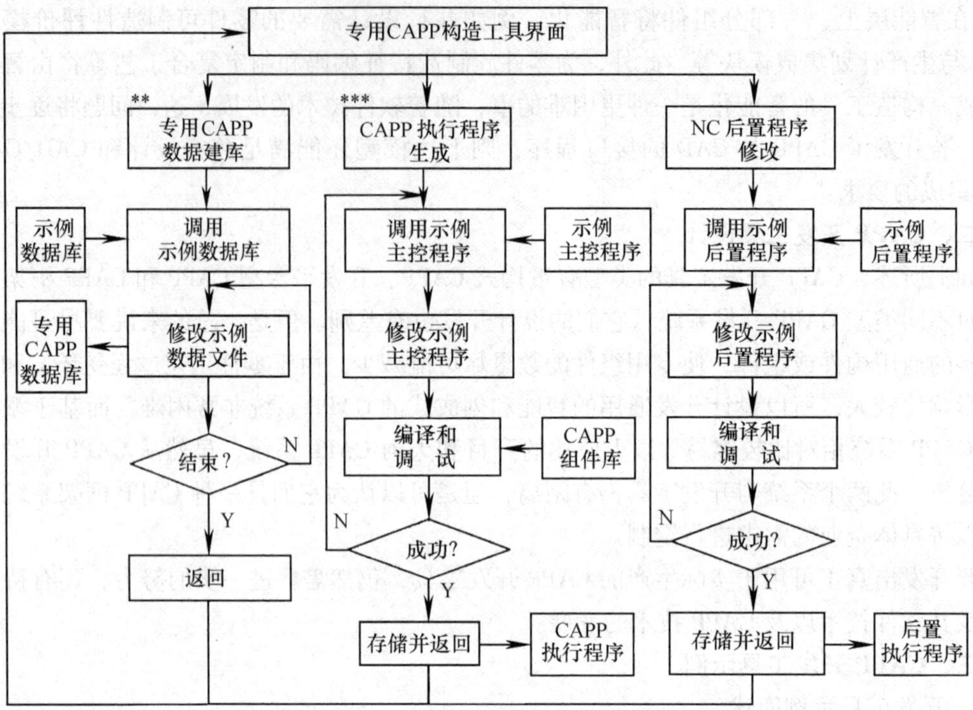

注：＊＊ 将由智能模块取代；＊＊＊ 将由用软件向导进行组件组合，
目前这些类还未规范化，有待改进。

图8-23 专用CAPP构造过程

复习思考题

1. CAD/CAPP/CAM/PDM/ERP 集成的目标是什么？如何才能实现这种集成？

2. 简述 CAD/CAPP/CAM 集成的三种类型以及它们的相同和不同之处。

3. 基于 Web 的 CAPP 系统有哪些特征？

4. 其他类型的 CAPP 系统有哪些？为什么它们目前仍然是研究型的？其中 CAPP/PPS 的集成与 CAD/CAPP/CAM/PDM/ERP 集成的关系是什么？

5. 简述 CAPP 开发工具的概念和模型，并阐述 CAPP 开发工具设计开发的前景。

6. 如果你使用过商品化的基于派生原理并具有所见所得特征的 CAPP 系统，可结合 CAPP 开发工具概念，简述商品化的 CAPP 系统与 CAPP 开发工具概念的差别与相同点。

参 考 文 献

1 蔡长韬，陈次昌，费凌等．PDM 集成平台下的集成化 CAPP 系统开发．计算机集成制造系统——CIMS，2002，8（10）：809～812

2 何爱新，徐弘山，付利华．基于 PDM 的并行集成化 CAPP 系统．制造业自动化，1999，21（5）：21～23

3 毛军波，俞涛，方明伦．PDM 技术在集成化 CAPP 系统开发中的应用．机械设计与制造工程，1999，28（4）：35～39

4 赵丽萍，要义勇，陈升等．基于PDM的CAPP体系结构研究．计算机应用，1999，19（1）：14~17
5 王锦，王飞，杨海成等．CAPP与PDM集成接口分析．计算机应用，20（9）：48~51
6 唐文献，赵良才．基于并行工程的零件CAD/CAPP/CAM集成系统研制．机械设计与制造，1998，（5）：9~10
7 L. C. Zhao and J. R. Dai, An Approach to Integrate CAD/CAPP/CAM, IFIP Transaction, B-1, 1992, 341~348
8 L. C. Zhao and Z. H. Jiang . A Developed CAD/CAPP/CAM System for Fixture Based on Object Oriented Feature Modeling. Proceeding of IWAM, 1996, 469~474
9 L. C. Zhao and Z. H. Jiang. A Flexible CAPP/NC Developing Tool for DFF. Proceeding of IMCC 1998, 195~199
10 段广洪，吴瑞荣，王先逵．基于STEP的面向对象工艺计划信息模型．计算机集成制造系统——CIMS，1997，5（4）：20~23
11 潘宝俊，唐文献．数控机床加工程序编制及设计制造一体化．北京：中国标准化出版社，1998
12 清华天河公司．TH-CAPP使用说明书，2001
13 华工科技产业股份有限公司开目集成技术分公司．制造业企业信息化建设专业解决方案，2000
14 倪中华．网络化制造环境下面向快速重组制造的CAPP技术研究：［学位论文］．南京：东南大学，2001
15 倪中华，易红．基于Web的CAPP通用化工艺决策．制造业自动化，2000，22（8）：35~37
16 黄远文，邵新宇，蔡力钢．基于ASP的Web-CAPP关键技术．制造业自动化，2000，22（8）：38~41
17 倪中华，易红，辛研等．基于Web的工艺设计中心．计算机集成制造系统——CIMS，2002，8（2）：137~140
18 张勇，赵良才．基于STEP中性文件的船用柴油机关键零件CAD/CAPP集成方法的研究．华东船舶工业学院学报，2003，17（1）：28~34
19 赵良才，张勇．基于Web和STEP的CAD/CAPP/CAM集成技术研究．全国高校制造自动化研究会第十届年会论文集，2002，26~230
20 张勇．基于STEP和Web的船用柴油机关键零件CAD/CAPP/CAM集成关键技术研究：［学位论文］．镇江：华东船舶工业学院，2003
21 杨志刚，王秀伦等．基于模糊数的工艺方案模糊综合评价方法．大连铁道学院学报，2002，23（1）：37~40
22 许之伟，刘文剑．工艺设计中支持事例推理的扩展对象模型．计算机集成制造系统——CIMS，2002，8（2）：115~121
23 孙进平，吴瑞明等．基于遗传算法的工艺决策模式的探索．现代制造工程，2002，（1）：24~25
24 蔡力钢，李培根．基于分级规划与黑板推理的工艺决策模型．华中理工大学学报，1998，26（11）：69~71
25 刘俊利，单联洁．基于模糊人工神经网络的智能CAPP系统．导弹与航天运载技术，1998，（4）：50~55
26 吴朝晖，褚凌昆．基于智能多主体的工艺设计系统DES-CAPP．计算机辅助设计与图形学学报，1998，10（3）：266~272
27 赵东，刘就女．多Agent系统在CAPP中的应用．机械设计与制造，1999，（1）：16~17
28 曹希彬，蔡力钢．多工艺方案二阶模糊综合评价．系统工程理论与实践，2000，20（6）：25~31
29 葛友华，廖文和等．CAPP系统中的模糊匹配方法．东南大学学报，2000，30（2）：93~96
30 赵良才，朱大群，唐文献．智能体技术在CAPP开发中的应用．华东船舶工业学院学报，2000，14

(1)：55 ~ 59
31 吴忠，郭蕾. 基于Petri网的多工艺方案优化. 机械科学与技术，2000，19（5）：767 ~ 769
32 吴德中. CAPP和PPS的集成决策模型与算法. 上海交通大学学报，1998，32（5）：53 ~ 56
33 吴德职. 基于集成平台的CAPP和PPS集成系统. 上海交通大学学报，1998，32（5）：74 ~ 77
34 吴德中，严隽琪. CAPP与PPS集成研究现状与进展. 上海交通大学学报，1999，33（7）：912 ~ 916
35 王凤岐，郭伟. 面向CAPP/PPS集成的多工艺方案创成方法的研究. 计算机集成制造系统——CIMS，1999，5（1）：69 ~ 72
36 刘敏，潘晓弘. 基于分布式动态工艺设计的CAPP和PPS集成化过程模型. 计算机集成制造系统——CIMS，2000，6（5）：8 ~ 17
37 杨洪柏，钟延修. 适应快速响应市场的CAD/CAPP/PPS集成研究. 机电一体化，2001，7（6）：12 ~ 15
38 胡元定，钟秉林. 系统集成环境下基于STEP的产品装配模型研究. 机械工业自动化，1998，20（5）：21 ~ 23
39 易红，韦银星. 基于STEP的装配CAD/CAPP集成研究. 成组技术与生产现代化，1998，（3）：9 ~ 12
40 殷晨波，易红，钟秉林等. 装配CAD/CAPP集成方法与系统实现. 机械工业自动化，1999，21（3）：16 ~ 19
41 易红，仇晓黎，徐迎晓等. 数控车床主轴箱计算机辅助装配工艺设计系统的研究. 江苏机械制造与自动化，1998，（1）：14 ~ 22
42 朱大群，赵良才，张俊. 基于层次等级关联关系模型的装配序列规划. 华东船舶工业学院学报，2000，14（1）：71 ~ 75
43 赵良才，景旭文，张俊. 产品装配序列生成、DFA分析和装配仿真集成系统研究. 机械设计与制造，2001，（2）：29 ~ 31
44 赵良才，唐文献，蒋祖华. CAPP开发工具设计和实践. 计算机集成制造系统——CIMS，1998，4（6）：12 ~ 15
45 董家骧，汪叔淳. CAPP系统与开发工具. 航空制造工程. 1992，（7）：12 ~ 15
46 L. C. Zhao. The Architecture and Hierarchy for CAPP Developing System and Products, Proceeding of IMMC, Hongkong, 1993：245 ~ 251

附　　录

附录 A　CAPP 课程学习指导

本教材用于高校 CAPP 课程教学时，建议采用理论与实践相结合的方法，既要使学生掌握 CAPP 理论体系，又要重视学生的开发能力与动手能力，在学习相关内容后，应安排一定量的上机操作、编程或设计训练，以加深对理论的理解和提高开发与应用能力。使用教材时，要理清教材的框架体系，抓住教材的主线，重点掌握 CAPP 的基本概念、基本原理，注重基本技能训练。了解 CAPP 的应用研究现状与发展趋势，具备 CAPP 的基本开发能力。学习 CAPP 课程时可参考图 A-1。

图 A-1　CAPP 课程学习指导框图

附录 B　CAPP 课程综合练习

1. 任务

设计一个简单的派生式 CAPP 系统。

2. 具体要求

1）零件族的复合零件及其零件图见图 B-1、图 B-2、图 B-3、图 B-4、图 B-5。零件族的复合工艺见表 B-1、表 B-2、表 B-3、表 B-4，对应于图 B-5 所示零件族的复合工艺由学员自行设计。允许学员对表 B-1 ~ 表 B-4 的复合工艺进行合理的修改和标准化处理，也可自行选择教材之外的设计素材。

2）设素材中零件为小尺寸零件（本练习不要求计算工序尺寸，图中尺寸略，如需要尺寸可自己假设），材料为中碳钢，精度为普通精度（磨齿除外），表面粗糙度 R_a1.6 ~ 3.2μm。表 B-1 ~ 表 B-4 所示的复合工艺基本能满足上述要求。

3）建立零件族工艺数据库（要求不少于 3 个零件族）。

4）用 OPITZ 或 JLBM-1 分类编码系统对零件编码，按照编码分类法设计零件族特征矩阵（要求特征矩阵对应于上述选用的零件族），然后用零件 GT 码搜索零件族并检索零件族复合工艺。对找到的零件族，将零件族复合工艺复制为待设计工艺的零件的工艺，然后将其显示在屏幕上供编辑修改。

5）用高级语言编程实现交互信息输入、零件编码法分类、零件工艺显示、零件工艺编辑修改、保存、零件工艺排版输出等功能。

6）对于学有余力的、计算机基础较好的学员，还可以完成下述提高要求。

①根据要设计工艺的零件特征描述信息自动对样件工艺的工序进行删减，生成具体零件的工艺。零件的特征信息可用编码表示也可以用菜单输入，例如图 B-3 中零件具有的外螺纹、内螺纹及斜孔等特征是该族零件的形状特征。

②对图 B-5 所示的复合零件按第七章第三节所介绍的回转体零件半创成式 CAPP 系统的设计过程进行 CAPP 系统设计。复合零件的工艺路线通过检索方式获得，工艺路线的编辑按加工链进行决策（加工链表可由学员自行设计）；工序内容设计依据通过系统提示的菜单，由用户输入的特征表面参数获得；工序内容应细化到粗、半精和精加工哪个表面（包括端面）、工序尺寸、机床和刀、工具型号规格。

③更高的要求可以通过编程实现从图形交换文件提取零件信息，然后生成零件工艺文件；还可以进一步在生成工艺后生成 NC 代码文件等。

7）综合练习完成后应提供的资料按第七章所介绍的设计步骤进行设计，设计应写出的文档如下：

① 需求分析说明。

② 系统功能说明。

③ 系统设计说明（至少两张逻辑框图）。

④ 软硬件选择。

⑤ 人机接口设计说明。

⑥ 数据文件设计说明（如零件工艺文件结构、特征矩阵等）。
⑦ 用 VB 语言、VFP 或其他语言编写的源程序。
⑧ 系统操作说明。
⑨ 程序自测说明（说明应用实例的测试情况）。
以上要求可根据学员基础情况，选做一部分或全部内容。

表 B-1 零件族的复合工艺（一）

工序	工步	工序工步名称	加工表面	设 备	量 具
一		锯平两端面	SD，XD	专机	游标卡尺
二		铣端面，钻中心孔	SD，XD，SK，XK	Z8205	游标卡尺
三		粗车各级外圆、端面		CA6104	游标卡尺
	01	粗车一端外圆、端面	XWY		
	02	粗车另一端外圆、端面	SWY		
四		钻孔，攻螺纹	SNL，XNL	台钻	游标卡尺
五		铣端面，复钻中心孔	SD，XD，SK，XK	Z8205	游标卡尺
六		半精车各级外圆、端面		CA6104	游标卡尺
	01	半精车各级外圆、端面	XWY，SWY，WY		
	02	割槽，倒角	C_1，C_2，C_3，C_4		
七	03	铣滑片槽	C_0	X6132	游标卡尺
八		铣键槽，铣扁面		X61W	游标卡尺
	01	铣键槽	JC		
	02	铣扁面	PM		
九		滑片槽倒角，零件去毛刺	C_0		
十		修研中心孔	SK，XK		
十一		精车两大端外圆、端面		C6132	千分尺
	01	精车两大端外圆、端面	DM		
	02	割槽，清角	C1		
十二		磨各级外圆	SWY，XWY，WY	M1432B	千分尺
十三		检验			

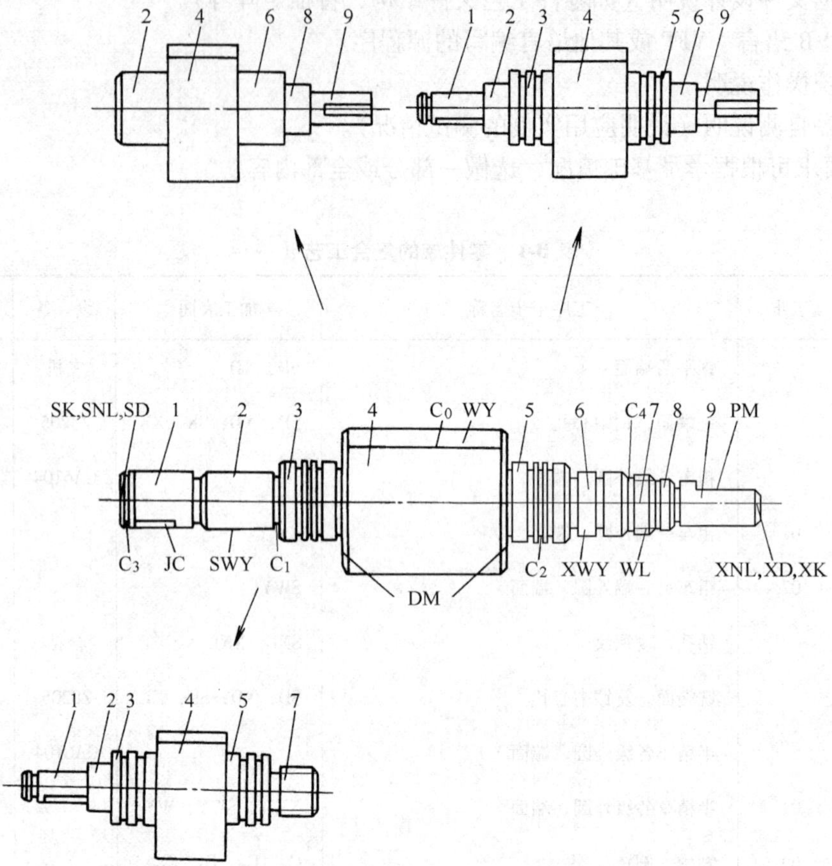

图 B-1 零件族的复合零件及其零件图（一）

表 B-2 零件族的复合工艺（二）

工序号	工序名称	工序内容	设备	夹具	刀 具	量 具
1	下料①					
2	车	车端面钻中心孔 调头车端面钻中心孔	CA6140		车刀，中心钻	
3	铣	铣六方	X51		立铣刀	游标卡尺
4	车	车端面，钻孔，扩孔，铰孔，车外圆、锥面和螺纹	CA6140		车刀,钻头,铰刀等	螺纹环规
5	车	车端面、外圆、螺纹、内球面、内锥面、内台阶面等	CA6140		车刀，板牙	样板，螺纹环规，对刀板
6	钳	去毛刺				
7	表面处理	阳极氧化				

① 用圆棒料作毛坯。

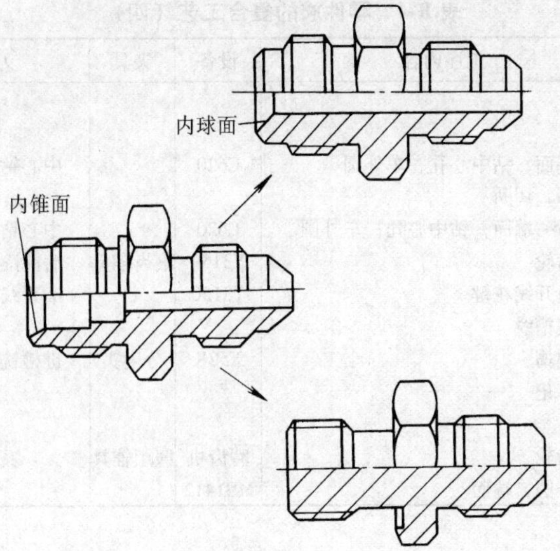

图 B-2　零件族的复合零件及其零件图（二）

表 B-3　零件族的复合工艺（三）

工序号	工序名称	工序内容	设备	夹具	刀　具	量　具
1	下料[①]					
2	车	车端面，钻中心孔 调头车端面，钻中心孔	CA6140		车刀，中心钻	
3	铣	铣六方	X51	分度头	立铣刀	游标卡尺
4	车	车外圆，车 45°大倒角 钻孔，攻螺纹	CA6140		车刀、丝锥	螺纹塞规
5	钻孔	在坐标镗床上钻斜孔	T4240		麻花钻	
6	车	车外圆、螺纹，倒角 切断等	CA6140		车刀，圆板牙	螺纹环规
7	车	车端面，倒角	CA6140		车刀	
8	钳	去毛刺				
9	表面处理	阳极氧化				

① 用圆棒料作毛坯。

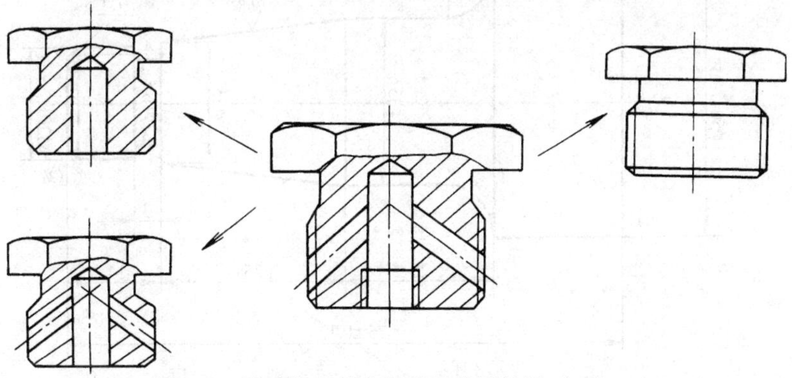

图 B-3　零件族的复合零件及其零件图（三）

表 B-4　零件族的复合工艺（四）

工序号	工序名称	工序内容	设备	夹具	刀　具	量　具
1	下料					
2	调质					
3	车	车端面，钻中心孔，车外圆 车槽，切断	C620		中心钻	卡尺
4	车	车另一端面，钻中心孔，车外圆	C620		中心钻	卡尺
5	滚齿轮	滚齿轮	Y3150	滚齿辅具	磨前滚刀	公法线千分尺
6	滚花键	滚渐开线花键	Y3150		渐开线花键滚刀	花键环规
7	划线	划键槽线				
8	铣	铣键槽	X52K	分度头	键槽铣刀	塞规，对称环规
9	钳	打标记				
10	淬火					
11	磨齿	磨齿轮	磨齿机	磨用辅具		公法线千分尺
12	磨外圆	磨外圆，端面	MB1412			游标深度尺

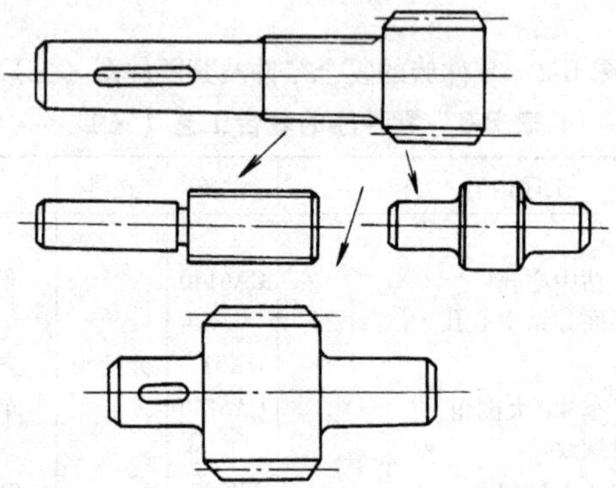

图 B-4　零件族的复合零件及其零件图（四）

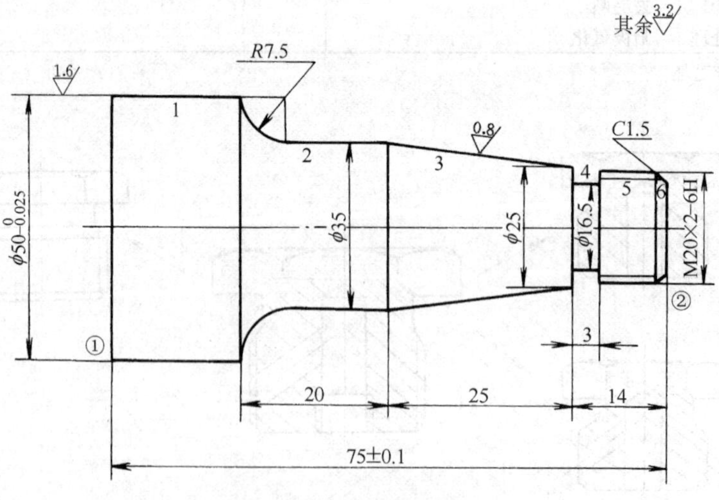

图 B-5　零件族的复合零件图

附录 C　OPITZ 分类系统

表 C-1　OPITZ 分类系统第 0、1、2 类零件分类表

形 状 码

项	第Ⅰ位 零件类别	第Ⅱ位 外形，外形要素	第Ⅲ位 内形，内形要素	第Ⅳ位 平面加工	第Ⅴ位 辅助孔及齿
0	回转件：$\frac{L}{D} \leqslant 0.5$	光滑，无形状要素	无通孔 无盲孔	无平面加工	无齿：无辅助孔
1	回转件：$0.5 < \frac{L}{D} < 3$	单向台阶或光滑：无形状要素	光滑或单向台阶：无形状要素	外部的： 平面和/或 单向弯曲的面	无齿：轴向孔， 无节距关系
2	回转件：$\frac{L}{D} \geqslant 3$	单向台阶或光滑：带螺纹	光滑或单向台阶：带螺纹	外部的平面， 沿圆周相互 成分度关系	无齿：轴向孔， 有节距关系
3		单向台阶或光滑：带功能槽	光滑或单向台阶：带功能槽	外部的： 槽和/或缝	无齿：径向孔， 无节距关系
4		双向台阶（多次增大）：无形状要素	双向台阶（多次增大）：无形状要素	外部的： 花键和/或多边形	无齿：轴向和/或径向 和/或其他方向 的孔，无节距关系
5		双向台阶（多次增大）：带螺纹	双向台阶（多次增大）：带螺纹	外部的： 平面和/或缝 和/或槽，花键	无齿：轴向和/或径向 和/或其他方向 的孔，有节距关系
6		双向台阶（多次增大）：带功能槽	双向台阶（多次增大）：带功能槽	内部的： 平面和/或槽	有齿：圆柱齿轮的齿
7		功能锥度	功能锥度	内部的： 花键和/或多边形	有齿：锥齿轮的齿
8		传动螺纹	传动螺纹	外部及内部的： 花键和/或缝 和/或槽	有齿：其他齿
9		其他 （>10 个功能直径）	其他 （>10 个功能直径）	其　他	其他

注：……符号使用者可沿此处裁掉

表 C-2　OPITZ 分类系统第 3、4 类零件分类表

形　状　码

项	第Ⅰ位 零件类别	第Ⅱ位 总体形状	第Ⅲ位 回转加工	第Ⅳ位 平面加工	第Ⅴ位 辅助孔，齿，成形
0	回转件	绕一个轴线，无扇形体：六角棒料	无回转加工	无平面加工	无辅助孔、齿及成形
1	回转件	绕一个轴线，无扇形体：正方形或正多边形截面	外形：加工	外部的：平面和/或单向弯曲的面	无成形，无齿：轴向孔，无节距关系
2	回转件	绕一个轴线，无扇形体：不引起不平衡的对称截面	外形：带螺纹	外部的平面，沿圆周相互成分度关系	无成形，无齿：轴向和/或径向和/或其他方向的孔，无节距关系
3	回转件：$\frac{L}{D}\leqslant 2$ 带偏异	绕一个轴线，无扇形体：项 0~2 以外的其他截面	内形：光滑	外部的：槽和/或缝	无成形，无齿，有节距关系：轴向孔
4	回转件：$\frac{L}{D}>2$ 带偏异	回转加工后成为扇形体	内形：单向或双向台阶（多次增大）	外部的：花键和/或多边形	无成形，无齿，有节距关系：轴向和/或径向和/或其他方向孔
5		回转加工前已是扇形体	内形：带螺纹	外部的：平面和/或缝和/或槽，花键	成形，无齿：成形，无辅助孔
6		绕多个轴线：具有弯曲轴线的回转件	外形及内形：加工	内部的：平面和/或槽	成形，无齿：成形，有辅助孔
7		绕多个轴线：具有两个或两个以上平行轴线的回转件	外形及内形：带螺纹	内部的：花键和/或多边形	齿，无辅助孔
8		绕多个轴线：具有相交轴线的回转件	外形要素	外部及内部的：花键和/或缝和/或槽	齿，有辅助孔
9		其　他	其他形状要素	其　他	其　他

表 C-3　OPITZ 分类系统第 5 类零件分类表

形　状　码

项	第Ⅰ位 零件类别	第Ⅱ位	第Ⅲ位	第Ⅳ位	第Ⅴ位
	回转件	留给工厂自己分类用			
5	特殊回转件				

表 C-4　OPITZ 分类系统第 6 类零件分类表

形　状　码

第Ⅰ位

项	零件类别		
6	非回转件	扁平件	$\frac{A}{B}\leqslant 3$，$\frac{A}{C}\geqslant 4$

第Ⅱ位

项	总体形状	
0	平面	矩　形
1	平面	矩形，带一处偏异（缺直角或三角形）
2	平面	矩形，带一个以上的偏异
3	平面	矩形，有圆弧形偏异
4	平面	项 0 ~ 3 以外的其他扁平形状
5		扁平件，矩形或直角形，而带有由铸造、焊接或成形时造成的小偏异
6		扁平件，圆的或除项 5 外的任何形状
7		扁平件，规则拱形或碟形
8		扁平件，不规则拱形或碟形
9		其　他

（第Ⅲ、Ⅳ、Ⅴ位的内容同零件类别 8 的第Ⅲ、Ⅳ、Ⅴ位的内容）

表 C-5　OPITZ 分类系统第 7 类零件分类表

形　状　码

第Ⅰ位

项	零件类别		
7	非回转件	长件	$\frac{A}{B}>3$

第Ⅱ位

项	总体形状		
0	形状轴线为直线	不变横截面	矩　形
1	形状轴线为直线	不变横截面	矩形,带一处偏异（缺直角或三角形）
2	形状轴线为直线	不变横截面	项 0 ~ 1 以外的任何截面
3	形状轴线为直线	变横截面	矩形
4	形状轴线为直线	变横截面	矩形,带一处偏异（缺直角或三角形）
5	形状轴线为直线	变横截面	项 3 ~ 4 以外的任何截面
6	形状轴线为曲线（弯曲）		矩形，角形及其他截面
7	形状轴线为曲线（弯曲）		成　形
8	形状轴线为曲线（弯曲）		成形，主轴线上带有偏异
9	形状轴线为曲线（弯曲）		其　他

（第Ⅲ、Ⅳ、Ⅴ位的内容同零件类别 8 的第Ⅲ、Ⅳ、Ⅴ位的内容）

表 C-6 OPITZ 分类系统第 8 类零件分类表

形 状 码

项	第Ⅰ位 零件类别	第Ⅱ位 总体形状		第Ⅲ位 主要孔 回转面加工	第Ⅳ位 平面加工	第Ⅴ位 辅助孔，成形，齿	
0		块状及其类似件	矩形棱柱	无回转加工或无孔	无平面加工		无辅助孔，齿及成形
1		块状及其类似件	矩形、带偏异（缺直角或三角形）	一个主要孔，光滑	功能性的倒角（例如：焊缝的坡口）	无齿，无成形	仅在一个方向钻孔
2		块状及其类似件	矩形棱柱体的组合	一个主要孔，单向或双向台阶	一个平面	无齿，无成形	在多个方向钻孔
3		块状及其类似件	带一个安装或定位面及主要孔的零件	一个主要孔，有形状要素	台阶平面	无齿，无成形；有节距关系	仅在一个方向钻孔
4		块状及其类似件	带一个安装或定位面及有分离面的主要孔的零件	两个主要孔，平行	成直角的，倾斜的和/或相对的台阶平面	无齿，无成形；有节距关系	在多个方向钻孔
5			项 0 ~ 4 以外的零件	几个主要孔，平行	槽和/或缝	成形，无齿	成形，无辅助孔
6	非回转件	箱体及其类似件；无分离面	近似或组合的矩形棱柱	几个主要孔，不平行	槽和/或缝及项 4	成形，无齿	成形，有辅助孔
7	非回转件	箱体及其类似件；无分离面	项 6 以外的零件	加工的环形面、环形槽	曲 面		齿，无辅助孔
8	非回转件 方体件 $\frac{A}{B}\leqslant 3$，$\frac{A}{C}<4$	箱体及其类似件；有分离面	近似或组合的矩形棱柱	项 7 + 主要孔	导轨面		齿，有辅助孔
9		箱体及其类似件；有分离面	项 8 以外的零件	其 他	其 他		其 他

表 C-7 OPITZ 分类系统第 9 类零件分类表

形 状 码

项	第Ⅰ位 零件类别	第Ⅱ位	第Ⅲ位	第Ⅳ位	第Ⅴ位
		留给工厂自己分类用			
	非回转件				
9	特殊非回转件				

表 C-8 OPITZ 分类系统各类零件辅助码分类表

辅 助 码

第Ⅵ位 直径“D”或边长“A”			第Ⅶ位		第Ⅷ位		第Ⅸ位	
项	mm	in①	项	材 料	项	原始形式	项	精度所在形状码位
0	≤20	≤0.8	0	灰铸铁	0	圆棒，黑色	0	所有指定精度
1	>20≤50	>0.8≤2.0	1	球墨铸铁及可锻铸铁	1	圆棒，拉光	1	2
2	>50≤100	>2.0≤4.0	2	钢 σ_b≤420MPa 不热处理	2	三角形、方形、六角形及其他棒料	2	3
3	>100≤160	>4.0≤6.5	3	钢 σ_b>420MPa 可热处理的低碳钢及表面硬化钢，不热处理	3	管 子	3	4
4	>160≤250	>6.5≤10.0	4	项2及3的钢，热处理	4	L、U、T形之类的型材	4	5
5	>250≤400	>10.0≤16.0	5	合金钢（不热处理）	5	薄板料	5	2及3
6	>400≤600	>16.0≤25.0	6	合金钢（热处理）	6	中板及厚板	6	2及4
7	>600≤1000	>25.0≤40.0	7	有色金属	7	铸、锻件	7	2及5
8	>1000≤2000	>40.0≤80.0	8	轻合金	8	焊接件	8	3及4
9	>2000	>80.0	9	其他材料	9	粗加工过的零件	9	(2+3+4+5)

① 1in=0.0254m。

表 C-9 OPITZ 分类系统有关术语的定义说明（摘录）

序号	名词术语	定义、说明	类别	码位
1	不带偏异的回转件	1. 凡能满足下列条件者，属于不带偏异的回转件： （1）只有一个回转轴线； （2）几何轴线与回转轴线相重合； （3）重直于回转轴线的各处横截面都是圆或环形的或二者的组合 2. 凡带有铸、锻或焊接的加强筋或带有凹槽，但不影响功能的零件，均属不带偏异的回转件 3. 凡原始形状中的偏异在最后形状中已消失可忽略不计；同样，上述圆形截面零件由于加工后而产生的偏异（如槽、齿、键等）也可忽略不计（作不带偏异的回转件）	0、1、2	Ⅰ
2	外 形	不带偏异的回转件的外形，系由外曲面及平面组成的圆柱体，原始形状必须是圆柱形 平面以外形论，但外圆柱面不加工而内形加工者除外	0、1、2	Ⅱ
3	形状要素	指其形状执行一个十分明确的功能，并在加工中提出特定要求（如：V带槽、密封圈槽等） 退刀槽、油沟、倒角、斜面均不属此项	0、1、2	Ⅱ、Ⅲ

（续）

序号	名词术语	定义、说明	类别	码位
4	双向台阶（多次增大），无形状要素	沿全长有几个直径的回转件，其直径大小交替增减	0、1、2	Ⅱ、Ⅲ
5	内　形	回转件内形系指中心轴向孔所界限的曲面范围。轴向槽归入外形	0、1、2	Ⅲ
6	无通孔，无盲孔	不带中心轴孔和盲孔，该种零件可视为无内部加工辅助孔、不加工的凹洞及中心孔仍属此项	0、1、2	Ⅲ
7	光滑或单向台阶，无形状要素	回转件沿全长具有同一直径的中心孔称为光滑 非功能性倒角以及为了磨加工所车的退刀槽不考虑。沿全长有若干个直径，并向一个方向增大，称为单向阶台	0、1、2	Ⅲ
8	带螺纹	除传动螺纹以外的所有螺纹	0、1、2	Ⅱ、Ⅲ
9	带功能槽	指具有一定功能，并对加工有较高要求的槽，如：迷宫盖槽、弹簧挡圈槽等。螺纹退刀槽、倒角不属此项	0、1、2	Ⅱ、Ⅲ
10	功能锥度	执行一定功能的锥度，如传递转矩的莫氏锥度	0、1、2	Ⅱ、Ⅲ
11	传动螺纹	具有特殊牙形和螺距精度较高的螺纹，如梯形螺纹	0、1、2	Ⅱ、Ⅲ
12	平面加工	不能用车或钻加工的面（如平面、槽、缝）。端面磨削不包括在平面加工内。不包括齿形	0、1、2、3、4、6、7、8	Ⅳ
13	无平面加工	没有扁棱（槽、缝、花键等）或平面加工	0、1、2、3、4、6、7、8	Ⅵ
14	外部的平面，沿圆周互成分度关系	在一个回转件的外形上有两个或两个以上的平面，如果这些平面的交角相等则称为有分度关系，包括与中心等距离的平行平面	0、1、2 3、4	Ⅳ
15	多边形	指几个在圆周上彼此按一定节距（相等角度）分布的曲面，如花键等	0、1、2 3、4	Ⅳ
16	辅助孔	除了中心孔和在装配或安装时现钻的孔以外的孔均属于辅助孔	0、1、2 3、4	Ⅴ
17	有节距关系的孔组	在一条或几条直线上或在一个节圆上按节距排列两个或两个以上的孔，在此情况下，称各孔在功能上互相关联	0、1、2、3、4、6、7、8	Ⅴ
18	齿	指除花键以外的平面齿轮、圆柱齿轮、锥齿轮、链轮、蜗轮及内齿轮等的齿形	0、1、2、3、4、6、7、8	Ⅴ
19	圆柱齿轮的齿	渐开线或摆线形齿，如直齿、斜齿和人字齿轮	0、1、2	Ⅴ
20	锥齿轮的齿	所有锥齿轮的齿——直齿、斜齿、螺旋齿、渐开线弧齿等	0、1、2	Ⅴ
21	其他齿	指除圆柱、锥齿轮以外的齿，如链轮齿、离合器齿等	0、1、2	Ⅴ

（续）

序号	名词术语	定义、说明	类别	码位
22	带偏异的回转件	指不满足不带偏异的回转件所有条件的零件。它仍以回转加工为主。带偏异的回转体包括： 1）具有一个回转轴、进行内回转加工的零件，其外形在原始状态处处都是多边形（如六方钢制造的螺母） 2）用多边形料加工的回转体（如六方或四方钢作的螺钉） 3）回转加工后被分成几块扇形（轴瓦等） 4）有若干个回转轴线的（偏心套、十字轴等） 5）在加工前或加工后需弯曲或滚圆的零件	3、4	
23	主要形状	又称总体形状，指对加工件粗略形状的描述 对带偏异的回转件主要考虑最终形状，适当考虑原始形状；对扁平件基本上是由其平面图形决定（小偏异、凹槽可忽略不计）；对方体件主要由其三个视图决定	3、4、6、7、8	Ⅱ
24	回转加工	回转加工指在切削过程中零件回转的加工，主要形式是车削。所谓回转表面即内，外圆柱的表面及车端面时所形成的表面	3、4	Ⅲ
25	成　形	指加工后进行弯曲、折叠、滚圆的零件	3、4、6、7、8	Ⅴ
26	特殊回转件	这些零件就其性质而言是回转件，但常是以适合它的功能名称来识别较好些，它们多数是完成一个特殊功能或仅属于某一特定产品。如：平面和曲面叶轮，手把、指示器，床身、主轴箱等	5	
27	非回转件	不满足带偏异回转件条件的零件。矩形棱柱体比圆柱体更适于作为这些零件的包容体	6、7、8	
28	平面、矩形	凡任一偏异的最短边不大于宽度的1/6的平面矩形	6	Ⅱ
29	主要孔	对零件的功能有特殊重要性的孔，且孔的位置、形状及表面质量需满足一定精度要求（IT7或更高）。孔的功能可能是定中心、导向等。如轴承座、杠杆的孔	6、7、8	Ⅲ
30	功能性倒角	为了功能目的所需的倒角（焊缝的坡口等）。不包括非功能性倒角	6、7、8	Ⅳ
31	台阶平面	工件在一个装夹位置即可完成加工的平面	6、7、8	Ⅳ
32	形状轴线	非回转件的形状轴线可理解为中间轴线、直线或弯曲弧线，看情况而定	7	Ⅱ
33	横截面	横截面一概理解为与形状轴线相垂直的断面	7	Ⅱ
34	回转面加工	指非回转件的由车或镗削制成的回转面（主要孔、环形槽等）。不包括辅助孔	6、7、8	Ⅲ
35	特殊非回转件	这些零件就其性质而言，不是回转件，并且往往用简单而明确的功能概念比用麻烦的形状描述和分类更易识别。如床身、立柱、尾座等。它们大多数完成一个特殊的功能或者仅属于某一特定产品	9	
36	指定精度	包括公差等级高于H7；表面粗糙度 $R_a < 0.8\mu m$	0～9	Ⅸ

附录D　JLBM-1 分类系统

（一）JLBM-1 分类系统的分类表

表 D-1　JLBM-1 分类系统的名称类别分类表

名称类别矩阵表（第一～二位）

第一位＼第二位			0	1	2	3	4	5	6	7	8	9	
0	回转类零件	轮盘类	盘、盖	防护盖	法兰盘	带轮	手轮 捏手	离合器体	分度盘 刻度盘环	滚轮	活塞	其他	0
1	回转类零件	环套类	垫圈、片	环套	螺母	衬套 轴套	外螺纹套 直管接头	法兰套	半联轴器	液压缸 气缸		其他	1
2	回转类零件	销、杆、轴类	销、堵 短圆柱	圆杆 圆管	螺杆 螺栓 螺钉	阀杆 阀心 活塞杆	短轴	长轴	蜗杆 丝杠	手把 手柄 操纵杆		其他	2
3	回转类零件	齿轮类	圆柱 外齿轮	圆柱 内齿轮	锥齿轮	蜗轮	链轮 棘轮	螺旋 锥齿轮	复合 齿轮	圆柱 齿条		其他	3
4	回转类零件	异形件	异形 盘套	弯管接头 弯头	偏心件	扇形件 弓形件	叉形接头 叉轴	凸轮 凸轮轴	阀体			其他	4
5	回转类零件	专用件										其他	5
6	非回转类零件	杆条类	杆、条	杠杆 摆杆	连杆	撑杆 拉杆	扳手	键 镶(压)条	梁	齿条	拨叉	其他	6
7	非回转类零件	板块类	板、块	防护板 盖板、 门板	支承板 垫板	压板 连接板	定位块 棘爪	导向块、板 滑块、板	阀块 分油器	凸轮板		其他	7
8	非回转类零件	座架类	轴承座	支座	弯板	底座 机架	支架					其他	8
9	非回转类零件	箱壳体类	罩、盖	容器	壳体	箱体	立柱	机身	工作台			其他	9

表 D-2　JLBM-1 分类系统回转体类零件分类表

回转类零件分类表(第三~九位)

码位	三		四		五			六		七		八		九		
特征项号	外部形状及加工				内部形状及加工					平面、曲面加工				辅助加工(非同轴线孔、成形、刻线)		
	基本形状		功能要素		基本形状			功能要素		外(端)面		内面				
0	单一轴线	光滑	0	无	0	无轴线孔		0	无	0	无	0	无	0	无	
1		单向台阶	1	环槽	1	非加工孔		1	环槽	1	单一平面 不等分平面	1	单一平面 不等分平面	1	均布孔	轴向
2		双向台阶	2	螺纹	2	通孔	光滑 单向台阶	2	螺纹	2	平行平面 等分平面	2	平行平面 等分平面	2		径向
3		球、曲面	3	1+2	3		双向台阶	3	1+2	3	槽、键槽	3	槽、键槽	3	非均布孔	轴向
4		正多边形	4	锥面	4	盲孔	单侧	4	锥面	4	花键	4	花键	4		径向
5		非圆对称截面	5	1+4	5		双侧	5	1+4	5	齿形	5	齿形	5	倾斜孔	
6		弓、扇形或4、5以外	6	2+4	6	球、曲面		6	2+4	6	2+5	6	3+5	6	各种孔组合	
7	多轴线	平行轴线	7	1+2+4	7	深孔		7	1+2+4	7	3+5或 4+5	7	4+5	7	成形	
8		弯曲、相交轴线	8	传动螺纹	8	相交孔 平行孔		8	传动螺纹	8	曲面	8	曲面	8	机械刻线	
9	其他		9	其他	9	其他		9	其他	9	其他	9	其他	9	其他	

表 D-3　JLBM-1 分类系统非回转类零件分类表

非回转类零件分类表(第三～九位)

码位	三			四			五			六		七				八			九			
特征项号	外部形状及加工											主孔、内部形状及加工							辅助加工(辅助孔、成形)			
	总体形状			平面加工			曲面加工			外形要素加工		主孔及要素加工				内部平面加工						
0	板条	无弯曲	轮廓边缘由直线组成	0		无	0		无	0	无	0			无	0		无	均布孔		无	0
1			轮廓边缘由直线和曲线组成	1		一侧平面及台阶平面	1	回转面加工	回转面加工	1	外部一般直线沟槽	1	无螺纹	单一轴线	光滑、单向台阶或单向盲孔	1	主孔内	单一轴向沟槽		单方向	圆周排列的孔	1
2			板或条与圆柱体组合	2	双向平面	两侧平行平面及台阶平面	2		回转定位槽	2	直线定位导向槽	2			双向台阶双向盲孔	2		多个轴向沟槽			直线排列的孔	2
3		有弯曲	轮廓边缘由直线或直线＋曲线组合	3		直交面	3		一般曲线沟槽	3	直线定位导向凸起	3		多轴线	平行轴线	3		内花键			两个方向配置孔	3
4			板或条与圆柱体组合	4		斜交面	4		简单曲面	4	1＋2	4			垂直或相交轴线	4		内等分平面			多个方向配置孔	4
5	块状			5	多向平面	两个两侧平行平面(即四面需加工)	5		复合曲面	5	2＋3	5	有螺纹		单一轴线	5		1＋3	非均布孔		单个方向排列的孔	5
6	有分离面			6		2＋3 或 3＋5	6		1＋4	6	1＋3 或 1＋2＋3	6			多轴线	6		2＋3			多个方向排列的孔	6
7	箱壳座架	无分离面	矩形体组合	7		六个平面需加工	7		2＋4	7	齿形齿纹	7	有其他功能要素(功能锥、功能槽、球面、曲面等)		单一轴线	7		异形孔	成形		无辅助孔	7
8			矩形体与圆柱体组合	8		斜交面	8		3＋4	8	刻线	8	有其他功能要素(功能锥、功能槽、球面、曲面等)		多轴线	8		内腔平面及窗口平面加工			有辅助孔	8
9	其他			9		其他	9		其他	9	其他	9			其他	9		其他			其他	9

表 D-4 JLBM-1 分类系统材料、毛坯、热处理分类表

材料、毛坯、热处理分类表（第十～十二位）

代码	十	十一	十二
项目	材料	毛坯原始形状	热处理
0	灰铸铁	棒材	无
1	特殊铸铁	冷拉材	发蓝
2	普通碳钢	管材（异形管）	退火、正火及时效
3	优质碳钢	型材	调质
4	合金钢	板材	淬火
5	铜和铜合金	铸件	高、中、工频淬火
6	铝和铝合金	锻件	渗碳 +4 或 5
7	其他有色金属及其合金	铆焊件	渗氮处理
8	非金属	铸塑成形件	电镀
9	其他	其他	其他

表 D-5 JLBM-1 分类系统主要尺寸、精度分类表

主要尺寸、精度分类表（第十三～十五位）

十三				十四			十五		
项目	主要尺寸						项目	精度	
	直径或宽度（D 或 B）/mm			长度（L 或 A）/mm					
	大型	中型	小型	大型	中型	小型			
0	≤14	≤8	≤3	≤50	≤18	≤10	0	低精度	
1	>14～20	>8～14	>3～6	>50～120	>18～30	>10～16	1	中等精度	内、外回转面加工
2	>20～58	>14～20	>6～10	>120～250	>30～50	>16～25	2		平面加工
3	>58～90	>20～30	>10～18	>250～500	>50～120	>25～40	3		1 +2
4	>90～160	>30～58	>18～30	>500～800	>120～250	>40～60	4	高精度	外回转面加工
5	>160～400	>58～90	>30～45	>800～1250	>250～500	>60～85	5		内回转面加工
6	>400～630	>90～160	>45～65	>1250～2000	>500～800	>85～120	6		4 +5
7	>630～1000	>160～440	>65～90	>2000～3150	>800～1250	>120～160	7		平面加工
8	>1000～1600	>440～630	>90～120	>3150～5000	>1250～2000	>160～200	8		4 或 5 或 6 加 7
9	>1600	>630	>120	>5000	>2000	>200	9	超高精度	

（二）JLBM-1 分类系统的名词术语及其定义说明

在本系统中，凡与 OPITZ 和 KK-3 分类系统的名词术语及其定义相同的，以及含义明确而不易混淆的均略去。若有必要，可参考上述两系统已翻译出版的资料。

表 D-6　JLBM-1 分类系统名称类别的术语及其定义说明(摘要)

名称类别代码	零件名称类别	定义或说明
05	离合器体	在主动轴与被动轴之间起离合作用,并传递一定转矩的零件
07	滚轮	起支承导向和承受压力的零件
16	半联轴器	在轴端位置联接两轴使之实现同速转动的零件;一般主、从动轴是同一直线或有小角度,工作中不再脱离
24	短轴	10mm > L/D > 3mm 的轴类零件
25	长轴	L/D > 10mm 的轴类零件
36	复合齿轮	由两种或两种以上的齿形所组成的齿轮以及由内齿轮和外齿轮所组成的齿轮
40	异形盘套	零件在加工前外形就带异形的盘、垫、套类零件(不包括由于加工形成盘、垫、套类零件)
42	偏心件	(零件的)几何轴线和回转轴线不重合的零件
44	叉形接头、叉轴	端部是叉形的接头或轴
46	阀体	类似于各种阀门壳体的零件
61	杠杆 摆杆	杠杆:可绕一个定点转动;来增加力量的杆件 摆杆:可绕一个枢轴转动;用来增加运动的杆件,起摆动功能,如支承仪表摆锤的杆
63	撑杆 拉杆	撑杆:起支柱或支撑某部分零件作用的零件,它承受压应力,可以水平、垂直或倾斜放置 拉杆:将两个构件连接在一起的杆条是只承受拉应力的结构杆件
76	阀块	在各种气液控制阀中,和阀杆(心)配合,通过相对运动达到控制气液流量、速度、方向目的的零件。阀块应带有高精度或超高精度的孔
81	支座	除轴承座外,主要以平面作为安装基准面,以孔来支承其他零件的支座类零件
83	底座 机架	以相对两平面为功能平面在其上固定有各种部件的基础件
92	壳体	薄而空心非回转件,它有时不仅起安全保护作用,还起支持、安装某些零部件作用

表 D-7　JLBM-1 系统形状与加工的名词术语及其定义说明

序号	名词术语	定义、说明
1	基本形状	零件图样上所表示的零件外部或内部最明显的概廓形状,不管其是否加工
2	平面、曲面加工	仅指零件内部或外部的平面和曲面加工特征(不包括车、钻和磨削时兼磨出的端面)
3	总体形状	指主要形状的粗略描述,一般小的偏差、凹槽等忽略不计
4	主平面	在板、条类零件的视图中,投影面积最大者

（续）

<table>
<tr><th>序　号</th><th>名词术语</th><th>定义、说明</th></tr>
<tr><td>5</td><td>形状轴线</td><td>除反映主平面的视图外，在反映其长度的视图中的形状中心线</td></tr>
<tr><td>6</td><td>外部平面加工</td><td>指不能用车、钻加工的外部平面</td></tr>
<tr><td>7</td><td>主孔加工</td><td>零件上具有某种主要功能，或精度在高于 IT9 以上的孔</td></tr>
<tr><td>8</td><td>零件精度</td><td>低精度：指零件公差等级低于 IT12，或表面粗糙度 R_a >12.5μm。
中等精度：指切削加工后达到如下要求：
<table>
<tr><th>项　目</th><th>公差等级</th><th>表面粗糙度 R_a/μm</th></tr>
<tr><td>外　回　转　面
内回转面及平面</td><td>IT8 ~ IT12
IT8 ~ IT12</td><td>6.3 ~ 1.6
6.3 ~ 1.6</td></tr>
</table>
高精度：指切削或磨削加工后达到如下要求：
<table>
<tr><th>项　目</th><th>公差等级</th><th>表面粗糙度 R_a/μm</th></tr>
<tr><td>外回转面
内回转面及平面</td><td>高于 IT6
高于 IT6</td><td>0.8 ~ 0.2
0.8 ~ 0.2</td></tr>
</table>
抛光、刮研的加工，也列入高精度
超高精度：指零件有研磨等特殊超高精度加工的精度要求。公差等级高于 IT5，表面粗糙度 R_a <0.1μm，位置度公差小于 0.02mm
花键有三种定心方式：外径（D）、底径（d）、键宽（b）。前两者配合，按其精度（或表面粗糙度），计算外回转面加工精度；键宽配合，按配合公差（或表面粗糙度），计算平面加工精度
齿轮加工精度的确定：齿轮由三种数据来描述，即运动精度、工作平稳性精度、接触精度，其三项中的最高项精度定为编码精度等级。齿轮加工精度如下表所示：
<table>
<tr><th rowspan="2">精度项</th><th colspan="3">齿轮精度标准</th></tr>
<tr><th>GB/T 10095—2001</th><th>JB179—1983</th><th>JB179—1981</th></tr>
<tr><td>超高精度</td><td>0 ~ 2 级</td><td>1 ~ 2 级</td><td>6 级及 6 级以上</td></tr>
<tr><td>高精度</td><td>3 ~ 5 级</td><td>3 ~ 5 级</td><td>7 级</td></tr>
<tr><td>中等精度</td><td>6 ~ 8 级</td><td>6 ~ 8 级</td><td>8 级</td></tr>
<tr><td>低精度</td><td>9 ~ 12 级</td><td>9 ~ 12 级</td><td>9 级及 9 级以下</td></tr>
</table>
</td></tr>
</table>

信息反馈表

尊敬的老师：

您好！感谢您多年来对机械工业出版社的支持和厚爱！为了更好地满足您的需要，欢迎您对我社的教材多提宝贵建议。谢谢！

一、基本信息

姓名：__________性别：__________职称：__________职务：______________

邮编：__________地址：____

任教课程：________________电话：_____—________(H)_________(O)

电子邮件：____手机：__________

二、您对本书的建议和意见 （欢迎您指出本书的疏误之处）

三、您的希望

(1) 选择一本书的理由：①内在质量____；②出版社____；③价格__________

(2) 您想要的书，买不到____

(3) 您想出版一本书____

(4) ____

(5) ____

请与我们联系：

100037　机械工业出版社·高等教育分社·机械工程教材编辑室　冯编辑　收

Tel:010—88379715(O),68994030(Fax)

E-mail:fcs@ mail. machineinfo. gov. cn